STARK

FOS·BOS 12 2015

Fachabitur-Prüfungsaufgaben mit Lösungen

Physik

Bayern
2007 – 2014

STARK

ISBN 978-3-8490-1224-3

35. ergänzte Auflage
www.stark-verlag.de

Inhalt

Vorwort
Stichwortverzeichnis

Hinweise zur Fachabiturprüfung in Physik

Allgemeine Hinweise I
Fachspezifische Hinweise II
Methodische und praktische Hinweise V
Operatoren VIII
Zum Umgang mit diesem Buch X

Fachabitur-Prüfungsaufgaben 2007

Aufgabe I: Waagerechter Wurf, ballistisches Pendel; bewegte Leiterschleife im Magnetfeld; Selbstinduktion 2007-1
Aufgabe II: Messversuch radialsymmetrisches elektrisches Feld; Kapazität, Energieinhalt in Kondensatorschaltungen; harmonische Schwingung eines Schwimmkörpers (Nachweis und Berechnungen) 2007-9
Aufgabe III: Kreis- und Ellipsenbahnen im Gravitationsfeld; beschleunigte Ladungen im elektrischen Feld (Ionentriebwerk) 2007-17

Fachabitur-Prüfungsaufgaben 2008

Aufgabe I: Fadenpendel, Fallbeschleunigung; Kreisbewegung im Gravitationsfeld; Influenz, Energie im Plattenkondensator 2008-1
Aufgabe II: Induktion – lineare Feldänderung und Wechselstromkreis; Millikanversuch 2008-10
Aufgabe III: Geladene Teilchen im elektrischen und magnetischen Feld; Halleffekt; beschleunigte Bewegung, unelastischer Stoß 2008-17

Fachabitur-Prüfungsaufgaben 2009

Aufgabe I: Beschleunigte lineare Bewegung; unelastischer Stoß; rotierende Spule im Magnetfeld 2009-1
Aufgabe II: Kreis- und Ellipsenbahn im Gravitationsfeld; Plattenkondensator im Gleich- und Wechselstromkreis 2009-9
Aufgabe III: Bewegte Elektronen im elektrischen und magnetischen Feld; harmonische Schwingung (Wagen zwischen zwei Schraubenfedern), erzwungene Schwingung, Resonanz 2009-17

Fachabitur-Prüfungsaufgaben 2010

Aufgabe I: Bewegung im Gravitationsfeld; Fallbeschleunigung; Wechselstromkreis; Selbstinduktion 2010-1
Aufgabe II: Ladungen im elektrischen und magnetischen Feld; Geschwindigkeitsfilter; Lineare, beschleunigte Bewegung (Kräfte, Arbeit, Leistung); Kurvenfahrt 2010-8
Aufgabe III: Fadenpendel (Geschwindigkeitsmessung, Energiebetrachtung); Plattenkondensator; Ladung im Gravitationsfeld und im elektrischen Feld 2010-15

Fachabitur-Prüfungsaufgaben 2011

Aufgabe I: Induktion – Leiterschleife im Magnetfeld; Skifahrer – beschleunigte, lineare Bewegung mit Reibung und Luftwiderstand 2011-1
Aufgabe II: Kreisbewegung im Gravitationsfeld; Bewegte Ladungen im elektrischen Feld (Linearbeschleuniger) und im Magnetfeld 2011-9
Aufgabe III: Harmonische Schwingung einer Schraubenfeder, Energiebetrachtung; Plattenkondensator – Ladung, Spannung, Energie 2011-17

Fachabitur-Prüfungsaufgaben 2012

Aufgabe I: Kondensator als Energiespeicher, Hubarbeit, Wirkungsgrad; Induktion: Bewegung einer Spule im Magnetfeld 2012-1
Aufgabe II: Kreisbahn im Gravitationsfeld, Massebestimmung im Erdorbit, harmonische Schwingung; Ionen im magnetischen und elektrischen Feld 2012-10
Aufgabe III: Lineare beschleunigte Bewegung, Stoß; Kondensator im Wechselstromkreis 2012-18

Fachabitur-Prüfungsaufgaben 2013

Aufgabe I: Fahrt auf einer Achterbahn, schiefe Ebene, Looping, horizontale Kreisbahn; ohmscher und induktiver Widerstand einer Spule, Induktion 2013-1
Aufgabe II: Harmonische Schwingung im U-Rohr; Kondensatormikrofon, Erzeugung eines Spannungssignals, Braun'sche Röhre (Skizze, Beschreibung der Funktionsweise) 2013-9
Aufgabe III: Fadenstrahlrohr, $\frac{e}{m}$-Bestimmung; Elektrisches Feld, Kraft auf eine kleine Ladung, Auslenkung eines Fadens, Anheben von PVC-Teilchen 2013-17

Fachabitur-Prüfungsaufgaben 2014

Aufgabe I: Lineare Bewegung mit konstanter Geschwindigkeit und konstanter Beschleunigung (Motorrad, Auto); Kreisbeschleuniger (Mikrotron) mit Beschleunigungs- und Extraktorkondensator. 2014-1
Aufgabe II: Kreis- und Ellipsenbahn im Gravitationsfeld (Satellit); bewegtes Leiterstück im homogenen und konstanten Magnetfeld; Rotation einer flachen Induktionsspule im Erdmagnetfeld. 2014-10
Aufgabe III: Fadenpendel; Galilei'sches Hemmungspendel; geladene Hohlkugel, Flammensonde; elektrisches Potenzial. 2014-19

Jeweils im Herbst erscheinen die neuen Ausgaben der Fachabitur-Prüfungsaufgaben mit Lösungen.

Lösungen der Aufgaben:

Gerhard Schindler (bis 2013)
Joachim Klöver (ab 2014)

Vorwort

Liebe Schülerinnen und Schüler,

mit dem Erwerb dieses Buches haben Sie den ersten Schritt für eine gute Vorbereitung auf die Fachabiturprüfung zum Erwerb der **Fachhochschulreife an Fachoberschulen und Berufsoberschulen im Fach Physik der 12. Klasse in Bayern** getan. Das Buch eignet sich dabei nicht nur zur unmittelbaren Prüfungsvorbereitung; vielmehr sollten Sie damit schon während des gesamten Schuljahres arbeiten, denn die im Verlauf des Jahres zu erbringenden Leistungsnachweise orientieren sich in der Regel an den Aufgaben der Abschlussprüfung.

Das Buch ist in folgender Weise gegliedert:

- In den allgemeinen **Hinweisen und Tipps zur Fachabiturprüfung** finden Sie Informationen zu Ablauf, Struktur und Inhalt der Prüfung, dazu viele weitere Tipps, die Ihnen beim Lösen der Prüfungsaufgaben helfen werden.
- Den Hauptteil des Buches bilden die **originalen Prüfungsaufgaben** der letzten Jahre. An jede Prüfungsaufgabe schließen sich die vollständig kommentierten Lösungsvorschläge sowie zusätzliche Tipps und Lösungshinweise an:
  - Die **Lösungsvorschläge** sind sehr ausführlich geschrieben. Sie bekommen dadurch die eigentlichen Zusammenhänge aufgezeigt und können so die die Lösungsidee und die einzelnen Lösungsschritte besser verstehen. Wenn sinnvoll, werden auch alternative Lösungsstrategien aufgezeigt.
  - Die den Lösungen vorangestellten **Tipps und Hinweise** unterstützen Sie darin, selbstständig die Lösung zu finden. Sie helfen Ihnen, den Blick auf den eigentlichen Kern der Aufgabe zu lenken und die Richtung eines möglichen Lösungsweges aufzuzeigen.
- Das zweigeteilte **Stichwortverzeichnis** ermöglicht Ihnen die gezielte Suche nach bestimmten Inhalten: Im ersten Teil sind die Stichworte **alphabetisch** aufgelistet, im zweiten Teil ist der Physikstoff entsprechend des Lehrplans **thematisch** aufgeschlüsselt.

Sollten nach Erscheinen dieses Bandes noch wichtige Änderungen in der Fachabiturprüfung 2015 vom Kultusministerium bekannt gegeben werden, finden Sie aktuelle Informationen dazu im Internet unter www.stark-verlag.de/pruefung-aktuell.

Wir wünschen Ihnen viel Erfolg bei den anstehenden Leistungsnachweisen und natürlich bei der Fachabiturprüfung!

Gerhard Schindler

Joachim Klöver

Stichwortverzeichnis

Alphabetisches Verzeichnis

Der *Kursivdruck* bei Begriffen bedeutet, dass Sie den zugehörigen Seitenverweis unter dem kursiv markierten Stichwort finden.

Abschuss*geschwindigkeit*
Achterbahn 13-1
Arbeit
– Deformations~ 08-18
– mechanische~ 07-7, 14; 08-9, 20; 14-12, 17
– Verformungs~ 07-5; 08-22
Aufprall*geschwindigkeit*
Auftreff*geschwindigkeit*
Auftriebs*kraft*
Ausschaltvorgang 10-2
Bahn
– ~*geschwindigkeit*
– ~gleichung 12-17
– ~kurve 07-5, 21; 13-1, 16
– Ellipsen~ 07-17; 09-13, 14
– elliptische~ 07-17, 20; 09-9; 10-1
– Flug~ 09-17, 18; 12-12
– Kreis~ 07-17, 20ff.; 08-7, 20; 09-9, 13, 22; 10-1, 4f., 11; 11-9; 12-10, 16; 13-6, 17, 21
– Parabel~ 09-21
– Umlauf~ 09-9; 10-1; 11-9, 13
Beschleunigung 10-9; 14-10, 12, 14, 17f.
– ~s*arbeit*
– ~s*spannung*
– ~svorgang 07-18, 23
– Fall~ 08-1, 2, 6; 10-1, 15
Gravitations~ 07-17, 20
Bewegungsgleichung 14-1, 4f.
Bezugsniveau 07-6; 08-7
Braun'sche Röhre 13-10; 14
Brems*kraft*
Bremsvorgang 12-21
Bremsweg 09-1
Coulomb*kraft*
Dämpfung 09-19, 24
Deformations*arbeit*
Deuteron 10-8, 12
Dielektrikum 09-10, 14; 10-16, 20; 11-18
Dielektrizitätszahl 09-10; 10-16; 12-19, 20
Dreh*frequenz*
Driftröhre 11-10, 11
Effektiv
– ~stromstärke 09-16; 12-24
– ~wert 08-11; 09-8, 11; 10-1, 2; 12-19, 20, 23, 24; 13-2
Eigen*frequenz*
Einschaltvorgang 07-2; 10-2
Eintauch*geschwindigkeit*
Eintritts*geschwindigkeit*
Elementar*ladung*
Ellipsen*bahn*
Energie
– ~erhaltungssatz 07-4, 6, 9; 08-3, 7, 22; 13-5
– ~form 11-18
– ~inhalt 07-9, 14; 08-2, 3; 10-2, 7; 11-19, 24
– ~umwandlung 07-1; 11-18
– elektrische ~ 07-2; 12-1
– Feld~ 11-23
– Gesamt~ 07-15; 08-9; 10-16, 19; 12-15; 13-1, 5
– Ionisierungs~ 07-18
– kinetische ~ 07-4, 5, 22; 08-20, 22, 23; 10-8, 16, 19; 11-10, 15ff., 21f.; 12-11, 15; 13-5, 15, 21; 14-2, 7, 19, 24
– magnetische ~ 10-2, 7
– Nutz~ 12-5
– potenzielle~ 07-6; 08-7, 18; 10-15, 16, 19; 11-21f.; 12-11, 15; 13-5
– Spann~ 07-4; 11-21f.
– Wärme~ 07-5; 08-18; 09-3
Faden*kraft*
Faden*pendel*
Fadenstrahlrohr 13-17
Fahrwiderstand 10-9, 12
Fall*beschleunigung*
Feder 12-15
– ~konstante 07-1; 09-18; 11-17, 20; 12-10
– ~*kraft*
– ~*pendel*
– Schrauben~ 07-4; 11-17, 20; 12-10
Feld
– ~konstante (elektrisch) 07-9; 08-8
– ~*kraft*
– ~*spule*
– ~stärke, elektrische 07-9, 12f.; 08-2; 09-21; 10-16, 20; 11-23; 13-16, 18, 22; 14-3, 5
– elektrisches ~ 07-9, 14, 18, 22; 08-2, 8, 20f.; 09-17, 21; 10-20; 11-19; 12-11f.; 13-15, 18
– Gravitations~ 10-6
– homogenes elektrisches ~ 08-11, 19; 10-11, 16; 11-10, 18
– homogenes Magnet~ 07-2; 08-10, 11; 09-17; 10-8, 11; 11-16

– Magnet~ 07-8; 08-16, 17, 20, 21; 11-1, 5, 11; 12-2, 3, 11; 13-17, 21
– magnetisches ~ 09-18; 10-2
– radialsymmetrisches ~ 07-13
Flächenladungsdichte 08-8
Flammensonde 14-20, 27
Fluss
– ~dichte 08-17, 20; 09-2, 7, 17, 18; 10-8; 12-2, 1; 13-8, 17, 21
– magnetischer ~ 08-10, 13f.; 09-2f.; 10-7; 12-2, 6f.; 13-3, 6; 14-12, 18
Frequenz 12-19; 13-2, 9, 10, 14; 14-3, 9
– Dreh~ 09-19
– Eigen~ 09-24
– Erreger~ 09-19, 24

Galilei'sches Hemmungspendel 14-20, 25 ff.
Gesamt*energie*
Gesamt*impuls*
Geschwindigkeit
– ~sfilter 10-8, 11
– Abschuss~ 07-1
– Aufprall~/Auftreff~ 12-19
– Bahn~ 08-2; 09-9, 13; 10-1, 5, 11; 11-9, 14; 12-10, 14; 13-21; 14-3, 8, 10, 14
– Eintauch~ 12-6
– Eintritts~ 12-12, 17
– End~ 14-2, 7
– Momentan~ 12-18
– Winkel~ 09-2; 11-9, 14
Gewichts*kraft*
Gleichgewichtslage 07-10; 10-15, 18; 11-20, 22; 13-18
Gravitation
– ~s*beschleunigung*
– ~s*feld*
– ~sgesetz 07-17; 08-2; 09-9, 14; 10-1; 11-9; 12-10; 14-10, 14
– ~s*kraft*

Halbachse, große 14-10, 15
Halbwertszeit 11-22
Hall
– ~effekt 08-17, 21
– ~sonde 08-17
– ~*spannung*
Helmholtzspulenpaar 13-17, 21
Hooke'sches Gesetz 11-17, 20
Hub*arbeit*

Impuls 12-12, 17
– ~änderung 07-22; 09-6
– ~erhaltungssatz 07-6, 22; 08-23; 09-6; 12-23
– Gesamt~ 07-6; 08-23; 09-6
Induktion
– ~sgesetz 08-13; 09-2, 7
– ~s*spannung*
– ~s*spule*
– ~sstrom 12-3, 9; 14-11, 16
Induktivität 07-2; 08-11, 14; 10-2, 7; 13-2, 3, 7
Influenzplättchen 08-2
Ionen
– ~antrieb 07-18
– ~quelle 08-17; 10-8; 12-11
Ionisierungs*energie*

Kepler'sches Gesetz 07-17, 20, 21; 09-9, 13; 10-1; 14-15 ff.
Kondensator 07-9f., 13, 15; 08-8f., 11; 09-10, 14ff.; 10-1, 6, 16, 20; 11-10, 18f.; 12-1, 12, 19f., 23; 13-10, 13, 15f.
– Platten~ 07-9, 13f.; 08-2, 15; 09-14, 17; 10-16, 20; 11-10, 18, 23f.; 12-11, 17, 19
– ~mikrofon 13-10
Kräftegleichgewicht 10-11
Kräfteplan 08-1, 18; 09-18, 24; 10-9; 11-2, 7, 20; 12-14; 13-2, 5, 6, 18; 14-20, 25
Kraft
– ~fluss 07-6; 13-8
– ~flussdichte 08-13, 21; 10-11
– ~gesetz, linear 07-15; 08-5; 11-20; 13-12
– ~stoß 07-22; 09-6
– Antriebs~ 14-1, 6
– Auftriebs~ 07-10, 15; 08-11
– beschleunigende ~ 08-22f.; 10-12; 11-6f.; 12-17; 13-5, 9, 12
– Brems~ 09-6
– Coulomb~ 08-15, 21; 10-11
– elektrische ~ 07-18; 08-20; 11-5, 15, 23; 12-8, 13-16
– Faden~ 14-20, 25
– Feld~ 08-8; 09-21, 23; 10-20f.; 12-16; 13-22
– Gewichts~ 07-10, 15; 08-5, 7, 15, 17, 22; 09-17, 23; 10-14; 11-7, 20; 12-3, 9; 13-6, 23
– Gravitations~ 07-22; 08-7; 09-10, 13; 10-4; 11-13; 12-14
– Hangabtriebs~ 11-7f.; 13-5
– Lorentz~ 08-16, 20f.; 09-22f.; 10-11; 11-5, 16; 12-8f., 16; 13-21
– mittlere ~ 09-2
– Normal~ 11-7
– Reibungs~ 09-6; 10-14; 11-7; 13-5
– Rückstell~/rücktreib.~ 07-15; 08-5; 11-20f.; 13-12
– Schub~ 07-18, 22; 11-3, 8
– Wind~ 07-1
– Zentral~ 07-20, 22; 08-20; 09-13, 22; 10-4, 11, 14; 11-13, 16; 12-14, 16; 13-6, 21
– Zug~ 10-9, 13; 14-11, 17
Kreis*bahn*
Kreisbogen 08-17, 20; 10-9; 11-11; 14-2, 8

Ladestrom, -vorgang 11-18, 13-10

Ladung
– ~sausgleich 07-14, 15
– ~saustausch 07-14
– Elementar~ 08-11, 16; 10-8; 13-16f., 21, 22
– spezifische 08-17, 21; 13-23
Leistung 09-3, 7; 10-9, 13, 14
– mittlere 11-3, 8
– Momentan~ 14-1, 6
Lenz'sche Regel 07-8; 10-7; 11-5; 13-6, 8
Lichtschranke 10-18
Linearbeschleuniger 11-10
Loopingbahn 13-2
Lorentz*kraft*
Luftwiderstand 11-2, 7f.

Magnet*feld*
Millikan 08-11
Mindest*energie*
Momentan*geschwindigkeit*

Nutz*energie*

Pendel
– ballistisches~ 07-1
– Faden~ 08-1; 10-15, 18; 14-19f., 23ff.
– Feder~ 11-17f.
Periodendauer 07-10; 08-1; 09-2, 7; 10-15, 18; 11-15; 12-10; 14-19f., 23ff.
Permeabilität 13-8
Platten*kondensator*
Potenzial 11-15; 13-15; 14-21, 27f.
– ~differenz 09-17, 22
Proton 08-17; 10-8, 12; 11-10, 15f.

Raumschiff 08-2
Raumstation 12-10
Reibung 07-5; 10-9; 11-7; 12-10
– ~s*kraft*
– ~szahl 09-1; 11-2f.; 13-1
Reihenschaltung 10-7; 11-18; 12-2, 6; 13-7
Resonanz 09-24
Richtgröße 09-18; 10-15, 18; 12-11; 13-9, 12
Rückstell*kraft*
Ruhelage 12-10

Satellit 14-10
– Steuermanöver 14-11, 16
Scheitel
– *~spannung*
– ~wert 09-2, 11; 12-19
Schrauben*feder*
Schub*kraft*
Schwingung 07-10, 16; 13-10
– ~sdauer 07-10, 15; 09-18; 10-18; 12-15
– ~senergie 12-11, 15
– harmonische ~ 08-6; 10-15; 11-20; 12-15; 13-9, 12
Selbstinduktions*spannung*
Spann*energie*
Spannung
– Beschleunigungs~ 08-17; 11-10
– Hall~ 08-17, 22
– Induktions~ 07-2, 7; 08-11, 13, 14; 09-7; 11-1, 5; 12-2, 3, 8; 13-6; 14-12, 18
– Scheitel~ 09-15; 11-15; 14-12, 18
– Selbstinduktions~ 08-11, 14; 09-2, 3
– Wechsel~ 10-1; 11-10, 15; 12-19; 13-2, 14f.
Spule 09-2, 8; 10-1f., 6; 13-2
– Feld~ 08-10, 14
– Induktions~ 08-10, 13; 11-1; 12-2
Stoß 07-1, 2, 22; 08-18, 22; 12-19
– elastischer~ 08-22
– *Kraft~*
– unelastischer ~ 07-6; 08-18, 22, 23; 09-2, 6
Synchronsatellit 11-9, 13

Umlauf 08-2; 09-9
– *~bahn*
– ~dauer 07-17; 08-7; 09-9; 10-1, 4; 11-13; 12-14; 14-3, 8, 10, 14
U-Rohr 13-9

Verformungs*arbeit*

Wechsel
– *~spannung*
– ~stromkreis 08-11, 14; 09-11, 15; 10-1, 2; 12-19, 20, 23; 13-7
Widerstand
– induktiver ~ 09-2; 10-2, 6; 13-2, 7
– kapazitiver ~ 09-15; 10-6
– ohmscher ~ 07-2; 08-11; 09-2; 10-1f., 6f.; 12-3, 9; 13-2, 7, 10
Wind*kraft*
Windungszahl 07-7; 09-3; 11-1
Winkel*geschwindigkeit*
Wirkungsgrad 12-1, 2, 5, 6
Wurfweite 07-1

Zentralgestirn 07-17, 20
Zentral*kraft*
Zentrifugal*kraft*
Zug*kraft*

Thematisches Verzeichnis

Aufgelistet sind die Aufgaben, welche das betreffende Themengebiet behandeln. Sie sind von links nach rechts durch Prüfungsjahr sowie Aufgabengruppe und -nummer gekennzeichnet; z. B. bezeichnet 13 I 1.1 die Aufgabe 1.1 der Aufgabengruppe I aus dem Fachabitur 2013.

Kinematik
14 I 1.0–1.3
14 II 2.3
13 I 1.1
12 III 1.0–1.4.2
10 II 2.0–2.1
09 I 1.0–1.2.3
07 I 1.3.0–1.3.2

Kräfte (bis geneigte Ebene)
14 I 1.4.1
14 II 1.1.1
13 I 1.2
11 I 2.0–2.3.3
10 II 2.0–2.2
09 I 1.3
08 III 2.0–2.1.2
07 I 1.3.3

Arbeit, Energie, Wirkungsgrad, Leistung
14 I 1.4.2
13 I 1.3.1
11 I 2.3.4
10 II 2.0–2.3.4
07 I 1.0–1.2

Kreisbewegung
13 I 1.3.2, 1.4
10 II 2.4.0–2.4.2

Impuls
12 III 1.5.0–1.5.2
09 I 2.0–2.2
08 III 2.0–2.3
07 I 1.0–2.2
Ü I 1.2.0–1.2.3
Ü II 2.0–2.3.3
Ü III 2.0–2.4.3

Gravitation
14 II 1.0–1.2.3
12 II 1.0–1.3
11 II 1.0–1.3.2
10 I 1.0–1.3.2
09 II 1.0–1.3.4
08 I 1.4.0–1.5.2
07 III 1.1–1.4

Schwingungen
14 III 1.0–1.3.3
13 II 1.0–1.2.4
12 II 1.4.0–1.4.4
11 III 1.0–1.2.4
10 III 1.1–1.3.6
09 III 2.0–2.5
08 I 1.0–1.3.3
07 II 3.0–3.2.3

nur Schwingungsgleichungen
14 III 1.2.1
13 II 1.2.0–1.2.4
09 III 2.2–2.3
07 II 3.2.0–3.2.3

Elektrisches Feld
14 I 2.0–2.2; 2.3.4; 2.3.5
14 III 2.0–2.3.0
13 II 2.0–2.5.2
12 I 1.0–1.4
11 II 2.0–2.3.2
11 III 2.0–2.3.2
10 III 2.0–2.3.3
09 II 2.0–3.3.2
09 III 1.0–1.3
08 I 2.0–2.3.2
08 II 3.0–3.4
07 II 1.0–1.2.4
07 III 2.0–2.3
Ü I 2.2.0–2.2.3

Magnetisches Feld
14 I 2.3.0–2.3.3; 2.4
13 III 1.0–1.6.2
12 II 2.0–2.2.3
11 II 2.4.0–2.4.3
10 II 1.0–1.2.3
09 III 1.4–1.5.2
08 III 1.0–1.4

Induktion
14 II 2.0–3.2
13 I 2.0–2.1.2, 2.3.3
12 I 2.0–2.3.2
11 I 1.0–1.2.2
09 I 3.0–3.3
08 II 1.0–1.2.2
07 I 3.0–4.2

Elektrische Bauteile im Wechselstromkreis
13 I 2.2.0–2.3.2
12 III 2.0–2.3.4
10 I 2.0–2.4.4
08 II 2.0–2.2.2

Hinweise und Tipps zur Fachabiturprüfung

Allgemeine Hinweise

Schulsituation

Zur Beruflichen Oberschule gehören die Fachoberschule (FOS) und die Berufsoberschule (BOS).
Voraussetzung für den Besuch der Beruflichen Oberschule ist ein mittlerer Schulabschluss, wobei den Leistungen in den Fächern Deutsch, Englisch und Mathematik eine besondere Bedeutung zukommt. Für den Besuch der BOS ist zusätzlich eine abgeschlossene Berufsausbildung Voraussetzung. In die Vorklasse der BOS können unter bestimmten Voraussetzungen auch Schüler aufgenommen werden, die noch keinen mittleren Schulabschluss haben, den sie bei entsprechenden Leistungen dann dort erwerben.
Die Berufliche Oberschule umfasst die Jahrgangsstufen 11, 12 und 13. Mit dem Erwerb des Fachabiturs nach der 12. Jahrgangsstufe kann der Bildungsgang beendet werden.
Der Besuch der 13. Jahrgangsstufe hat das Ziel die fachgebundene Hochschulreife (nur Englisch als Fremdsprache) oder auch die allgemeine Hochschulreife (mit einer zweiten Fremdsprache) zu erwerben. Damit ist die Berufliche Oberschule eine gleichwertige Alternative zur gymnasialen Oberstufe.
Die schriftliche Prüfung wird in den Fächern Deutsch, Englisch, Mathematik und in einem für die jeweilige Ausbildungsrichtung (Technik; Wirtschaft und Verwaltung; Sozialwesen; Gestaltung; Agrarwirtschaft, Bio- und Umwelttechnologie) charakteristischen Profilfach abgelegt. Für die Ausbildungsrichtung Technik ist Physik das vierte schriftlich geprüfte Fach.

Prüfungen

Die Aufgaben der schriftlichen Fachabiturprüfung werden zentral vom Bayerischen Staatsministerium für Unterricht und Kultus gestellt. Aufgaben zur mündlichen Prüfung stellt jede Schule bzw. die Fachlehrkraft in eigener Verantwortung. Mündliche Prüfungen sind in aller Regel freiwillig und bieten damit die Möglichkeit der Notenverbesserung. Bewertet wird mit dem Punktesystem.

Für die schriftliche Prüfung im Fach **Physik** gilt folgendes:

- Für den Schüler besteht keine Auswahlmöglichkeit. Die Schule wählt aus den drei gestellten Aufgaben zwei aus, die bearbeitet werden müssen.
- Die Arbeitszeit beträgt 180 Minuten.
- Bei jeder Teilaufgabe sind die erreichbaren Bewertungseinheiten (BE) angegeben.
- Es sind insgesamt maximal 100 BE zu erreichen (50 BE für jede Aufgabe).
- Die erzielten Bewertungseinheiten werden nach dem folgenden Schlüssel in Punkte umgerechnet:

BE	0–19	20–26	27–33	34–40	41–45	46–50	51–55	56–60
Punkte	0	1	2	3	4	5	6	7
BE	61–65	66–70	71–75	76–80	81–85	86–90	91–95	96–100
Punkte	8	9	10	11	12	13	14	15

Fachspezifische Hinweise

Die folgende Auflistung gibt Ihnen einen Überblick über den prüfungsrelevanten Stoff (sie ersetzt nicht den Lehrplan). Zwar lassen sich hieraus noch keine Schlüsse über Breite und Tiefe der Anforderungen in den Prüfungsaufgaben ziehen, doch gibt die Zusammenstellung Ihnen alle für die Prüfung wichtigen Themen und Begriffe zur Hand, sodass sie als inhaltlicher Leitfaden für Ihre Vorbereitung dienen kann.

Geradlinige Bewegung

Bewegung mit konstanter Geschwindigkeit

Abhängigkeit der Beschreibung von der Wahl des Bezugssystems
Geschwindigkeit als abgeleitete Größe, Geschwindigkeit als Vektor
Darstellung von Bewegungen im
- x(t)-Diagramm,
- v(t)-Diagramm

Interpretation von
- Geradensteigung im x(t)-Diagramm
- Fläche im v(t)-Diagramm

Vektorielle Addition von Geschwindigkeiten, Abdrift, Flussüberquerung

Bewegung mit konstanter Beschleunigung

Beschleunigung als abgeleitete Größe, Beschleunigung als Vektor,
Messversuch mit der Luftkissenfahrbahn
mittlere Geschwindigkeit, Momentangeschwindigkeit
Bewegungsgleichungen
Darstellung von Bewegungen im
- x(t)-Diagramm
- v(t)-Diagramm
- a(t)-Diagramm

Freier Fall, Messung der Fallbeschleunigung
Überhol- und Begegnungsvorgänge, senkrechter und waagrechter Wurf

Kraft und Masse

Newton'sche Gesetze
- Trägheitsprinzip
- Grundgleichung ($\vec{F} = m \cdot \vec{a}$), Messversuch mit der Fahrbahn
- Wechselwirkungsprinzip

Kräftepläne
Antriebs- und Bremsvorgänge, schiefe Ebene (mit und ohne Reibung)

Arbeit, Energie, Leistung, Impuls

Arbeit, Energie, Leistung

Arbeit bei konstanter Kraft als Skalarprodukt von Kraft und Weg
Interpretation der Fläche im F(x)-Diagramm
Arten von Arbeit (Hub-, Beschleunigungs-, Reibungs-, Spannarbeit)
Energie als Arbeitsvermögen eines Körpers
potenzielle Energie (Lage-, Spannenergie), kinetische Energie, Wärmeenergie
Gesetz über die Energieerhaltung in einem abgeschlossenen System
Leistung ($P = \frac{\Delta E}{\Delta t}$; $P = \dot{E} = \vec{F} \circ \vec{v}$), Wirkungsgrad

Impuls

Kraftstoß = Impulsänderung ($F \cdot \Delta t = \Delta(m \cdot v)$)
Impuls als vektorielle Größe
Gesetz von der Impulserhaltung
Zentraler Stoß (vollelastisch, unelastisch)
Raketenantrieb, ballistisches Pendel

Kreisbewegung

Umlaufdauer, Winkelgeschwindigkeit, Bahngeschwindigkeit
Zentralbeschleunigung, Zentralkraft
Zentrifugalkraft (nur im mitrotierenden Bezugssystem)
Kräftepläne für
- ruhendes Bezugssystem: $\sum \vec{F}_i$ = Zentralkraft
- mitrotierendes Bezugssystem: $\sum \vec{F}_i = \vec{0}$

Zentrifuge, Kettenkarussell, Fahrzeuge auf Kreisbahnen, Kurvenüberhöhung
Sonderfall der vertikalen Kreisbahn eines Körpers

Mechanische Schwingungen

Harmonische Schwingung

Grundbegriffe: Periodendauer, Frequenz, Elongation, Amplitude, Dämpfung
Geeignete Projektion einer Kreisbewegung, Vergleich mit einem Federpendel
Bewegungsgleichungen für Elongation, Geschwindigkeit, Beschleunigung
Berücksichtigung der Anfangsbedingung
Rückstellkraft, lineares Kraftgesetz
Differenzialgleichung der harmonischen Schwingung:
beschleunigende Kraft = Rückstellkraft

$$m \cdot a = -D \cdot s \quad \text{bzw.} \quad m \cdot \ddot{s} + D \cdot s = 0$$

Zusammenhang zwischen Periodendauer und Richtgröße
Federpendel, Fadenpendel, U-Rohr, Kombination von Schraubenfedern

Energie der Harmonischen Schwingung

Periodische Umwandlung von potenzieller und kinetischer Energie
Zeitunabhängigkeit der Gesamtenergie (Energieerhaltung)

Erzwungene Schwingung, Resonanz

Freie Schwingung, Eigenfrequenz
Elastische Kopplung, erzwungene Schwingung
Versuch mit dem Drehpendel
Abhängigkeit der Resonatoramplitude und der Phasenverschiebung von der Erregerfrequenz und der Dämpfung
(bei der erzwungenen Schwingung nur qualitative Beschreibung der Phänomene)

Gravitationsfeld

Kepler'sche Gesetze

Gravitationsgesetz

Gravitationsfreier Punkt zwischen zwei Massen
Natürliche und künstliche Satelliten, Massen- und Bahnberechnungen

Elektrisches Feld

Ladung, Kraft zwischen Punktladungen

Ladungsarten, Mengencharakter, Teilbarkeit, Elementarladung
Versuch z. B. mit der Torsionsdrehwaage
Coulomb'sches Gesetz
Vergleich zwischen Gravitations- und Coulombkraft

Beschreibung des elektrischen Feldes

Radialsymmetrisches und homogenes Feld
Definition der elektrischen Feldstärke
Technische Anwendung (Elektrofilter, Kopierer)

Verschiebungsarbeit, Potenzial, Spannung

Verschiebungsarbeit
Definition von Potenzial und Spannung

Äquipotenzialflächen
Versuch mit der Flammensonde

Homogenes elektrisches Feld eines Plattenkondensators

Feldstärke, Verschiebungsarbeit, Potenzial und Spannung im homogenen elektrischen Feld
Versuch zur Influenz
Flächenladungsdichte, Zusammenhang mit der Feldstärke
Proportionalität zwischen Ladung und Spannung
Definition der Kapazität, Messversuch
Schaltung von Kondensatoren
Energieinhalt eines Kondensators

Ladungen im homogenen elektrischen Feld

Millikanversuch zur Bestimmung der Elementarladung

$\vec{v}_0 \parallel \vec{E}$ Beschleunigung einer Ladung im elektrischen Feld, Energieaufnahme, Energieabgabe

$\vec{v}_0 \perp \vec{E}$ Ablenkung im elektrischen Feld (Analogie zum waagrechten Wurf), Glühemission, Funktionsprinzip des Oszilloskops

Magnetisches Feld und Induktion

Grundlagen

Magnetfeld von Permanentmagneten und stromdurchflossenen Leitern
Dipolfeld

Magnetische Flussdichte

Versuch: Kraftwirkung auf einen stromdurchflossenen Leiter
Definition des Betrags der magnetischen Flussdichte
Magnetische Flussdichte als Vektor, Vektorgleichung für die Kraft
Anwendung: Elektromotor, Drehspulmessgerät

Bewegte Ladungen im Magnetfeld

Lorentzkraft
Halleffekt
Proportionalität der Hallspannung zur Kraftflussdichte
Messung der Kraftflussdichte mit Hallsonden
Kreisbahn geladener Teilchen im Magnetfeld
Bestimmung der spezifischen Ladung des Elektrons mit dem Fadenstrahlrohr
Geschwindigkeitsfilter (Wienfilter)

Magnetische Flussdichte einer langgestreckten Spule

Messversuch mit der Hallsonde
Magnetische Feldkonstante μ_0
Hinweis auf die Amperedefinition

Elektromagnetische Induktion

Bewegter Leiter im Magnetfeld, Messversuch
Theoretische Herleitung über die Lorentzkraft
Induktionsgesetz: Messversuch $|U_i| \sim |\dot{B}|$, wobei $\dot{A} = 0$
Messversuch $|U_i| \sim |\dot{A}|$, wobei $\dot{B} = 0$
Definition des magnetischen Flusses als Skalarprodukt $\Phi = \vec{B} \circ \vec{A}$
Zusammenfassung zum Induktionsgesetz
Lenz'sche Regel
Erzeugung konstanter und sinusförmiger Induktionsspannung
Effektivwerte
Wirbelströme, Wirbelstrombremse

Selbstinduktion

Ein- und Ausschaltvorgänge bei einer Spule
Versuch mit der Glimmlampe
Definition Induktivität; Induktivität einer langgestreckten Spule
Selbstinduzierte Spannung
Energieinhalt einer stromdurchflossenen Spule
Spule als Schaltelement

Ohmscher Widerstand, Spule und Kondensator im Wechselstromkreis

Phasenverschiebung zwischen Strom und Spannung
Demonstration mit dem Oszilloskop
Kapazitiver und induktiver Widerstand

Die drei Prüfungsaufgaben (von denen die Schule zwei zur Bearbeitung auswählt) sind in der Regel so gestaltet, dass in jeder dieser Aufgaben mindestens zwei Themenbereiche schwerpunktmäßig angesprochen werden. Darüber hinaus lassen sich auch Themenbereiche kombinieren (z. B. Bewegung eines Massepunktes bzw. Teilchenbewegung im elektrischen oder magnetischen Feld). Damit ergibt sich auch für nur zwei Aufgaben eine breite Palette prüfbaren Stoffes.
Die Aufgaben enthalten auch Fragestellungen, die keine Berechnungen verlangen. Das sind z. B. Versuchskizzen, Schaltskizzen, Versuchbeschreibungen, Funktionsbeschreibungen von Geräten, Beschreibungen und Begründungen von Vorgängen oder Sachverhalten u. ä.

Methodische und praktische Hinweise

- In aller Regel ist es gleichgültig, mit welcher der beiden Aufgaben Sie beginnen, da die Anforderungen in den einzelnen Themenbereichen auf dem gleichen Niveau liegen und Sie sowieso beide Aufgaben bearbeiten müssen. Sollten Sie nach einem kurzen Überblick (geht von der Arbeitszeit ab) glauben, einen der Themenbereiche am besten zu beherrschen, beginnen Sie damit. Das kann Sicherheit bringen, wenn es läuft. Falls nicht, bedenken Sie, dass eine Aufgabe sich bestens entwickeln kann, wenn man sich erst konzentriert und intensiv mit ihr beschäftigt. Messen Sie dem Überblick nicht zuviel Bedeutung bei.
- Lesen Sie die Texte langsam, sorgfältig und konzentriert. Markieren Sie gegebene Daten und die entscheidenden Fakten. Falls eine Skizze dazugehört, verbinden Sie auch gedanklich den Text mit dieser Skizze. Registrieren Sie beim Lesen die Größenordnungen der gegebenen Daten, die Einheiten und die signifikanten Stellen. Kleine Unachtsamkeiten haben oft eine große Wirkung (z. B. einen gegebenen Durchmesser als Radius interpretieren).
- Die Teilaufgaben eines Themenbereiches sind in der Regel nicht unabhängig voneinander aneinander gereiht. Manche Teilaufgaben sind ohne Bearbeitung der vorhergehenden nicht zu verstehen und zu lösen. Halten Sie sich an die nummerierte Reihenfolge, die aufeinander aufbauenden Teilaufgaben zeigen eine gewisse Entwicklung in der Breite und in der Tiefe.
  Springen Sie vor allem nicht wie ein aufgescheuchter, Haken schlagender Hase von Themenbereich zu Themenbereich. Es bringt nichts, weil die Zusammenhänge verloren gehen.

- Denken Sie auch an eine ordentliche **äußere Form**. Nummerieren Sie die beschriebenen Seiten, eventuelle spätere Verweise werden dann einfacher. Ordnen Sie Ihre Lösung eindeutig der jeweiligen Aufgabe zu, schreiben Sie deutlich und eindeutig. Eine Korrektur ist kein Suchspiel und keine Interpretation. Überlegen Sie auch mal Ihre Reaktion, wenn Sie ein chaotisch verfasstes Schriftstück bearbeiten müssten.
- Beim Lösen von Aufgaben, die den Einsatz von **physikalischen Formeln** erfordern, stellt sich immer wieder die Frage, woher man diese Formeln bekommt. Es gibt im Prinzip zwei Möglichkeiten:
  - Bei einigen Aufgaben können Sie Formeln direkt aus der (zugelassenen) Formelsammlung übernehmen. Diese müssen Sie eventuell noch ineinander einsetzen und algebraisch umformen. Beachten Sie: Eine Formelsammlung kann nur eine Gedächtnisstütze sein und dies auch nur, wenn man sie mit Sachverstand benutzt (so liefert $v = \Delta x / \Delta t$ bei einer Bewegung, die nicht mit konstanter Geschwindigkeit abläuft, nicht die Momentangeschwindigkeit zu einem Zeitpunkt t, sondern nur einen Wert für die mittlere Geschwindigkeit während der Zeitdauer Δt).
  - Bei anderen Aufgaben ist es notwendig, sich eine Formel unter Verwendung eines physikalischen Prinzips ausgehend von einem allgemeinen Ansatz herzuleiten (z. B. Kraftansatz, Energie- oder Impulserhaltungssatz, Induktionsgesetz). Dabei sollten Sie immer mit der Kernaussage eines solchen Ansatzes beginnen (z. B. Energiebilanz beim Fadenpendel: $E_{kin,\,max} = E_{pot,\,max}$).
- Während einer Herleitung bzw. der anschließenden Umformung sollten in der Regel die physikalischen Größen noch nicht durch ihre konkreten Werte ersetzt werden. Setzen Sie die Werte erst ganz zum Schluss ein. Dies macht den Lösungsweg übersichtlicher und hilft Fehler zu vermeiden. Auf die Berechnung von (unnötigen) Zwischenergebnissen sollte verzichtet werden.
- Achten Sie auf die Formulierung der einzelnen Aufgabenstellungen, besonders auf die darin verwendeten **Operatoren** (siehe folgenden Abschnitt). So stellen Sie sicher, dass Ihre Lösung nicht zu knapp, aber auch nicht zu umfangreich (Zeitplanung!) ausfällt.
- Herleitungen, Berechnungen und Begründungen müssen logisch aufgebaut, konsequent und nachvollziehbar sein. Ist ein Teilergebnis bekannt, kann ein fehlerhafter Ansatz auch mit Tricks oder durch Weglassen von Umformungen nicht zur richtigen Lösung führen. Sollten Sie bei der Gestaltung der Lösung physikalische Größen einsetzen, die noch nicht genannt oder nicht allgemein bekannt sind, geben Sie ihre Bedeutung an.
- Natürlich können **Fehler** passieren. Streichen Sie die fehlerhaften Stellen durch und fügen Sie Ihre Korrektur ein. Sind es größere Passagen, dann hilft ein Verweis auf die Seite, auf der die richtige Lösung angeboten wird. Was nicht gelten soll, muss eindeutig durchgestrichen werden. Machen Sie etwas aber erst dann ungültig, wenn Sie Besseres zu bieten haben. Zu einer Aufgabe gibt es nur **einen** Lösungsvorschlag! Eine Auswahl und Interpretation ist der korrigierenden Lehrkraft nicht gestattet.
- **Fehlererkennung:** Physikalische Größen sind mit Einheiten behaftet. Kontrollieren Sie bei Berechnungen konsequent die Einheiten, so haben Sie eine einfache Möglichkeit zu erkennen, ob ein Ergebnis richtig sein kann oder falsch ist. Wenn Sie bei der Berechnung der kinetischen Energie z. B. vergessen, die Geschwindigkeit zu quadrieren, kommen nie und nimmer Joule heraus. Aus diesem Grund müssen Sie vor einer Berechnung immer die gegebenen Größen samt ihrer Einheiten einsetzen, also hinschreiben.
  Aus Ihrer Unterrichtserfahrung kennen Sie Größenordnungen einiger physikalischer Größen. So sind Geschwindigkeiten jenseits der Lichtgeschwindigkeit unrealistisch, genau so wie Umlaufdauern von Satelliten im Millisekundenbereich oder Teilchenladungen mit mehreren Megacoulomb. Oft sind falsche Vorzeichen von Exponenten oder das falsche Umrechnen von Einheiten die Ursache solcher Ergebnisse.

Wenn Sie einen Fehler nicht gleich beheben können (manchmal gibt es ja Knoten im Gehirn), machen Sie sich eine Notiz, um später noch einmal nachzuhaken. Finden Sie den Fehler dennoch nicht, können Sie zumindest mit einem selbstkritischen Kommentar (z.B. „Das Ergebnis kann nicht stimmen, da der Wert viel zu groß ist.“) verdeutlichen, dass Ihnen der Fehler bereits aufgefallen ist.

- **Auswertung von Messreihen:** Aus mehreren Messwerten soll ein Zusammenhang zwischen den auftretenden Größen ermittelt werden. Häufig sind die Messwerte aus mehreren Versuchsreihen in einer einzigen Tabelle zusammengefasst (siehe z. B. Aufgabe II von 2007, Teilaufgabe 1.2.0 ff.). Eine Aussage über die Abhängigkeit einer Größe von einer anderen ist nur dann möglich, wenn alle anderen Größen konstant gehalten werden.
  Zum Nachweis der Abhängigkeit der Größe y von der Größe x muss ein linearer Zusammenhang hergestellt werden, falls er nicht bereits existiert. Dafür muss die Größe x unter Umständen geeignet umgeformt werden, z. B.
  $y \sim u = x^2,\ y \sim u = \sqrt{x},\ y \sim u = \frac{1}{x},\ y \sim u = \frac{1}{x^2}$
  Nur dann ist der Quotient $\frac{y}{u}$ im Rahmen der Messgenauigkeit konstant und damit die Abhängigkeit nachgewiesen.
  Analoges gilt für den grafischen Nachweis. Er gelingt nur, wenn der Graph Teil einer Ursprungsgeraden ist. Auf der horizontalen Achse sind die entsprechenden Größen u anzutragen, die abhängige Größe y wird stets auf der vertikalen Achse angetragen. Die Gerade ist so zu zeichnen, dass sich die Messungenauigkeiten in etwa aufheben.

- **Grafiken:** Die grafische Darstellung von zwei Größen dient als Nachweis für ihren Zusammenhang (siehe vorherigen Punkt), aber auch zur Veranschaulichung eines Zusammenhangs (z. B. Auf- und Entladung eines Kondensators).
  Wenn in der Aufgabe die Einheiten auf den Achsen vorgegeben sind, halten Sie sich bitte daran. Platzieren Sie ihr Koordinatensystem so auf der Seite, dass für die Grafik genügend Platz unterhalb der letzten Textzeile vorhanden ist.
  Falls für die Zeichnung keine weiteren Vorgaben gemacht werden, wählen Sie die Einheiten auf den Achsen so, dass die Grafik nicht zu klein aber auch nicht zu groß wird (je nach Zusammenhang eine drittel bis eine halbe Seite). Wählen Sie vor allem die Einheiten so, dass Sie für die Zeichnung nicht viel umrechnen müssen. In der Regel sind Einheiten bei 0,5 cm, 1 cm, 2 cm, 4 cm, 5 cm, 10 cm günstig. Für die Darstellung periodischer Zusammenhänge empfiehlt sich eine Einheit, die bequem in 6 oder 12 Teile einteilbar ist (mit der Festsetzung $\pi = 3$).
  Soll nur eine Skizze angefertigt werden, so sind in der Regel wesentliche bekannte Tatsachen ohne Berechnungen einzubringen (z. B. die Resonanzkurve bei der erzwungenen Schwingung: ihre Amplitude ist für $f \approx 0$ gleich der Erregeramplitude, nimmt für die Eigenfrequenz $f = f_0$ ein Maximum an und geht mit wachsender Erregerfrequenz gegen null. Die Form wird noch von der Dämpfung beeinflusst).
  Gelegentlich werden in ein Koordinatensystem mehrere Kurven eingezeichnet. Machen Sie durch Beschriftung und eventuell durch Farbe eindeutig erkennbar, welche Kurve welche Größe beschreibt.

- **Beschreibungen, Begründungen:** Entscheidend ist, dass die nötigen Fakten in ihrem Zusammenspiel beschrieben werden. Falls Ihnen hier der notwendige Umfang nicht klar ist, geben die zu erzielenden Bewertungseinheiten einen Hinweis: Für 3 Bewertungseinheiten müssen Sie nicht zwei Seiten verfassen, um die Frage vollständig zu beantworten; für 10 Bewertungseinheiten werden zwei Zeilen sicher nicht ausreichend sein.
  Fertigen Sie Skizzen nicht zu klein an, damit sie auch ordentlich beschriftbar und Zusammenhänge erkennbar sind. Skizzen können auch dann hilfreich sein, wenn sie nicht ausdrücklich verlangt sind. Im verbalen Teil der Beantwortung kann man sich auf sie beziehen und damit aufwändige Formulierungen vermeiden.

Zur *Versuchsbeschreibung* gehören der Versuchsaufbau mit allen nötigen Geräten und Angabe von wichtigen Voraussetzungen (z. B. horizontale Ausrichtung der Fahrbahn beim Versuch zum 2. Newton'schen Gesetz), eventuell eine Schaltskizze, die Versuchsdurchführung (was wird in Abhängigkeit wovon gemessen, wie wird gemessen, Fehlerquellen usw.). Da dies insgesamt sehr umfangreich werden kann, werden häufig nur Teilbereiche angesprochen, z. B. Messung der Geschwindigkeit bei Fahrbahnversuchen.
Auch *Gerätebeschreibungen und Ihre Funktion* sind oft umfangreich und in der Regel mit einer beschrifteten Skizze verbunden. Die Skizze muss alle für die Funktion erforderlichen Elemente im richtigen Zusammenwirken enthalten (es nützt nichts, wenn bei der Braun'schen Röhre der Wehneltzylinder nach den Ablenkkondensatoren angeordnet wird). Das Gleiche gilt analog für *Schaltskizzen.*
Die Funktionsbeschreibung bezieht sich entweder auf das komplette Gerät (z. B. auf die Braun'sche Röhre) oder Teile davon (z. B. Glühkathode, Wehneltzylinder).
Bei der *Begründung/Erklärung von Sachverhalten* ist darauf zu achten, dass alle physikalisch relevanten Erscheinungen aufgeführt werden, die zu genau diesem Ergebnis führen. Das kann etwa eine geeignete Zusammenstellung von Fakten und dem sich aus diesen ergebenden Verhalten sein, z. B. der Nachweis der Kreisbahn von geladenen Teilchen im Magnetfeld (Aufgabe III von 2008, Teilaufgabe 1.2). Das kann aber auch eine konsequente Aufeinanderfolge von Erscheinungen sein, die als „Endprodukt" den zu erklärenden Sachverhalt hat, z. B. Erklärung des Halleffekts (Aufgabe III von 2008, Teilaufgabe 1.4). Achten Sie dabei stets auf eine logisch aufgebaute Argumentation.

- **Vorbereitungszeit:** Wie schon weiter oben bemerkt, erstreckt sich der abprüfbare Stoff auf einen umfangreichen Themenkatalog, zum Teil auf Inhalte, die zeitlich weit vor dem Prüfungstermin besprochen werden. Sie lassen sich zwar wenige Tage vor der Prüfung auffrischen (geht nur, wenn schon etwas da ist), aber nicht mehr gründlich aneignen. Klammern Sie sich auch nicht zu sehr an die Formelsammlung und den Taschenrechner – sie sind wichtige Hilfsmittel, können aber die gründliche Vorbereitung nicht ersetzen. Das notwendige physikalisches Wissen und Verständnis lässt sich nur durch kontinuierliches Arbeiten erwerben.

Operatoren

Aus der Aufgabenstellung heraus lassen sich normalerweise die Art und der Umfang der erwarteten Leistung erkennen. Hierzu werden bestimmte Schlagworte, die sogenannten Operatoren, verwendet. Die folgende Tabelle gibt einen Überblick über die am häufigsten verwendeten Operatoren und ihre Bedeutungen. In der dritten Spalte finden Sie jeweils ein Beispiel für einen Arbeitsauftrag, der die Verwendung des zugehörigen Operators demonstriert.

Operator	Bedeutung	Beispiel
abschätzen	durch begründete Überlegungen Größenordnungen physikalische Größen angeben	Schätzen Sie die Energiedichte einer Autobatterie mit den Daten … ab.
analysieren/ untersuchen	wichtige Bestandteile / Eigenschaften zu einem gegebenen Thema herausarbeiten	Analysieren Sie die Aussage bzgl. des Energieerhaltungssatzes.
anwenden	eine(n) bekannten Sachverhalt /bekannte Methode auf etwas Neues beziehen	Wenden Sie den Energie- und den Impulserhaltungssatz an.
begründen/ zeigen	Sachverhalte auf Regeln /Gesetze /kausale Zusammenhänge zurückführen	… und begründen Sie die Richtung des Induktionsstroms.

Operator	**Bedeutung**	**Beispiel**
berechnen/ bestimmen	aus Größengleichungen physikalische Größen gewinnen	Berechnen Sie die Induktivität der Spule aus den angegebenen Daten.
beschreiben	Strukturen, Sachverhalte oder Zusammenhänge strukturiert und fachsprachlich richtig mit eigenen Worten wiedergeben	Beschreiben Sie das Vorgehen bei der Bestimmung der Elementarladung nach Millikan.
bestätigen	die Gültigkeit einer Hypothese, Modellvorstellung, Naturgesetzes durch z. B. eine Herleitung belegen	Bestätigen Sie diesen Zusammenhang durch eine allgemeine Herleitung.
beurteilen	zu einem Sachverhalt ein selbstständiges Urteil unter Verwendung von Fachwissen und Fachmethoden formulieren und begründen	Beurteilen Sie den vorgeschlagenen experimentellen Aufbau bzgl. der Durchführbarkeit.
bewerten	Sachverhalte, Gegenstände, Methoden, Ergebnisse etc. an Beurteilungskriterien oder Normen und Werten messen	Bewerten Sie das Endergebnis bzgl. der vorgeschlagenen Entscheidungsregel.
darstellen	Sachverhalte, Zusammenhänge, Methoden und Bezüge in angemessenen Kommunikationsformen strukturiert wiedergeben	Stellen Sie den Zusammenhang in einem t-s-Diagramm grafisch dar.
diskutieren/ erörtern	in Zusammenhang mit Sachverhalten, Aussagen oder Thesen unterschiedliche Positionen bzw. Pro- und Contra-Argumente einander gegenüberstellen und abwägen	Diskutieren Sie die Brauchbarkeit der vier Diagramme zur Beschreibung des geschilderten Bewegungsvorgangs.
entwickeln/ aufstellen	Sachverhalte und Methoden zielgerichtet miteinander verknüpfen. Eine Hypothese, eine Skizze, ein Experiment, ein Modell oder eine Theorie schrittweise weiterführen und ausbauen	Entwickeln Sie einen experimentellen Aufbau (Schaltplan), der sich dazu eignet, die Abhängigkeit des Spulenstroms von der Frequenz zu untersuchen.
erklären	einen Sachverhalt nachvollziehbar und verständlich machen	Erklären Sie an zwei geeigneten Beispielen die grundsätzlichen Wirkmechanismen bei der Induktion einer elektrischen Spannung.
erläutern	einen Sachverhalt durch zusätzliche Informationen veranschaulichen und verständlich machen	Erläutern Sie mithilfe einer geeigneten Skizze die Funktionsweise einer Elektronenstrahlröhre.
ermitteln	einen Zusammenhang oder eine Lösung finden und das Ergebnis formulieren	Ermitteln Sie die funktionale Abhängigkeit zwischen der magnetischen Flussdichte B und dem Spulenstrom der Stärke I.
herleiten	aus Größengleichungen durch mathematische Operationen eine physikalische Größe freistellen	Leiten Sie anhand einer Skizze her, wie aus der Lage der Punkte die Wellenlänge des Laserlichts berechnet werden kann.
interpretieren	ursächliche Zusammenhänge in Hinblick auf Erklärungsmöglichkeiten untersuchen und abwägend herausstellen	Interpretieren Sie das Ergebnis im Sinne der vorliegenden Thematik.

Operator	Bedeutung	Beispiel
nennen/ angeben	Elemente, Sachverhalte, Begriffe, Daten ohne Erläuterungen aufzählen	Nennen Sie die Newton'schen Axiome. Geben Sie ein Beispiel für den Impulserhaltungssatz an.
skizzieren	Sachverhalte, Strukturen oder Ergebnisse auf das Wesentliche reduziert übersichtlich darstellen	Skizzieren Sie für diesen Zusammenhang das zugehörige t-v-Diagramm.
überprüfen / prüfen / testen	Sachverhalte oder Aussagen an Fakten oder innerer Logik messen und eventuelle Widersprüche aufdecken	Überprüfen Sie, ob es sich hierbei um einen vollkommen elastischen Stoß handelt.
vergleichen	Gemeinsamkeiten, Ähnlichkeiten und Unterschiede ermitteln	Vergleichen Sie den experimentellen Wert mit dem Literaturwert.
zeichnen	eine möglichst exakte grafische Darstellung beobachtbarer oder gegebener Strukturen anfertigen	Zeichnen Sie das zugehörige Zeit-Kraft-Diagramm.

Zum Umgang mit diesem Buch

Das Buch bietet Ihnen eine umfangreiche Sammlung der **vollständigen, originalen Prüfungsaufgaben** der letzten Jahre.
Auf jede Aufgabenstellung folgen komplett ausgearbeitete **Lösungsvorschläge** mit Erläuterung des Lösungswegs. Darüber hinaus sind zwischen Angaben und Lösungen separate **Tipps und Hinweise** zu sämtlichen Teilaufgaben eingefügt, die Ihnen helfen, die Aufgaben möglichst selbstständig zu lösen. Alle Hinweise sind durch das Symbol ✎ am linken Textrand gekennzeichnet.

Um einen optimalen Lernerfolg zu haben, gehen Sie am besten folgendermaßen vor:

- Versuchen Sie zunächst, allein mit der Aufgabenstellung zu Recht zu kommen.
- Wenn Sie bei der Lösung der einzelnen Teilaufgaben ins Stocken geraten, nutzen Sie immer zuerst die Tipps – Sie erhalten dann einen Denkanstoß, der Ihnen weiterhilft. Gehen Sie dabei schrittweise vor, d. h., lesen Sie den zweiten Tipp, wenn Sie mit dem ersten allein nicht weiterkommen, usw.
- Die Lösungsvorschläge dienen zum einen zur Kontrolle, ob Sie die Aufgabe richtig und vollständig gelöst haben, zum anderen geben Sie Ihnen eine ausführliche Hilfestellung, wenn Sie trotz der Tipps Schwierigkeiten bei der Bearbeitung haben. Sie enthalten neben den Ergebnissen eine transparente, nachvollziehbare Darstellung des Lösungswegs, evtl. alternative Lösungswege, Kommentierungen, etc.
- Vergleichen Sie Ihre Lösung mit Lösungsvorschlägen im Buch, überprüfen Sie Ihre Lösung auf Vollständigkeit und rechnen Sie gegebenenfalls einzelne Werte nach.

Sie sollten Ihr Lern- und Übungspensum so planen, dass Sie am Ende Ihrer Prüfungsvorbereitung in der Lage sind, die Aufgaben weitgehend ohne Hilfestellung zu lösen.

Fachabiturprüfung an Fachoberschulen und Berufsoberschulen 2007 (Bayern) – Physik: Aufgabe I

1.0 In einer Spielzeugpistole ist eine Feder mit der Federkonstanten $D = 7{,}00 \cdot 10^2\,\frac{N}{m}$ eingebaut. Die Feder wird durch eine Kraft mit dem maximalen Betrag $F_{max} = 42{,}0\,N$ zusammengedrückt. Beim Entspannen der Feder wird eine Kugel K_1 mit der Masse $m_1 = 20{,}0\,g$ in horizontaler Richtung abgeschossen, wobei die in der gestauchten Feder gespeicherte Energie W_{sp} praktisch vollständig auf die Kugel übergeht.

1.1 Berechnen Sie W_{sp}. (3 BE)

1.2 Berechnen Sie den Betrag v_0 der Abschussgeschwindigkeit $\vec{v}_0$ der Kugel. (3 BE)

1.3.0 Die Kugel wird in der Höhe $h_0 = 1{,}50\,m$ über dem Erdboden abgeschossen. Die horizontal gerichtete Abschussgeschwindigkeit $\vec{v}_0$ hat den Betrag $v_0 = 11{,}2\,\frac{m}{s}$. Der Einfluss des Luftwiderstandes auf die Bewegung der Kugel soll vernachlässigt werden.

1.3.1 Bestimmen Sie bezüglich eines geeignet gewählten Koordinatensystems die Gleichung der Bahnkurve, auf der sich die Kugel bis zum Aufschlag auf dem Erdboden bewegt. Geben Sie diese Gleichung auch mit eingesetzten Werten an. (4 BE)

1.3.2 Berechnen Sie, in welcher horizontal gerechneten Entfernung s von der Abschussstelle die Kugel auf dem Erdboden aufschlägt. (3 BE)

1.3.3 Bei einem zweiten Schussversuch weht ein starker Gegenwind. Die konstante Windkraft $\vec{F}_W$ auf die Kugel hat den Betrag $F_W = 50 \cdot 10^{-3}\,N$. Der Einfluss des Luftwiderstandes auf die Bewegung der Kugel in vertikaler Richtung ist weiterhin zu vernachlässigen.
Berechnen Sie unter Berücksichtigung des Gegenwindes die neue Wurfweite s_W. (5 BE)

2.0 Der Betrag v_G der horizontal gerichteten Geschwindigkeit $\vec{v}_G$ eines Luftgewehrgeschosses kann mit einem ballistischen Pendel bestimmt werden. Das Geschoss dringt mit der Anfangsgeschwindigkeit $\vec{v}_G$ in den Pendelkörper des ballistischen Pendels ein und bleibt darin stecken. Durch den Stoß wird das Pendel mit der Pendellänge ℓ ausgelenkt; dabei ist α der maximale Auslenkwinkel.

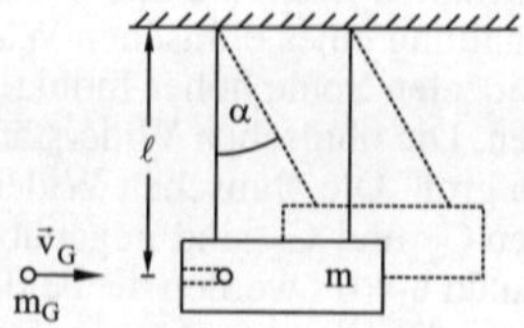

2.1 Erläutern Sie die Energieumwandlung, die beim Eindringen des Geschosses in den Pendelkörper auftritt. (2 BE)

2.2 Bei der Durchführung des Versuchs werden folgende Größen gemessen: Die Pendellänge ℓ, der maximale Auslenkwinkel α des Pendels, die Masse m_G des Geschosses und die Masse m des Pendelkörpers.
Bei der Auswertung der Messwerte wird die Luftreibung vernachlässigt.
Zeigen Sie, dass für den Betrag v_G der Geschwindigkeit $\vec{v}_G$ des Luftgewehrgeschosses gilt:

$$v_G = \frac{m_G + m}{m_G} \cdot \sqrt{2g \cdot \ell \cdot (1 - \cos\alpha)}$$

Erläutern Sie dabei kurz die physikalischen Ansätze. (7 BE)

3.0 Eine flache Induktionsspule hat 120 Windungen und einen rechteckigen Querschnitt mit den Seitenlängen $b = 60$ mm und $h = 40$ mm. Diese Spule wird mit einer konstanten Geschwindigkeit $\vec{v}$ vom Betrag $v = 20\ \frac{mm}{s}$ durch ein homogenes Magnetfeld hindurchbewegt. Die Flussdichte $\vec{B}$ des Magnetfeldes ist zeitlich konstant und hat den Betrag $B = 75$ mT. Zum Zeitpunkt $t_0 = 0$ s tritt die rechte Seite der Induktionsspule in das Magnetfeld ein.

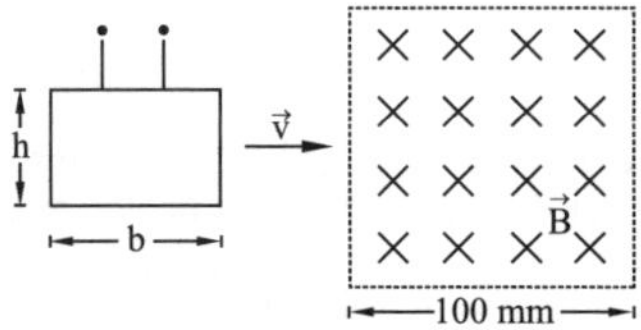

3.1 ϕ_m ist der Maximalwert des magnetischen Flusses ϕ durch die Induktionsspule während der Bewegung der Spule durch das Magnetfeld.
Berechnen Sie ϕ_m und zeichnen Sie das t-ϕ-Diagramm für $0\ s \leq t \leq 10{,}0$ s. (6 BE)

3.2 Stellen Sie nach Berechnung geeigneter Werte den zeitlichen Verlauf der an den Enden der Induktionsspule auftretenden Induktionsspannung U_i für $0\ s \leq t \leq 10{,}0$ s grafisch dar. (4 BE)

3.3 Die Enden der Induktionsspule werden leitend verbunden. Der ohmsche Widerstand der kurzgeschlossenen Induktionsspule beträgt $R = 60\ \Omega$. Die Induktionsspule wird noch einmal wie unter 3.0 beschrieben mit der konstanten Geschwindigkeit $\vec{v}$ durch das Magnetfeld bewegt.
Berechnen Sie die elektrische Energie, die im Zeitintervall [0 s; 10,0 s] im ohmschen Widerstand R umgesetzt wird. (4 BE)

4.0 In der skizzierten Schaltung sind im oberen Stromzweig ein ohmscher Widerstand R und eine Glühlampe G_1, im unteren Stromzweig eine reale Spule mit Weicheisenkern und eine Glühlampe G_2 in Reihe geschaltet. Die reale Spule kann als Hintereinanderschaltung eines ohmschen Widerstandes R_{sp} mit einer idealen Spule hoher Induktivität L aufgefasst werden. Die ohmschen Widerstände R und R_{sp} sind gleich groß. Die ohmschen Widerstände der Glühlampen G_1 und G_2 sind gegenüber R und R_{sp} vernachlässigbar klein. Zum Zeitpunkt $t_0 = 0$ s werden die beiden Stromzweige durch Schließen des Schalters S an die Gleichspannungsquelle mit der Spannung U_G angeschlossen.

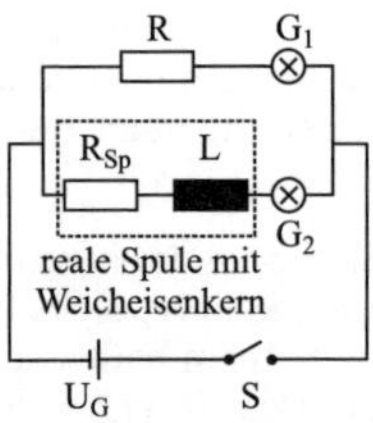

4.1 Beim Schließen des Schalters hat man beide Glühlampen im Blick.
Was kann man nach dem Schließen des Schalters beobachten? Geben Sie für diese Beobachtung eine Erklärung. (5 BE)

4.2 Am ohmschen Widerstand R fällt die Spannung U_R, am ohmschen Widerstand R_{Sp} die Spannung $U_{R_{Sp}}$ und an der idealen Spule die Spannung U_L ab.
Skizzieren Sie für den Einschaltvorgang in **einem** t-U-Diagramm den jeweiligen zeitlichen Verlauf dieser drei Spannungen. (4 BE)

(50 BE)

Tipps und Hinweise zu Aufgabe I

Tipp zu Teilaufgabe 1.1

- Für Dehnung und Stauchung gelten die gleichen Gesetzmäßigkeiten. Die gespeicherte Energie entspricht der Spannarbeit.

Tipp zu Teilaufgabe 1.2

- Die Feder mit der Kugel kann als abgeschlossenes System betrachtet werden, es gilt der Energieerhaltungssatz.

Tipps zu Teilaufgabe 1.3

- **1.3.1:** Legen Sie die Eigenschaften des Koordinatensystems fest.
- Die Bewegung besteht aus zwei unabhängigen linearen Bewegungen (in x-Richtung bzw. in y-Richtung), die sich überlagern.
- Setzen Sie dafür die Bewegungsgleichungen an und eliminieren Sie die Zeit t.
- **1.3.2:** Setzen Sie in der Bahngleichung $y = h_0$.

Tipp zu Teilaufgabe 2.1

- Überlegen Sie, welche Veränderungen energetische Art beim vollkommen unelastischen Stoß auftreten.

Tipps zu Teilaufgabe 2.2

- Für den Stoß gilt der Impulserhaltungssatz.
- Für die Auslenkung des Pendels gilt der Energieerhaltungssatz. Das Pendel wird um die Höhe h angehoben. Mit einer Skizze lässt sich eine Beziehung für h finden.
- Beachten Sie, dass sich die Pendelmasse durch die Kugelmasse ändert.

Tipps zu Teilaufgabe 3.1

- Der Kraftfluss ist maximal, wenn sich die Spule vollständig im Feld befindet.
- Aus den gegebenen Daten lässt sich bestimmen, wie lange die Spule braucht um vollständig ins Feld zu gelangen, wie lange sie vollständig im Feld bleibt und wie lange sie für das Hinausgleiten braucht.
- Überlegen Sie, welche Bedeutung die konstante Geschwindigkeit für die Änderung des Kraftflusses hat.
- Beachten Sie das vorgegebene Zeitintervall.

Tipp zu Teilaufgabe 3.2

- Wenden Sie das Induktionsgesetz mit den Ergebnissen von Teilaufgabe 3.1 an.

Tipp zu Teilaufgabe 3.3

- Überlegen Sie, bei welcher Spannung welcher Strom wie lange fließt.

Tipp zu Teilaufgabe 4.1

- Überlegen Sie insbesondere, was geschieht, wenn eine Spule an eine Spannungsquelle angeschlossen wird. Welche Folgerungen ergeben sich daraus für den Kreis mit der Glühlampe G_2?

Tipp zu Teilaufgabe 4.2

- Setzen Sie die Erklärung aus Teilaufgabe 4.1 grafisch um.

Lösung zu Aufgabe I

1.1 Allgemein gilt für eine Hooke'sche Schraubenfeder in Abhängigkeit von der Dehnung bzw. Stauchung s:

$$F = D \cdot s \quad \text{und} \quad W_{sp} = \frac{1}{2} D \cdot s^2$$

Mit $s = s_{max} = \frac{F_{max}}{D}$ erhält man für die Spannenergie:

$$W_{sp} = \frac{1}{2} D \cdot \left(\frac{F_{max}}{D}\right)^2 = \frac{1}{2} \cdot \frac{F_{max}^2}{D}$$

$$W_{sp} = \frac{1}{2} \cdot \frac{(42{,}0\ N)^2}{700\ \frac{N}{m}} = \underline{\underline{1{,}26\ J}}$$

Einheitenkontrolle:

$$1\ \frac{N^2}{\frac{N}{m}} = 1\ Nm = 1\ J$$

1.2 Die Spannenergie geht nach 1.0 vollständig auf die Kugel über. Nach dem Energieerhaltungssatz gilt dann für die kinetische Energie W_{kin} der Kugel:

$$W_{kin} = W_{sp} \quad \text{bzw.} \quad \frac{1}{2} m_1 \cdot v_0^2 = W_{sp}$$

$$v_0^2 = \frac{2W_{sp}}{m_1} = \frac{2 \cdot 1{,}26\ J}{20{,}0 \cdot 10^{-3}\ kg}$$

$$v_0 = \underline{\underline{11{,}2\ \frac{m}{s}}}$$

Einheitenkontrolle:

$$1\ \frac{J}{kg} = 1\ \frac{\frac{kgm^2}{s^2}}{kg} = 1\ \frac{m^2}{s^2} = 1\left(\frac{m}{s}\right)^2$$

1.3.0 Da die Größe s bereits in den vorhergehenden Aufgaben mit anderer Bedeutung verwendet wurde, wird die Wurfweite mit x_0 (statt s) in Teilaufgabe 1.3.2 bzw. mit x_W (statt s_W) in Teilaufgabe 1.3.3 bezeichnet.

1.3.1 Wahl eines geeigneten rechtwinkligen Koordinatensystems:

- Zum Zeitpunkt t = 0 s befindet sich die Kugel im Koordinatenursprung.
- Zu diesem Zeitpunkt bewegt sie sich in positiver x-Richtung.
- Die y-Achse ist nach oben gerichtet (es ergeben sich negative y-Werte!) oder aus Gründen der Zweckmäßigkeit nach unten gerichtet.

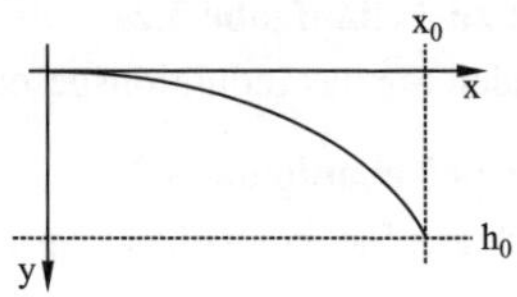

Die Bewegung der Kugel setzt sich aus zwei voneinander unabhängigen Bewegungen zusammen:

- Bewegung mit konstanter Geschwindigkeit v_0 in x-Richtung
- Freier Fall in y-Richtung

Es gilt damit:

$$x = v_0 \cdot t \qquad (1)$$

$$y = \frac{1}{2} g \cdot t^2 \qquad (2)$$

Setzt man $t = \frac{x}{v_0}$ aus Gleichung (1) in Gleichung (2) ein, erhält man die Gleichung der Bahnkurve

$$y = \frac{1}{2} g \cdot \frac{x^2}{v_0^2} = \frac{g}{2v_0^2} \cdot x^2$$

und mit eingesetzten Werten:

$$y = \frac{9{,}81\,\frac{m}{s^2}}{2 \cdot \left(11{,}2\,\frac{m}{s}\right)^2} \cdot x^2 = \underline{\underline{0{,}0391\,\frac{1}{m} \cdot x^2}} \qquad (3)$$

1.3.2 Mit $y = h_0$ erhält man aus Gleichung (3):

$$x_0^2 = \frac{1{,}50\text{ m}}{0{,}0391\,\frac{1}{m}}$$

$$\underline{\underline{x_0 = 6{,}19\text{ m}}}$$

1.3.3 Durch die in horizontaler Richtung konstant wirkende Kraft $\vec{F}_W$ wird die Bewegung der Kugel in dieser Richtung gebremst. Sie führt damit in x-Richtung eine beschleunigte Bewegung mit der Anfangsgeschwindigkeit v_0 und der negativen (Gegenwind) Beschleunigung $a_w = -\frac{F_W}{m_1}$ durch. In vertikaler Richtung ändert sich nichts.

$$x = v_0 \cdot t - \frac{1}{2} \cdot \frac{F_w}{m_1} \cdot t^2 \qquad (4)$$

$$y = \frac{1}{2} g \cdot t^2 \qquad (2)$$

Mit $y = h_0$ erhält man aus Gleichung (2) die Zeit bis zum Aufschlag:

$$t_{auf} = \sqrt{\frac{2h_0}{g}} = \sqrt{\frac{2 \cdot 1{,}50\text{ m}}{9{,}81\,\frac{m}{s^2}}} = 0{,}553\text{ s}$$

In Gleichung (4) eingesetzt ergibt sich für die Schussweite:

$$x_w = 11{,}2\,\frac{m}{s} \cdot 0{,}553\text{ s} - \frac{1}{2} \cdot \frac{0{,}050\text{ N}}{0{,}020\text{ kg}} \cdot (0{,}553\text{ s})^2$$

$$x_w = \underline{\underline{5{,}8\text{ m}}}$$

2.1 Der Stoß ist vollkommen unelastisch. Das Geschoss gibt seine kinetische Energie fast vollständig ab (ein kleiner Teil bleibt, da es sich mit der Pendelmasse weiterbewegt). Beim Eindringen des Geschosses in den Pendelkörper wird Verformungsarbeit verrichtet, dabei entsteht durch Reibung auch Wärmeenergie. Die übrige Geschossenergie wird in kinetische Energie des Pendelkörpers umgewandelt.

2.2 Beim unelastischen Stoß bleibt der Gesamtimpuls $\vec{p}$ konstant (Impulserhaltungssatz). Es sei $\vec{v}_P$ die Geschwindigkeit des Gesamtkörpers (Pendelkörper mit eingedrungenem Geschoss) unmittelbar nach dem Eindringen des Geschosses. Da der Pendelkörper vorher ruht und $\vec{v}_P \parallel \vec{v}_G$ ist, gilt nach dem Impulserhaltungssatz für die Beträge:

$$m_G \cdot v_G = (m_G + m) \cdot v_P$$

$$v_G = \frac{m_G + m}{m_G} \cdot v_P \qquad (5)$$

Das Pendel kann als abgeschlossenes System betrachtet werden. Wählt man als Bezugsniveau (BN) für die potenzielle Energie die Ausgangslage des Pendels, dann gilt der Energieerhaltungssatz in der Form:

$$E_{kin}(BN) = E_{pot}(\alpha)$$

$$\frac{1}{2}(m_G + m) \cdot v_P^2 = (m_G + m) \cdot g \cdot h(\alpha)$$

$$\frac{1}{2} v_P^2 = g \cdot h(\alpha)$$

$$v_P = \sqrt{2g \cdot h(\alpha)} \qquad (6)$$

Dabei ist $h(\alpha)$ die bei der maximalen Auslenkung um den Winkel α erreichte Hubhöhe. Aus nebenstehender Skizze erkennt man:

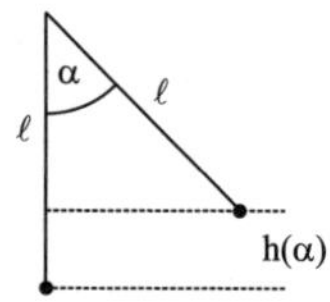

$$h(\alpha) = \ell - \ell \cdot \cos\alpha = \ell \cdot (1 - \cos\alpha)$$

Mit den Beziehungen (5) und (6) ergibt sich dann:

$$v_G = \frac{m_G + m}{m_G} \cdot \sqrt{2g \cdot h(\alpha)}$$

$$= \frac{m_G + m}{m_G} \cdot \sqrt{2g \cdot \ell \cdot (1 - \cos\alpha)}$$

3.1 Der maximale magnetische Kraftfluss wird erreicht, wenn sich die Spule vollständig im Magnetfeld befindet. Es gilt:

$$\Phi_{max} = B \cdot A_{max} = B \cdot b \cdot h$$

$$\Phi_{max} = 75 \cdot 10^{-3}\,T \cdot 60 \cdot 10^{-3}\,m \cdot 40 \cdot 10^{-3}\,m = 1{,}8 \cdot 10^{-4}\,Tm^2 = \underline{\underline{1{,}8 \cdot 10^{-4}\,Vs}}$$

Da die Geschwindigkeit der Spule während des gesamten Vorgangs konstant ist, nimmt die wirksame Spulenfläche – und damit der Kraftfluss Φ durch die Spule – beim Eintauchen in das Feld linear zu, er bleibt konstant bei Φ_{max}, solange sich die Spule vollständig im Feld befindet und nimmt beim Hinausgleiten aus dem Feld linear auf null ab.

Für die einzelnen Zeitintervalle gilt:

$$t_{ein} = \frac{b}{v} = \frac{60\,mm}{20\,\frac{mm}{s}} = 3{,}0\,s$$

$$t_{Feld} = \frac{(100 - 60)\,mm}{20\,\frac{mm}{s}} = 2{,}0\,s$$

$$t_{aus} = t_{ein} = 3{,}0\,s$$

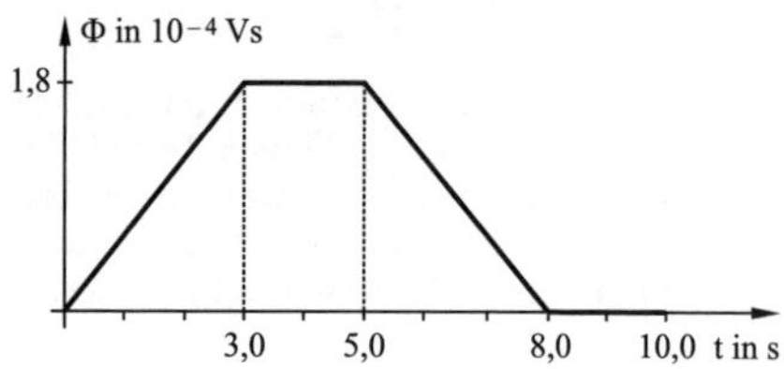

3.2 Für die in einer Spule mit der Windungszahl N erzeugte Induktionsspannung gilt:

$$U_i = -N \cdot \dot{\Phi}$$

Da sich der Kraftfluss zeitlich linear verhält, wird während der Kraftflussänderung eine konstante Spannung induziert und es gilt:

$$U_i = -N \cdot \frac{\Delta\Phi}{\Delta t}$$

Für die einzelnen Zeitintervalle ergibt sich daraus:

$0\ \text{s} \le t < 3{,}0\ \text{s} \quad U_{i,\,ein} = -120 \cdot \frac{1{,}8 \cdot 10^{-4}\ \text{Vs}}{3{,}0\ \text{s}} = -7{,}2\ \text{mV}$

$3{,}0\ \text{s} \le t < 5{,}0\ \text{s} \quad U_{i,\,Feld} = 0\ \text{V} \quad (\text{da } \Delta\Phi = 0)$

$5{,}0\ \text{s} \le t < 8{,}0\ \text{s} \quad U_{i,\,aus} = -120 \cdot \frac{(-1{,}8 \cdot 10^{-4}\ \text{Vs})}{3{,}0\ \text{s}} = 7{,}2\ \text{mV}$

$8{,}0\ \text{s} \le t \le 10{,}0\ \text{s} \quad U_i = 0 \quad (\text{da } \Delta\Phi = \Phi = 0)$

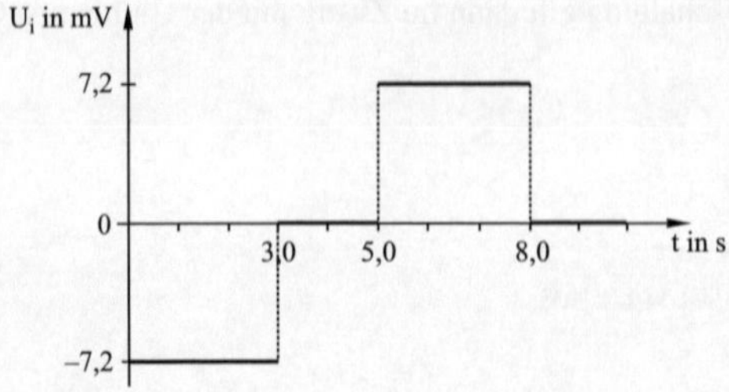

3.3 Während der Gesamtdauer $t_{ges} = 6{,}0\ \text{s}$ (3,0 s beim Hineingleiten und 3,0 s beim Hinausgleiten) wird die konstante Spannung $|U_i| = 7{,}2 \cdot 10^{-3}\ \text{V}$ induziert, es fließt deshalb während dieser Zeit auch ein konstanter Gleichstrom I. Die unterschiedlichen Vorzeichen von U_i und I sind für die Energiebetrachtung unerheblich. Es gilt daher:

$$W_{el} = |U_i| \cdot I \cdot t_{ges} = \frac{U_i^2}{R} \cdot t_{ges}$$

$$W_{el} = \frac{(7{,}2 \cdot 10^{-3}\ \text{V})^2}{60\ \Omega} \cdot 6{,}0\ \text{s} = \underline{\underline{5{,}2 \cdot 10^{-6}\ \text{J}}}$$

Einheitenkontrolle:

$$1\,\frac{\text{V}^2 \cdot \text{s}}{\Omega} = 1\,\frac{\text{V}^2 \cdot \text{s}}{\frac{\text{V}}{\text{A}}} = 1\ \text{VAs} = 1\ \text{J}$$

Hinweis zur Vertiefung: Fließt durch die Spule der Strom I, so wirkt auf ein Leiterstück h nach der Lenz'schen Regel die entgegengesetzt zu $\vec{v}$ gerichtete Kraft $\vec{F}$ (beim Eintauchen in das Magnetfeld auf das rechte, beim Hinausgleiten auf das linke Leiterstück). Für den Betrag der Gesamtkraft auf alle N Leiterstücke gilt:

$$F_{ges} = N \cdot B \cdot I \cdot h$$

Für die zu verrichtende mechanische Arbeit W_{mech} längs des Weges 2b gilt dann:

$$W_{mech} = 2 \cdot N \cdot B \cdot \frac{|U_i|}{R} \cdot h \cdot b$$

Wie man leicht nachrechnet, gilt $W_{el} = W_{mech}$.

4.1 **Beobachtung nach Schließen des Schalters**
Die Glühlampe G_1 leuchtet sofort hell auf.
Die Glühlampe G_2 leuchtet verzögert, heller werdend, auf.

Erklärung
Im Kreis mit der Glühlampe G_1 fließt der Strom sofort in der durch U_G und R bestimmten Stärke.
Nach dem Einschalten wird in der Spule L ein Magnetfeld aufgebaut. Dabei wird nach der Lenz'schen Regel in der Spule L eine der äußeren Spannung U_G entgegengesetzte Spannung U_i induziert, die Spule wirkt als zusätzliche Spannungsquelle. Im Kreis mit der Glühlampe G_2 sind die beiden Spannungsquellen in Reihe geschaltet, auf den Widerstand R_{Sp} wirkt somit die Spannung $U = U_G + U_i = U_G - |U_i| < U_G$.
Ist das Magnetfeld vollständig aufgebaut, wird keine Spannung mehr induziert und am Widerstand R_{Sp} liegt die äußere Spannung U_G an, die Glühlampe G_2 leuchtet wie G_1.

4.2 Aufgrund der Selbstinduktion verhält sich die ideale Spule im Stromkreis so, als ob an ihr die Spannung $U_L = -U_i$ abfällt. Wegen der vernachlässigbaren kleinen Widerstände der Glühlampen und der Reihenschaltung gilt dann im Zweig mit der Glühlampe G_2:

$$U_G = U_{R_{Sp}} + U_L$$

t-U-Diagramm:

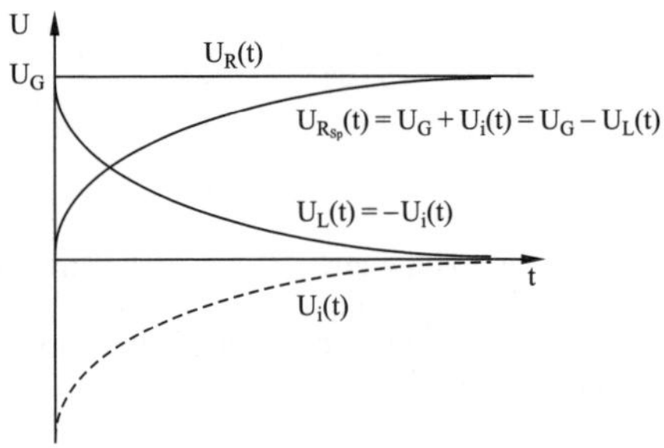

Fachabiturprüfung an Fachoberschulen und Berufsoberschulen 2007 (Bayern) – Physik: Aufgabe II

1.0 Eine isoliert aufgestellte, positiv geladene Hohlkugel erzeugt in ihrer Umgebung ein elektrisches Feld.

1.1 In einem Versuch soll die Abhängigkeit des Betrages E der elektrischen Feldstärke $\vec{E}$ von der Ladung Q der Hohlkugel und von der Entfernung r vom Kugelmittelpunkt untersucht werden.
Fertigen Sie eine beschriftete Skizze des Versuchsaufbaus mit allen notwendigen Geräten an. (4 BE)

1.2.0 Bei der Durchführung des Versuchs erhält man die folgenden Messergebnisse:

Messung Nr.	1	2	3	4	5	6	7
Q in 10^{-9} As	15,0	15,0	15,0	15,0	7,5	3,8	1,9
r in cm	10,0	12,0	16,0	20,0	12,0	12,0	12,0
E in $\frac{\text{kV}}{\text{m}}$	13,5	9,4	5,3	3,4	4,5	2,3	1,3

1.2.1 Geben Sie die Nummern derjenigen Messungen an, in denen die Abhängigkeit des Betrags E der elektrischen Feldstärke $\vec{E}$ von der Ladung Q untersucht wird. Geben Sie an, wie E von Q abhängt. (2 BE)

1.2.2 Ermitteln Sie durch grafische Auswertung der Messreihe, wie E von r abhängt. (5 BE)

1.2.3 Geben Sie den Zusammenhang zwischen E und r in Form einer Gleichung an und bestimmen Sie die dabei auftretende Konstante k aus dem Diagramm von Teilaufgabe 1.2.2. [mögliches Ergebnis: $k = 1{,}3 \cdot 10^2$ Vm] (3 BE)

1.2.4 Bestimmen Sie aus der Konstanten k die elektrische Feldkonstante ε_0. (3 BE)

2.0 Ein Kondensator besteht aus zwei quadratischen Platten mit der Kantenlänge $\ell = 32$ cm und dem Plattenabstand $d_1 = 2{,}0$ mm. Der Raum zwischen den beiden Platten ist mit Luft ($\varepsilon_L = 1{,}0$) gefüllt. Der Kondensator wird an eine Gleichspannungsquelle mit der Spannung $U = 40$ V angeschlossen. Nachdem der Kondensator geladen ist, wird er von der Spannungsquelle getrennt.

2.1 Berechnen Sie die Kapazität C_1 und die Ladung Q des Kondensators. (4 BE)

2.2 Der Plattenabstand wird auf den Wert $d_2 = 3{,}5$ mm vergrößert. Dabei ändert sich der Energieinhalt W_{el} des elektrischen Feldes zwischen den Kondensatorplatten.
Berechnen Sie die Änderung ΔW_{el} des Energieinhaltes und erläutern Sie, wie sich diese Änderung des Energieinhaltes mit dem Energieerhaltungssatz in Einklang bringen lässt. (4 BE)

2.3.0 Der Plattenabstand wird wieder auf $d_1 = 2{,}0$ mm eingestellt. Der Kondensator trägt die Ladung $Q = 1{,}8 \cdot 10^{-8}$ As. Ein ungeladener Kondensator mit der Kapazität $C_p = 7{,}5 \cdot 10^{-10}$ F wird zum geladenen Plattenkondensator parallel geschaltet.

2.3.1 Berechnen Sie die Spannung U^*, die sich zwischen den Kondensatorplatten einstellt. (3 BE)

2.3.2 Die beiden Kondensatoren werden voneinander getrennt, ohne dass dabei Ladung abfließen kann. Dann wird jeweils die positiv geladene Platte des einen Kondensators mit der negativ geladenen des anderen Kondensators verbunden. Dabei werden die beiden Kondensatoren wieder parallel geschaltet. Berechnen Sie die Spannung U^{**}, die sich nun zwischen den Platten des Kondensators mit der Kapazität C_1 einstellt. (4 BE)

3.0 Ein Körper, der sich in einer Flüssigkeit befindet, erfährt eine Auftriebskraft $\vec{F}_A$. Der Betrag dieser Kraft $\vec{F}_A$ ist genau so groß wie der Betrag der Gewichtskraft der Flüssigkeit, die vom Körper verdrängt wird.
In einem Gefäß befindet sich eine Flüssigkeit mit der Dichte ρ. In dieser Flüssigkeit schwimmt stabil ein mit Bleischrot beschwertes zylinderförmiges Reagenzglas mit der Querschnittsfläche $A = 2{,}8\ \text{cm}^2$ und der Gesamtmasse $m = 35$ g. Auf dem Reagenzglas ist eine Markierung M angebracht, bis zu der das Reagenzglas in der Gleichgewichtslage in die Flüssigkeit eintaucht.

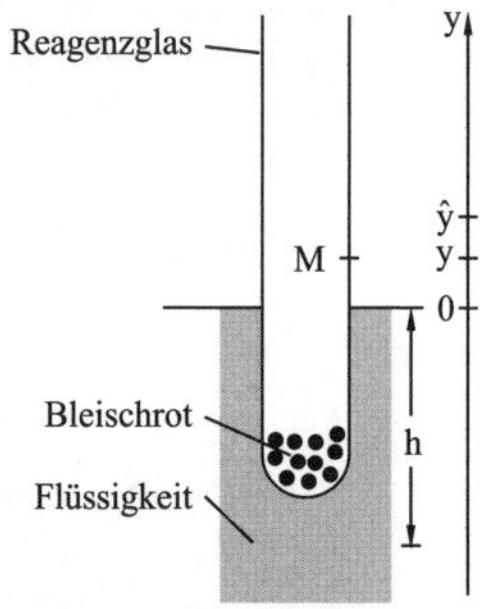

Bei der zugehörigen Eintauchtiefe h halten sich die Gewichtskraft $\vec{F}_G$ des mit Bleischrot beschwerten Reagenzglases und die auf das Reagenzglas wirkende Auftriebskraft das Gleichgewicht.
Aus dieser Gleichgewichtslage wird das Reagenzglas nach oben gezogen und dann losgelassen. Nun schwingt das Reagenzglas in vertikaler Richtung auf und ab. Die Elongation der Markierung M wird mit y bezeichnet (siehe Skizze).
Bei der Bearbeitung der folgenden Aufgaben sind Dämpfungsverluste zu vernachlässigen.

3.1 Begründen Sie, dass das Reagenzglas harmonisch schwingt, und zeigen Sie, dass für die Periodendauer T dieser Schwingung gilt:

$$T = 2\pi \cdot \sqrt{\frac{m}{\rho \cdot A \cdot g}}$$

(7 BE)

3.2.0 Das Reagenzglas wird nach oben gezogen und zum Zeitpunkt $t_0 = 0$ s aus der Ruhe heraus losgelassen. Es schwingt nun mit der Amplitude $\hat{y} = 3{,}0$ cm und der Schwingungsdauer $T = 0{,}80$ s.

3.2.1 Die Elongation y der Markierung M ist abhängig von der Zeit t. Bestimmen Sie eine Gleichung mit eingesetzten Werten, die diese Abhängigkeit aufzeigt. (3 BE)

3.2.2 Zum Zeitpunkt t_2 befindet sich die Markierung M zum zweiten Mal 1,8 cm oberhalb der Flüssigkeitsoberfläche. Berechnen Sie t_2. (4 BE)

3.2.3 Bestimmen Sie den Betrag und die Richtung der Geschwindigkeit des Reagenzglases für den Zeitpunkt $t^* = 0{,}25$ s. (4 BE)

(50 BE)

Tipps und Hinweise zu Aufgabe II

Tipps zu Teilaufgabe 1.1

- In der Beschreibung steht fast alles drin, was man braucht (Hohlkugel, Messgeräte für Q, E, r). Bringen Sie alles in eine geeignete Anordnung und beschriften Sie die einzelnen Geräte.
- Denken Sie daran, dass die Kugel auch geladen werden muss.

Tipps zu Teilaufgabe 1.2

- **1.2.1:** Auswahlkriterium: r = konstant.
- **1.2.2:** Auswahlkriterium: Q = konstant. Schätzen Sie (falls Sie es nicht wissen) an geeigneten Messpaaren, wie der Zusammenhang sein könnte. Denken Sie daran, dass als Graph nur eine Gerade als Nachweis dienen kann.
- **1.2.3:** Suchen Sie sich im Diagramm gut ablesbare Werte (nicht zwingend Tabellenwerte).
- **1.2.4:** Für die elektrische Feldstärke finden Sie in der Formelsammlung eine Beziehung. Ein Vergleich mit der Gleichung aus 1.2.3 liefert eine für die Berechnung geeignete Beziehung.

Tipp zu Teilaufgabe 2.1

- Suchen Sie die benötigten Beziehungen gegebenenfalls in der Formelsammlung.

Tipps zu Teilaufgabe 2.2

- Der Kondensator ist nach dem Laden von der Spannungsquelle getrennt, seine Ladung kann sich nicht mehr ändern.
- Drücken Sie die elektrische Energie durch Q und C aus, wobei sich C ändert.
- Frage zum Energieerhaltungssatz: Überlegen Sie, welche Bedeutung es für das Auseinanderziehen der Platten hat, dass diese ungleichnamig geladen sind.

Tipps zu Teilaufgabe 2.3

- **2.3.1:** Aus Q und der Gesamtkapazität (Parallelschaltung zweier Kondensatoren) ergibt sich die gesuchte Spannung.
- **2.3.2:** Die Gesamtkapazität bleibt jetzt gleich, die Gesamtladung und damit die Ladungen der beiden Kondensatoren ändern sich.

Tipps zu Teilaufgabe 3.1

- Es ist eine lineares Kraftgesetz nachzuweisen.
- Die Rückstellkraft ist die Summe von Gewichtskraft und Auftriebskraft.
- Der Betrag der Auftriebskraft ist der Betrag der Gewichtskraft der verdrängten Flüssigkeit. Die Auftriebskraft ist stets nach oben gerichtet.
- Die Eintauchtiefe beträgt nach beiden Richtungen h – y (y hat ein Vorzeichen!)
- In der Nulllage heben sich Auftriebskraft und Gewichtskraft gerade auf, die Gewichtskraft lässt sich durch diese Auftriebskraft ausdrücken.
- Mit der Konstanten D aus dem linearen Kraftgesetz bekommt man dann die Periodendauer T.

Tipps zu Teilaufgabe 3.2

- **3.2.1:** Wählen Sie die geeignete Winkelfunktion nach den gegebenen Anfangsbedingungen für die zu bestimmende Gleichung aus.
- **3.2.2:** Vergegenwärtigen Sie sich die Schwingung bzw. den Verlauf der Kosinusfunktion, um zur richtigen Lösung zu kommen.
- **3.2.3:** Die Geschwindigkeit ist die Ableitung des Weges nach der Zeit.

Lösung zu Aufgabe II

1.1

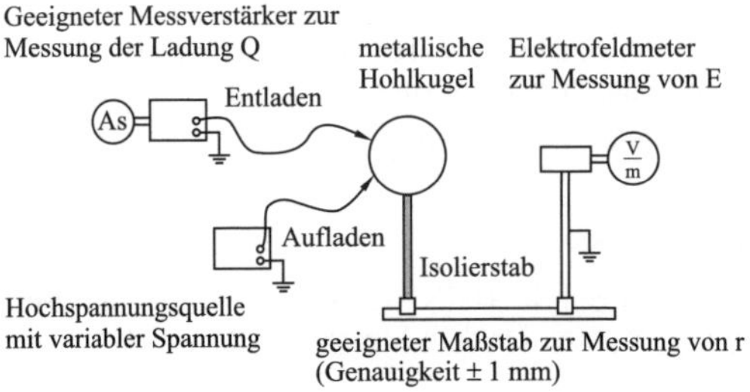

1.2.1 Es sind die Messungen zu wählen, bei denen die Entfernung r konstant bleibt. Das sind die Messungen Nr. 2, 5, 6 und 7 (r = 12,0 cm).

Messung Nr.	2	5	6	7
Q in 10^{-9} As	15,0	7,5	3,8	1,9
E in $\frac{kV}{m}$	9,4	4,5	2,3	1,3

Im Rahmen der Messgenauigkeit erkennt man: Wird die Ladung Q bei konstantem r jeweils halbiert, so gilt dies ebenso für den Betrag E der zugehörigen Feldstärke. Es gilt also:

$$\underline{\underline{E \sim Q}}$$

1.2.2 Es sind die Messungen auszuwählen, bei denen die Ladung Q konstant bleibt. Das sind die Messungen Nr. 1,2,3 und 4 ($Q = 15{,}0 \cdot 10^{-9}$ As).

Messung Nr.	1	2	3	4
r in cm	10,0	12,0	16,0	20,0
E in $\frac{kV}{m}$	13,5	9,4	5,3	3,4

Im Rahmen der Messgenauigkeit erkennt man an den Messungen 1 und 4: Wird der Abstand r verdoppelt, geht der Betrag E der zugehörigen Feldstärke auf ein Viertel zurück. Das lässt eine Proportionalität zu $\frac{1}{r^2}$ vermuten.
Zum Nachweis muss deshalb E in Abhängigkeit von $\frac{1}{r^2}$ grafisch dargestellt werden.

Messung Nr.	1	2	3	4
r in cm	10,0	12,0	16,0	20,0
$\frac{1}{r^2}$ in m^{-2}	100	69	39	25
E in $\frac{kV}{m}$	13,5	9,4	5,3	3,4

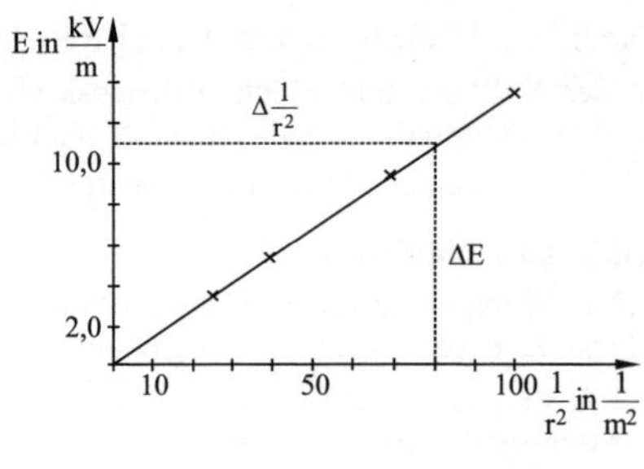

Im Rahmen der Mess- und Zeichengenauigkeit liegen die Messpunkte auf einer Ursprungsgeraden. Es gilt also:

$$\underline{\underline{E \sim \frac{1}{r^2}}}$$

1.2.3 In Form einer Gleichung gilt:

$$E = k \cdot \frac{1}{r^2},$$

wobei k eine Konstante ist. Für k ergibt sich dann mit den aus der Grafik entnommenen Werten:

$$k = \frac{\Delta E}{\Delta \frac{1}{r^2}} = \frac{11 \cdot 10^3 \,\frac{V}{m}}{80\ m^{-2}} = \underline{\underline{1{,}4 \cdot 10^2\ Vm}}$$

1.2.4 Für den Betrag E der elektrischen Feldstärke in einem durch die Ladung Q erzeugten radialsymmetrischen Feld gilt:

$$E = \frac{1}{4\pi \cdot \varepsilon_0} \cdot \frac{Q}{r^2}$$

Der Vergleich mit der in 1.2.3 angegebenen Gleichung liefert:

$$k = \frac{Q}{4\pi \cdot \varepsilon_0} \quad \Rightarrow \quad \varepsilon_0 = \frac{Q}{4\pi \cdot k}$$

Mit $Q = 15{,}0 \cdot 10^{-9}$ As (siehe 1.2.2) und dem in 1.2.3 bestimmten Wert von k erhält man:

$$\varepsilon_0 = \frac{15{,}0 \cdot 10^{-9}\ As}{4\pi \cdot 1{,}4 \cdot 10^2\ Vm} = \underline{\underline{8{,}5 \cdot 10^{-12}\ \frac{As}{Vm}}}$$

2.1 Für die Kapazität C des Plattenkondensators mit quadratischen Platten (Länge ℓ) gilt wegen $\varepsilon_L = 1{,}0$:

$$C = \varepsilon_0 \cdot \frac{A}{d} = \varepsilon_0 \cdot \frac{\ell^2}{d} \qquad (*)$$

$$\Rightarrow \quad C_1 = \varepsilon_0 \cdot \frac{\ell^2}{d_1} = 8{,}85 \cdot 10^{-12}\ \frac{As}{Vm} \cdot \frac{(0{,}32\ m)^2}{2{,}0 \cdot 10^{-3}\ m} = 4{,}5 \cdot 10^{-10}\ \frac{As}{V} = \underline{\underline{0{,}45\ nF}}$$

Für die Ladung Q gilt dann:

$$Q = C_1 \cdot U = 4{,}5 \cdot 10^{-10}\ \frac{As}{V} \cdot 40\ V = \underline{\underline{1{,}8 \cdot 10^{-8}\ As}}$$

2.2 Der Kondensator ist von der Spannungsquelle getrennt, seine Ladung Q muss also konstant bleiben, wenn der Plattenabstand und damit die Kapazität C geändert wird. Für Energiebetrachtungen verwendet man deshalb zweckmäßigerweise die Beziehung

$$W_{el} = \frac{1}{2} \cdot \frac{Q^2}{C}$$

und erhält für die Energieänderung:

$$\Delta W_{el} = W_{el}(d_2) - W_{el}(d_1) = \frac{1}{2} \cdot \frac{Q^2}{C_2} - \frac{1}{2} \cdot \frac{Q^2}{C_1} = \frac{1}{2} Q^2 \cdot \left(\frac{1}{C_2} - \frac{1}{C_1} \right)$$

Mit $\frac{1}{C} = \frac{d}{\varepsilon_0 \cdot \ell^2}$ gemäß der Beziehung (*) folgt weiter:

$$\Delta W_{el} = \frac{1}{2} Q^2 \cdot \frac{1}{\varepsilon_0 \cdot \ell^2} \cdot (d_2 - d_1) = \frac{1}{2} Q^2 \cdot \frac{1}{\varepsilon_0 \cdot \ell^2} \cdot \Delta d \qquad (**)$$

Einsetzen der gegebenen Werte liefert:

$$\Delta W_{el} = \frac{1}{2} \cdot (1{,}8 \cdot 10^{-8}\,\text{As})^2 \cdot \frac{1}{8{,}85 \cdot 10^{-12}\,\frac{\text{As}}{\text{Vm}} \cdot (0{,}32\,\text{m})^2} \cdot 1{,}5 \cdot 10^{-3}\,\text{m}$$

$$= 2{,}7 \cdot 10^{-7}\,\text{VAs} = \underline{\underline{2{,}7 \cdot 10^{-7}\,\text{J}}}$$

Da die beiden Kondensatorplatten ungleichnamig geladen sind, ziehen sich die Platten mit einer Kraft $\vec{F}$ an. Gegen diese Kraft muss mechanische Arbeit verrichtet werden, der Energieinhalt des elektrischen Feldes des Plattenkondensators nimmt zu.

Hinweis zur Vertiefung: Für den Betrag dieser Kraft gilt (siehe Formelsammlung):

$$F = \frac{1}{2}\varepsilon_0 \cdot \frac{U^2}{d^2} \cdot A = \frac{1}{2}\varepsilon_0 \cdot E^2 \cdot A$$

Mit $E = \frac{\sigma}{\varepsilon_0} = \frac{1}{\varepsilon_0} \cdot \frac{Q}{A}$ erhält man

$$F = \frac{1}{2}\varepsilon_0 \left(\frac{1}{\varepsilon_0} \cdot \frac{Q}{A}\right)^2 \cdot A = \frac{Q^2}{2\varepsilon_0 \cdot A} = \text{konst.}$$

und daraus für die Verschiebearbeit:

$$W_{mech} = F \cdot \Delta d = \frac{Q^2 \cdot \Delta d}{2\varepsilon_0 \cdot \ell^2} \overset{(**)}{=} \Delta W_{el}$$

2.3.1 Für die Gesamtkapazität C_{ges} gilt:

$$C_{ges} = C_1 + C_p = 4{,}5 \cdot 10^{-10}\,\text{F} + 7{,}5 \cdot 10^{-10}\,\text{F} = 12 \cdot 10^{-10}\,\text{F}$$

Mit der Gesamtladung Q erhält man:

$$U^* = \frac{Q}{C_{ges}} = \frac{1{,}8 \cdot 10^{-8}\,\text{As}}{12 \cdot 10^{-10}\,\frac{\text{As}}{\text{V}}} = \underline{\underline{15\,\text{V}}}$$

2.3.2 Bei diesem Vorgang findet ein teilweiser Ladungsausgleich statt, wobei die Gesamtkapazität C_{ges} konstant bleibt. Im Einzelnen gilt für die

Ladung von C_1:

$$Q_1^* = C_1 \cdot U^*$$

Ladung von C_p:

$$Q_p^* = C_p \cdot U^* \quad \text{wobei} \quad Q_p^* > Q_1^*$$

Nach dem Ladungsaustausch gilt:

$$Q_{ges}^{**} = Q_p^* - Q_1^* = (C_p - C_1) \cdot U^* = C_{ges} \cdot U^{**}$$

Aus der letzten Beziehung erhält man:

$$U^{**} = \frac{C_p - C_1}{C_{ges}} \cdot U^* = \frac{(7{,}5 - 4{,}5) \cdot 10^{-10}\,\text{F}}{12 \cdot 10^{-10}\,\text{F}} \cdot U^* = \frac{1}{4} U^*$$

$$U^{**} = \underline{\underline{3{,}8\,\text{V}}}$$

Diese Spannung liegt wegen der Parallelschaltung sowohl an C_1 als auch an C_p an.

Hinweis zur Vertiefung (Teilaufgaben 2.3.1 und 2.3.2)
Die in der Ausgangssituation im Kondensator C_1 und damit im System gespeicherte elektrische Gesamtenergie beträgt

$$W_{el} = \frac{1}{2} \cdot \frac{Q^2}{C_1}.$$

Nach dem Parallelschalten des Kondensators C_p (2.3.1) gilt für die elektrische Gesamtenergie im System:

$$W_{el}^{*} = \frac{1}{2} \cdot \frac{Q^2}{C_1 + C_p}$$

Sie ist kleiner geworden, bedingt durch den Stromfluss, der zum Laden des Kondensators C_p erforderlich war.
Beim teilweisen Ladungsausgleich (2.3.2) fließt wieder Strom, die elektrische Gesamtenergie nimmt erneut ab:

$$W_{el}^{**} = \frac{1}{2} \cdot \frac{(Q_p - Q_1)^2}{C_1 + C_p}$$

3.1 Es wirken die konstante Gewichtskraft $\vec{F}_G$ und die von der Eintauchtiefe $h - y$ abhängige Auftriebskraft

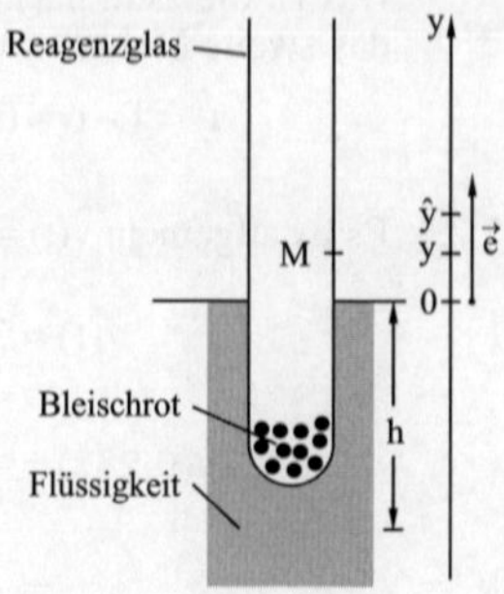

$$\begin{aligned}\vec{F}_A &= \rho \cdot V \cdot g \cdot \vec{e} \\ &= \rho \cdot A \cdot (h - y) \cdot g \cdot \vec{e}\end{aligned}$$

($\vec{e}$ ist der Einheitsvektor, siehe Skizze).
Für die Rückstellkraft $\vec{F}_{rü}$ gilt dann:

$$\begin{aligned}\vec{F}_{rü} &= \vec{F}_G + \vec{F}_A \\ &= \vec{F}_G + \rho \cdot A \cdot (h - y) \cdot g \cdot \vec{e}\end{aligned}$$

In der Nulllage $(y = 0)$ sind Gewichtskraft und Auftriebskraft im Gleichgewicht und es gilt:

$$\vec{F}_G + \vec{F}_{A0} = \vec{0} \text{ bzw.}$$

$$\vec{F}_G = -\vec{F}_{A0} = -\rho \cdot A \cdot h \cdot g \cdot \vec{e}$$

Damit erhält man für die Rückstellkraft:

$$\vec{F}_{rü} = -\rho \cdot A \cdot h \cdot g \cdot \vec{e} + \rho \cdot A \cdot (h - y) \cdot g \cdot \vec{e} = -\rho \cdot A \cdot y \cdot g \cdot \vec{e} = -D \cdot y \cdot \vec{e}$$

Da $D = \rho \cdot A \cdot g$ konstant ist, gilt ein lineares Kraftgesetz, die Schwingung ist harmonisch. Für deren Schwingungsdauer gilt allgemein:

$$T = 2\pi \cdot \sqrt{\frac{m}{D}}$$

und damit hier:

$$\underline{\underline{T = 2\pi \cdot \sqrt{\frac{m}{\rho \cdot A \cdot g}}}}$$

3.2.1 Die Schwingung beginnt zum Zeitpunkt $t_0 = 0$ s bei der Elongation $y(t) = \hat{y}$.
Es ist damit zweckmäßig als Ansatz zu wählen:

$$y(t) = \hat{y} \cdot \cos(\omega \cdot t)$$

Mit $\omega = \frac{2\pi}{T} = \frac{2\pi}{0{,}80\,\text{s}} = 2{,}5\pi \frac{1}{\text{s}}$ ergibt sich:

$$\underline{\underline{y(t) = 3{,}0\,\text{cm} \cdot \cos\left(2{,}5\pi \frac{1}{\text{s}} \cdot t\right)}}$$

3.2.2 Es soll gelten:

$$1{,}8\,\text{cm} = 3{,}0\,\text{cm} \cdot \cos\left(2{,}5\pi \frac{1}{\text{s}} \cdot t_1\right)$$

$$\Rightarrow \quad 2{,}5\pi \frac{1}{\text{s}} \cdot t_1 = \arccos(0{,}60)$$

$$t_1 = \frac{\arccos(0{,}60)}{2{,}5\pi}\,\text{s} = \underline{\underline{0{,}12\,\text{s}}}$$

Das ist die Zeit, nach der der Zeiger zum ersten Mal an der betreffenden Stelle ist. Für das zweite Mal gilt wegen der Kosinusfunktion:

$$t_2 = T - t_1 = \underline{\underline{0{,}68\,\text{s}}}$$

3.2.3 Es ist allgemein $v(t) = \dot{y}(t)$ und somit:

$$v(t) = 3{,}0\,\text{cm} \cdot 2{,}5\pi \frac{1}{\text{s}} \cdot \left(-\sin\left(2{,}5\pi \frac{1}{\text{s}} \cdot t\right)\right) = -7{,}5\pi \frac{\text{cm}}{\text{s}} \cdot \sin\left(2{,}5\pi \frac{1}{\text{s}} \cdot t\right)$$

$$v(0{,}25\,\text{s}) = -7{,}5\pi \frac{\text{cm}}{\text{s}} \cdot \sin\left(2{,}5\pi \frac{1}{\text{s}} \cdot 0{,}25\,\text{s}\right)$$

$$= \underline{\underline{-22\,\frac{\text{cm}}{\text{s}}}}$$

Das Reagenzglas bewegt sich mit der Geschwindigkeit $|v(0{,}25\text{ s})| = 0{,}22\,\frac{\text{m}}{\text{s}}$ nach unten.

Fachabiturprüfung an Fachoberschulen und Berufsoberschulen 2007 (Bayern) – Physik: Aufgabe III

1.1 Für alle Körper, die sich antriebslos auf einer Kreisbahn mit dem Radius R und der Umlaufdauer T um ein Zentralgestirn bewegen, gilt das dritte Kepler'sche Gesetz $T^2 = C \cdot R^3$, wobei C eine Konstante ist.
Zeigen Sie mithilfe des Gravitationsgesetzes, dass die Konstante C nur von der Masse m_Z des Zentralgestirns abhängig ist. (4 BE)

1.2.0 Der Planet Venus hat die Masse $m_V = 4{,}87 \cdot 10^{24}$ kg und den Radius $r_V = 6{,}05 \cdot 10^6$ m.

1.2.1 Berechnen Sie die Konstante C_V des dritten Kepler'schen Gesetzes für Körper, die sich antriebslos um die Venus bewegen.
[Ergebnis: $C_V = 1{,}21 \cdot 10^{-13} \frac{s^2}{m^3}$] (2 BE)

1.2.2 Berechnen Sie den Betrag g_V der Gravitationsbeschleunigung $\vec{g}_V$, die ein Körper an der Venusoberfläche erfährt. (3 BE)

1.3.0 Eine Sonde mit der Masse m_S bewegt sich antriebslos auf einer elliptischen Bahn um die Venus. Im Punkt A der Ellipsenbahn ist der Abstand der Sonde zur Venusoberfläche am geringsten und beträgt $h_A = 250$ km. Den Punkt A passiert die Sonde mit einer Geschwindigkeit vom Betrag $v_A = 8{,}48 \frac{km}{s}$.

1.3.1 Die Umlaufdauer der Sonde auf der elliptischen Bahn beträgt T = 3,16 h. Im Punkt B erreicht die Sonde die größte Höhe h_B über der Venusoberfläche.
Berechnen Sie mithilfe der Konstanten C_V die Höhe h_B.
[Ergebnis: $h_B = 8{,}10 \cdot 10^6$ m] (5 BE)

1.3.2 v_B ist der Betrag der Geschwindigkeit $\vec{v}_B$, mit der die Sonde den Punkt B erreicht. Zeigen Sie mithilfe des 2. Kepler'schen Gesetzes, dass gilt:

$$(r_V + h_A) \cdot v_A = (r_V + h_B) \cdot v_B$$

Berechnen Sie v_B. (5 BE)

1.3.3 Die Sonde wird durch ein geeignetes Steuermanöver im Punkt A von der elliptischen Bahn auf eine Kreisbahn in der Höhe $h_A = 250$ km über der Venusoberfläche gelenkt. Auf dieser Kreisbahn umrundet die Sonde dann die Venus ohne Antrieb. Bei diesem Steuermanöver wird der Betrag v der Geschwindigkeit der Sonde um Δv verändert.
Berechnen Sie Δv. (5 BE)

1.4 Geben Sie an, welche der drei nebenstehend skizzierten Kreisbahnen eine Sonde nicht ohne Antrieb durchlaufen kann. Begründen Sie Ihre Antwort.

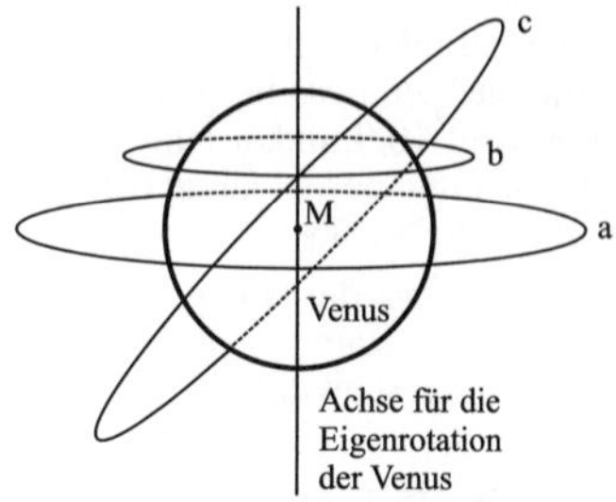

(4 BE)

2.0 Die Skizze zeigt den prinzipiellen Aufbau eines Ionenantriebs für Raumsonden. Xenonatome gelangen in das elektrische Feld zwischen einer Glühkathode K und einer Anode A. Hier werden die Xenonatome durch Zusammenstoß mit Elektronen ionisiert.

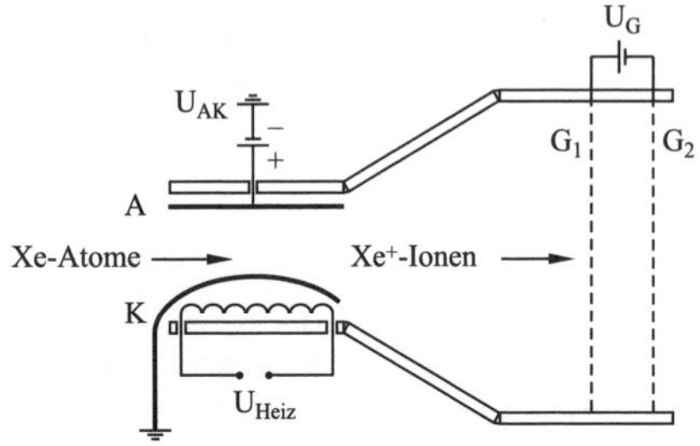

Die einfach positiv geladenen Xenonionen gelangen durch die Gitterelektrode G_1 in ein homogenes elektrisches Feld, das durch die Spannung U_G verursacht wird. Nachdem die Ionen die Spannung U_G durchlaufen haben, verlassen sie das Triebwerk durch eine zweite Gitterelektrode G_2. Die gesamte Anordnung arbeitet im Vakuum.

2.1 Die Ionisierungsenergie für Xenonatome beträgt $E_I = 1{,}94 \cdot 10^{-18}$ J. Aus der Kathode K treten die Elektronen mit vernachlässigbarer Geschwindigkeit aus. Berechnen Sie, wie groß die Spannung U_{AK} zwischen der Anode A und der Kathode K mindestens sein muss, damit die Elektronen Xenonatome ionisieren können. (3 BE)

2.2.0 Ein Xenonion hat die Masse $m_X = 2{,}18 \cdot 10^{-25}$ kg. Beim Eintritt in das elektrische Feld zwischen den beiden Gittern ist die Geschwindigkeit der Xenonionen vernachlässigbar klein.
Ein Ion durchläuft hier die Spannung $U_G = 1{,}40$ kV und wird mit der Geschwindigkeit $\vec{v}_2$ durch das Gitter G_2 aus dem Triebwerk ausgestoßen.

Der Ionenantrieb erzeugt eine Schubkraft $\vec{F}$, deren Betrag F stufenlos im Bereich von 20 mN bis 95 mN regulierbar ist.

2.2.1 Die Gitter G_1 und G_2 haben den Abstand $d = 4{,}0$ cm.
Berechnen Sie den Betrag F_{el} der elektrischen Kraft $\vec{F}_{el}$, die ein Xenonion im elektrischen Feld zwischen den beiden Gittern erfährt. (2 BE)

2.2.2 Leiten Sie eine Formel her, die den Zusammenhang zwischen dem Betrag v_2 der Geschwindigkeit $\vec{v}_2$ und der Spannung U_G aufzeigt. Erläutern Sie dabei Ihren Lösungsansatz. (3 BE)

2.2.3 Erläutern Sie, wie die Schubkraft $\vec{F}$ zustande kommt. (3 BE)

2.2.4 Berechnen Sie die Anzahl N der Ionen, die pro Sekunde bei der maximalen Schubkraft durch das Gitter G_2 ausgestoßen werden.
[Ergebnis: $N = 9{,}6 \cdot 10^{18}$] (5 BE)

2.3 Die Sonde befindet sich in einem gravitationsfreien Raum. Die Sonde und der Vorrat an Xenongas besitzen die Gesamtmasse $m_S = 367$ kg. Der Ionenantrieb erzeugt 10 Stunden lang die maximale Schubkraft mit dem Betrag $F_{max} = 95$ mN und beschleunigt dabei die Sonde aus der Ruhe heraus auf die Endgeschwindigkeit $\vec{v}_E$.

Bestätigen Sie, dass die Masse der Sonde für die Dauer des Beschleunigungsvorganges als konstant angesehen werden kann, und berechnen Sie den Betrag v_E der Endgeschwindigkeit $\vec{v}_E$. (6 BE)

(50 BE)

Tipps und Hinweise zu Aufgabe III

Tipps zu Teilaufgabe 1.1

- Die Gravitationskraft liefert die für die Kreisbewegung notwendige Zentralkraft.
- Der Ansatz für die Zentralkraft muss die Umlaufdauer T enthalten.

Tipps zu Teilaufgabe 1.2

- **1.2.1:** Verwenden Sie das Ergebnis von Teilaufgabe 1.1.
- **1.2.2:** Die Gravitationsbeschleunigung wird auch als Gravitationsfeldstärke bezeichnet.

Tipps zu Teilaufgabe 1.3

- **1.3.1:** Das dritte Kepler'sche Gesetz gilt auch für elliptische Bahnen, wenn man für R die große Halbachse a der Ellipse setzt. Überlegen Sie, welcher geometrische Zusammenhang zwischen der Halbachse a und den jeweiligen Radien bzw. Höhen besteht.
- **1.3.2:** Überlegen Sie, wie man für ein kleines Zeitintervall Δt die überstrichenen Flächen in den Punkten A bzw. B bestimmen kann. Für eine kleine Zeit Δt kann der zurückgelegte Weg als Kreisbogen, auch als geradlinige Strecke betrachtet, werden.
- **1.3.3:** Gehen Sie wie in Teilaufgabe 1.1 vor, mit einem geeigneten Ansatz für die Zentralkraft (es geht um die Geschwindigkeit).
- **1.3.4:** Überlegen Sie, in welche Richtung die vorhandene Gravitationskraft wirkt.

Tipp zu Teilaufgabe 2.1

- Das elektrische Feld verrichtet Beschleunigungsarbeit. Wie wird sie bestimmt?

Tipps zu Teilaufgabe 2.2

- **2.2.1:** Wie groß ist die Kraft auf eine Ladung in einem elektrischen Feld?
- **2.2.2:** Nutzen Sie die gleiche Formel wie in Teilaufgabe 2.1; die Beschleunigungsarbeit erscheint als kinetische Energie der Ionen.
- **2.2.3:** Der Impuls eines Ions wird verändert, wenden Sie den Impulserhaltungssatz an. An der Schubkraft ist nicht nur ein Ion beteiligt.
- **2.2.4:** Hier erfolgt die rechnerische Fortsetzung von Teilaufgabe 2.2.3. Die maximale Schubkraft ist die Gesamtimpulsänderung (Betrag) in der Zeit Δt.

Tipps zu Teilaufgabe 2.3

- Vergleichen Sie die während dieser Zeit ausgestoßene Masse mit der Gesamtmasse.
- Aus der konstanten Schubkraft ergibt sich eine konstante Beschleunigung.

Lösung zu Aufgabe III

1.1 Für die Bewegung eines Körpers der Masse m auf einer Kreisbahn ist eine Zentralkraft $\vec{F}_Z$ notwendig. Bewegt der Körper sich antriebslos auf einer Kreisbahn um ein Zentralgestirn, so gilt

$$\vec{F}_Z = \vec{F}_{Grav}$$

bzw. für die Beträge:

$$F_Z = F_{Grav}$$

Mit $F_Z = m \cdot \omega^2 \cdot R = m \cdot \frac{4\pi^2}{T^2} \cdot R$ erhält man:

$$m \cdot \frac{4\pi^2}{T^2} \cdot R = G^* \cdot \frac{m_Z \cdot m}{R^2}$$

$$\Rightarrow \quad 4\pi^2 \cdot R^3 = G^* \cdot m_Z \cdot T^2$$

$$T^2 = \frac{4\pi^2}{G^* \cdot m_Z} \cdot R^3 = C \cdot R^3$$

Die Konstante $C = \frac{4\pi^2}{G^* \cdot m_Z}$ ist nur von der Masse m_Z des Zentralgestirns abhängig.

1.2.1 Nach Teilaufgabe 1.1 gilt für Bahnen um die Venus:

$$C_V = \frac{4\pi^2}{6{,}673 \cdot 10^{-11} \frac{Nm^2}{kg^2} \cdot 4{,}87 \cdot 10^{24}\,kg} = 1{,}21 \cdot 10^{-13} \frac{kg}{Nm^2} = \underline{\underline{1{,}21 \cdot 10^{-13} \frac{s^2}{m^3}}}$$

Einheitenkontrolle:

$$1 \frac{kg}{Nm^2} = 1 \frac{kg}{kg \cdot \frac{m}{s^2} \cdot m^2} = 1 \frac{s^2}{m^3}$$

1.2.2 Für die Gravitationsbeschleunigung g gilt nach Definition:

$$g = \frac{F_{Grav}}{m} = G^* \cdot \frac{m_Z}{r^2}$$

Für die Venusoberfläche erhält man damit:

$$g_V = 6{,}673 \cdot 10^{-11} \frac{Nm^2}{kg^2} \cdot \frac{4{,}87 \cdot 10^{24}\,kg}{(6{,}05 \cdot 10^6\,m)^2} = 8{,}88 \frac{N}{kg} = \underline{\underline{8{,}88 \frac{m}{s^2}}}$$

1.3.1 Das dritte Kepler'sche Gesetz gilt allgemein für elliptische Bahnen, wobei für R die große Halbachse a der Ellipse zu setzen ist, also:

$$T^2 = C_V \cdot a^3.$$

Für die große Halbachse gilt damit:

$$a = \sqrt[3]{\frac{T^2}{C_V}}$$

Aus der Geometrie der Ellipse erhält man:

$$2a = r_A + r_B = (r_V + h_A) + (r_V + h_B) = 2r_V + h_A + h_B$$

Umstellen nach h_B ergibt:

$$h_B = 2a - 2r_V - h_A = 2\cdot\sqrt[3]{\frac{T^2}{C_V}} - 2r_V - h_A$$

$$h_B = 2\cdot\sqrt[3]{\frac{(3{,}16\cdot 3\,600\text{ s})^2}{1{,}21\cdot 10^{-13}\,\frac{\text{s}^2}{\text{m}^3}}} - 2\cdot 6{,}05\cdot 10^6\text{ m} - 250\cdot 10^3\text{ m} = \underline{\underline{8{,}10\cdot 10^6\text{ m}}}$$

Rechnet man mit $a = 10{,}2\cdot 10^6$ m als Zwischenergebnis, so erhält man $h_B = 8{,}05\cdot 10^6$ m.

1.3.2 Nach dem zweiten Kepler'schen Gesetz überstreicht der Radiusvektor $\vec{r}$ in gleichen Zeiten gleiche Flächen, $A_A = A_B$. In einem hinreichend kleinen Zeitintervall Δt können die Bahnkurven von A nach A_1 bzw. von B nach B_1 als Kreisbögen betrachtet und die Beträge der Geschwindigkeiten v_A bzw. v_B als konstant angenommen werden. Die dabei zurückgelegten Wege betragen dann:

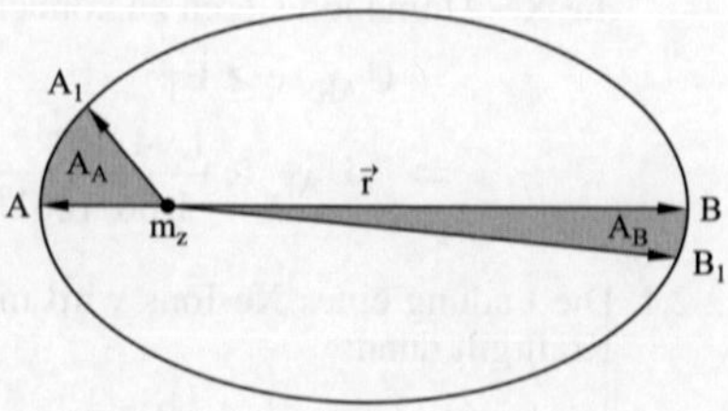

$$s(AA_1) = v_A\cdot\Delta t \quad \text{und}$$

$$s(BB_1) = v_B\cdot\Delta t$$

Für die Flächen gilt:

$$A_A = \frac{1}{2}v_A\cdot\Delta t\cdot r_A \quad \text{und}$$

$$A_B = \frac{1}{2}v_B\cdot\Delta t\cdot r_B$$

Gleichsetzen liefert die angegebene Beziehung, mithilfe derer sich v_B berechnen lässt:

$$v_A\cdot r_A = v_B\cdot r_B$$

$$\Rightarrow \quad v_B = \frac{r_A}{r_B}\cdot v_A = \frac{r_V + h_A}{r_V + h_B}\cdot v_A$$

$$v_B = \frac{6{,}05\cdot 10^6\text{ m} + 250\cdot 10^3\text{ m}}{6{,}05\cdot 10^6\text{ m} + 8{,}10\cdot 10^6\text{ m}}\cdot 8{,}48\,\frac{\text{km}}{\text{s}} = \underline{\underline{3{,}78\,\frac{\text{km}}{\text{s}}}}$$

1.3.3 Setzt man für $F_Z = m\cdot\frac{v^2}{r_A}$, so gilt für die Geschwindigkeit v der Sonde auf der Kreisbahn (vgl. Teilaufgabe 1.1)

$$m_S\cdot\frac{v^2}{r_A} = G^*\cdot\frac{m_Z\cdot m_S}{r_A^2} \quad\Rightarrow\quad v^2 = G^*\cdot\frac{m_Z}{r_A}$$

$$v^2 = 6{,}673\cdot 10^{-11}\,\frac{\text{Nm}^2}{\text{kg}^2}\cdot\frac{4{,}87\cdot 10^{24}\text{ kg}}{6{,}05\cdot 10^6\text{ m} + 250\cdot 10^3\text{ m}} \quad\Rightarrow\quad v = 7{,}18\,\frac{\text{km}}{\text{s}}$$

und somit für die Geschwindigkeitsänderung:

$$\Delta v = (7{,}18 - 8{,}48)\,\frac{\text{km}}{\text{s}} = \underline{\underline{-1{,}30\,\frac{\text{km}}{\text{s}}}}$$

1.4 Die Kreisbahn b kann antriebslos nicht durchlaufen werden.

Begründung: Für die Bewegung auf einer Kreisbahn ist stets eine zum Mittelpunkt des Kreises gerichtete Zentralkraft notwendig. Bewegt sich die Sonde antriebslos auf einer Kreisbahn um eine zentrale Masse M, so wirkt als einzige Kraft die Gravitationskraft dieser Masse, die stets zum Massenmittelpunkt von M gerichtet ist. Die Sonde kann nur antriebslos auf Kreisbahnen umlaufen, deren Mittelpunkt der Massenmittelpunkt der zentralen Masse M ist. Das ist bei der Kreisbahn b nicht der Fall.

2.1 Die Elektronen müssen mindesten die kinetische Energie E_I besitzen, um bei einem Stoß die Xe-Atome ionisieren zu können. Es muss also gelten:

$$U_{AK} \cdot e \geq E_I$$

$$\Rightarrow \quad U_{AK} \geq \frac{1{,}94 \cdot 10^{-18}\ \text{VAs}}{1{,}60 \cdot 10^{-19}\ \text{As}} = \underline{\underline{12{,}1\ \text{V}}}$$

2.2.1 Die Ladung eines Xe-Ions wird mit q_X bezeichnet. Für den Betrag F_{el} der elektrischen Kraft gilt dann:

$$F_{el} = E \cdot q_X = \frac{U_G}{d} \cdot q_X$$

$$F_{el} = \frac{1{,}40 \cdot 10^3\ \text{V}}{4{,}0 \cdot 10^{-2}\ \text{m}} \cdot 1{,}60 \cdot 10^{-19}\ \text{As} = \underline{\underline{5{,}6 \cdot 10^{-15}\ \text{N}}}$$

2.2.2 Die Zunahme der kinetische Energie ΔE_{kin} der Ionen beim Durchlaufen des elektrischen Feldes ist gleich der Arbeit W_{el} die vom Feld verrichtet wird. Da die Eintrittsgeschwindigkeit der Ionen in das elektrische Feld zwischen den Gittern vernachlässigbar klein ist ($v_{ein} \approx 0\ \frac{m}{s}$), gilt:

$$\frac{1}{2} m_X \cdot v_2^2 = U_G \cdot q_X$$

$$v_2 = \underline{\underline{\sqrt{\frac{2U_G \cdot q_X}{m_X}}}}$$

2.2.3 Ein Ion erfährt im elektrischen Feld zwischen den beiden Gittern eine Impulsänderung

$$\Delta\vec{p}_X = m_X \cdot \Delta\vec{v} = m_X \cdot \vec{v}_2.$$

Nach dem Impulserhaltungssatz resultiert daraus eine Impulsänderung für das Triebwerk

$$\Delta\vec{p}_T = -\Delta\vec{p}_x = \vec{F}_T \cdot \Delta t.$$

In diesem Kraftstoß ist $\vec{F}_T$ eine konstante Kraft, die der Geschwindigkeit $\vec{v}_2$ des ausgestoßenen Ions entgegengerichtet ist. Die Summe der Kräfte $\vec{F}_T$, die von allen Ionen im Zeitintervall Δt hervorgerufen werden, ergibt die Schubkraft

$$\vec{F}_{schub} = \sum_{\Delta t} \vec{F}_T.$$

2.2.4 Nach Teilaufgabe 2.2.3 gilt für die Beträge:

$$F_T = \frac{m_X \cdot v_2}{\Delta t} \quad \text{und} \quad F_{max} = N \cdot F_T$$

Mit v_2 aus Teilaufgabe 2.2.2 folgt:

$$F_{max} = N \cdot \frac{m_X \cdot v_2}{\Delta t} = N \cdot \frac{m_X \cdot \sqrt{\frac{2U_G \cdot q_X}{m_X}}}{\Delta t}$$

$$\Rightarrow \quad N = \frac{F_{max} \cdot \Delta t}{\sqrt{2U_G \cdot q_X \cdot m_X}}$$

$$N = \frac{95 \cdot 10^{-3}\,\text{N} \cdot 1{,}0\,\text{s}}{\sqrt{2 \cdot 1{,}40 \cdot 10^3\,\text{V} \cdot 1{,}60 \cdot 10^{-19}\,\text{As} \cdot 2{,}18 \cdot 10^{-25}\,\text{kg}}} = \underline{\underline{9{,}6 \cdot 10^{18}}}$$

Einheitenkontrolle:

$$1\,\frac{\text{Ns}}{\sqrt{\text{VAs} \cdot \text{kg}}} = 1\,\frac{\text{kg}\,\frac{\text{m}}{\text{s}^2} \cdot \text{s}}{\sqrt{\text{kg}\,\frac{\text{m}^2}{\text{s}^2} \cdot \text{kg}}} = 1\,\frac{\text{kg} \cdot \frac{\text{m}}{\text{s}}}{\text{kg} \cdot \frac{\text{m}}{\text{s}}} = 1$$

2.3 Es werden in jeder Sekunde $N = 9{,}6 \cdot 10^{18}$ Ionen der Masse m_x ausgestoßen. Bei einer Brenndauer von 10 Stunden gilt dann für die ausgestoßene Gesamtmasse m_{aus}:

$$m_{aus} = 10 \cdot 3\,600\,\text{s} \cdot 9{,}6 \cdot 10^{18}\,\frac{1}{\text{s}} \cdot 2{,}18 \cdot 10^{-25}\,\text{kg} = \underline{\underline{75\,\text{g}}}$$

Bei einer Gesamtmasse von 367 kg kann die Sondenmasse während des Beschleunigungsvorgangs als konstant angesehen werden.
Bei konstanter Kraft und konstanter Masse ergibt sich für die Sonde die konstante Beschleunigung

$$a_S = \frac{F_{max}}{m_S}.$$

Da die Sonde aus der Ruhe heraus beschleunigt wird, gilt dann für die nach der Brenndauer t_B erreichte Endgeschwindigkeit v_E:

$$v_E = a_S \cdot t_B = \frac{F_{max}}{m_S} \cdot t_B$$

$$v_E = \frac{95 \cdot 10^{-3}\,\text{N}}{367\,\text{kg}} \cdot 10 \cdot 3\,600\,\text{s} = \underline{\underline{9{,}3\,\frac{\text{m}}{\text{s}}}}$$

Bayern – FOS · BOS 12
Fachabiturprüfung 2008 – Physik: Aufgabe I

1.0 Ein Fadenpendel mit einer kleinen Kugel als Pendelkörper hat die Pendellänge ℓ. Wird das Fadenpendel ausgelenkt und dann losgelassen, so schwingt die kleine Kugel mit der Masse m in einer vertikalen Ebene um die Gleichgewichtslage O hin und her. Die Masse des Fadens und die Dämpfung der Schwingung sind vernachlässigbar gering.

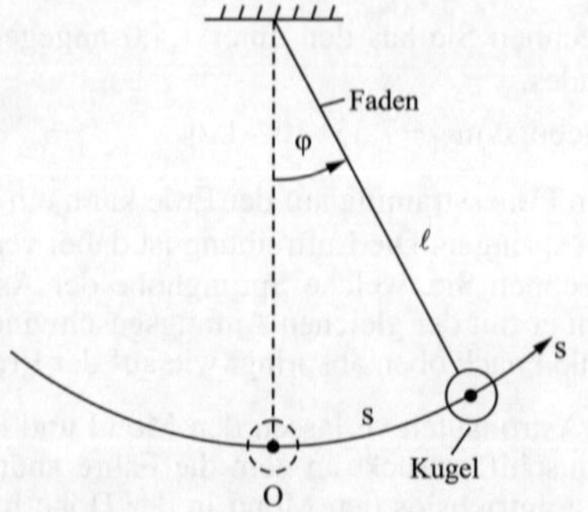

1.1 Weisen Sie anhand eines Kräfteplans nach, dass das Fadenpendel für kleine Auslenkwinkel φ harmonisch schwingt und für die Richtgröße D des Fadenpendels gilt:

$$D = \frac{m \cdot g}{\ell}$$ (7 BE)

1.2 Bestätigen Sie, dass bei kleinen Auslenkwinkeln für die Periodendauer der Pendelschwingung gilt:

$$T = 2\pi \cdot \sqrt{\frac{\ell}{g}},$$

wobei g der Betrag der Fallbeschleunigung ist. (2 BE)

1.3.0 Astronauten sind auf dem Mond gelandet. In einem Versuch mit einem Fadenpendel soll der unter 1.2 hergeleitete Zusammenhang zwischen der Periodendauer T und der Pendellänge ℓ bestätigt und der Betrag g_M der Fallbeschleunigung auf dem Mond bestimmt werden. Bei der Durchführung des Versuchs erhält man folgende Messergebnisse:

ℓ in m	0,20	0,35	0,60	1,00	1,50
T in s	2,21	2,92	3,82	4,94	6,04

1.3.1 Bestimmen Sie durch grafische Auswertung der Messreihe, wie T von ℓ abhängt. (5 BE)

1.3.2 Geben Sie den Zusammenhang zwischen T und ℓ in Form einer Gleichung an und bestimmen Sie die auftretende Konstante k aus dem Diagramm von 1.3.1.

[Ergebnis: $k = 4{,}9 \frac{s}{\sqrt{m}}$] (3 BE)

1.3.3 Berechnen Sie den Betrag g_M der auf dem Mond auftretenden Fallbeschleunigung $\vec{g}_M$ aus der Konstanten k. (3 BE)

1.4.0 In der Fachliteratur wird für den Betrag der auf dem Mond auftretenden Fallbeschleunigung der Wert $g_M = 1{,}62\,\frac{m}{s^2}$ angegeben. Der Mond hat den Radius $r_M = 1{,}74 \cdot 10^6$ m, die Gravitationskonstante den Wert

$$G^* = 6{,}673 \cdot 10^{-11}\,\frac{m^3}{kg \cdot s^2}.$$

1.4.1 Berechnen Sie aus den unter 1.4.0 angegebenen Daten die Masse m_M des Mondes.

[Ergebnis: $m_M = 7{,}35 \cdot 10^{22}$ kg] (3 BE)

1.4.2 Beim Fitnesstraining auf der Erde kann ein Astronaut im Raumanzug 50 cm hoch springen. Die Luftreibung ist dabei vernachlässigbar gering.
Berechnen Sie, welche Sprunghöhe der Astronaut auf dem Mond erreicht, wenn er mit der gleichen Anfangsgeschwindigkeit $\vec{v}_0$ und in gleicher Weise vertikal nach oben abspringt wie auf der Erde. (4 BE)

1.5.0 Die Astronauten verlassen den Mond und kehren mit einer Fähre zu einem Raumschiff zurück, an dem die Fähre andocken soll. Das Raumschiff umkreist antriebslos den Mond in der Höhe $h = 160$ km über der Mondfläche. Für einen Umlauf benötigt das Raumschiff die Zeit T_R.

1.5.1 Zeigen Sie mithilfe des Gravitationsgesetzes, dass gilt:

$$T_R = 2\pi \cdot \sqrt{\frac{(r_M + h)^3}{G^* \cdot m_M}}$$ (3 BE)

1.5.2 Berechnen Sie T_R und den Betrag v_R der Bahngeschwindigkeit $\vec{v}_R$ des Raumschiffes. (3 BE)

2.0 Ein Plattenkondensator mit der Plattenfläche A und dem Plattenabstand d wird an eine Gleichspannungsquelle mit der Spannung U angeschlossen. Zwischen den Kondensatorplatten entsteht ein elektrisches Feld mit der Feldstärke $\vec{E}$.

2.1 Der Betrag E der elektrischen Feldstärke $\vec{E}$ soll experimentell bestimmt werden. Zur Verfügung stehen zwei an Isolierstäben befestigte Aluminiumplättchen mit gleicher Form, ein ladungsempfindlicher Messverstärker und ein Maßstab.
Beschreiben Sie die Durchführung des Versuchs mit den Influenzplättchen.
Geben Sie die zu messenden Größen an.
Ermitteln Sie die Formel, mit der sich E aus den gemessenen Größen berechnen lässt. (7 BE)

2.2 Liegt am Kondensator die Spannung $U_0 = 8{,}0$ kV an, so hat die Ladung einer Kondensatorplatte den Betrag $Q_0 = 96$ nAs.
Berechnen Sie die Kapazität C_0 des Kondensators und den Energieinhalt $W_{el,\,0}$ des elektrischen Feldes im Kondensator. (4 BE)

2.3.0 Der Kondensator bleibt mit der Spannungsquelle verbunden.
Der Plattenabstand d wird verändert.

2.3.1 Untersuchen Sie, ob und gegebenenfalls wie der Energieinhalt W_{el} des Kondensators vom Plattenabstand d abhängt. (3 BE)

2.3.2 Beim Vergrößern des Plattenabstandes d muss die Arbeit W gegen die Kräfte verrichtet werden, mit denen sich die ungleichnamig geladenen Kondensatorplatten gegenseitig anziehen. Dennoch nimmt der Energieinhalt W_{el} des Kondensators dabei ab.
Erläutern Sie, wie sich dies mit dem Energieerhaltungssatz in Einklang bringen lässt. (3 BE)

(50 BE)

Tipps und Hinweise zu Aufgabe I

Tipps zu Teilaufgabe 1.1

- Neben der Gewichtskraft wirkt der Faden mit einer Kraft auf die Kugel. Die rücktreibende Kraft ist die Resultierende dieser Kräfte.
- Weisen Sie ein lineares Kraftgesetz nach.
- Für kleine Winkel gilt: $\sin \varphi \approx \varphi$

Tipp zu Teilaufgabe 1.2

- Die Schwingungsdauer hängt von der Masse und der Richtgröße D ab. Sie ergibt sich aus dem linearen Kraftgesetz.

Tipps zu Teilaufgabe 1.3

- **1.3.1:** Stellen Sie die Periodendauer T in Abhängigkeit von $\sqrt{\ell}$ grafisch dar. Dazu sollten Sie die Werte von $\sqrt{\ell}$ in einer kleinen Tabelle festhalten.
- **1.3.2:** Entnehmen Sie der Grafik ein geeignetes Wertepaar, markieren Sie diese Werte in der Grafik.
- **1.3.3:** Mit der in 1.2 angegebenen Beziehung und der Konstanten k lässt sich g_M berechnen.

Tipps zu Teilaufgabe 1.4

- **1.4.1:** Die Ursache für die Gewichtskraft ist die Gravitationskraft.
- **1.4.2:** Kinetische Energie wird in potenzielle Energie umgesetzt. Wählen Sie geeignete Bezugssysteme für die potenzielle Energie.

Tipps zu Teilaufgabe 1.5

- **1.5.1:** Die Gravitationskraft ist die für die Kreisbewegung notwendige Zentralkraft.
- **1.5.2:** Einsetzen der bekannten Daten liefert T_R. In dieser Zeit ist der Weg des Raumschiffes ein vollständiger Kreis mit Radius $r_M + h$.

Tipp zu Teilaufgabe 2.1

- Influenzversuch – Ladungstrennung im elektrischen Feld.
  Die bestimmbare Ladungsdichte σ auf einem Influenzplättchen hängt auf einfache Weise mit dem Betrag E der elektrischen Feldstärke zusammen.

Tipp zu Teilaufgabe 2.2

- Wenden Sie die elementaren Beziehungen für die Kapazität und die Energie im Kondensator an.

Tipps zu Teilaufgabe 2.3

- **2.3.1:** Die Kapazität und damit die speicherbare elektrische Energie hängen vom Plattenabstand d ab. Interpretieren Sie das Ergebnis.
- **2.3.2:** Betrachten Sie das System Kondensator – Spannungsquelle und überlegen Sie, was mit den Ladungen und damit mit der Energie passiert.

Lösung zu Aufgabe I

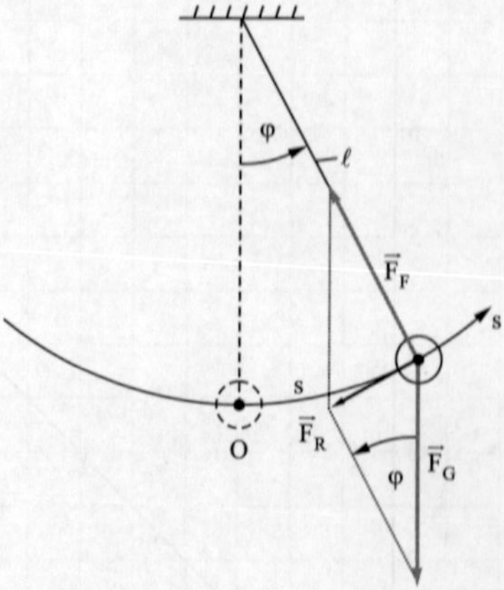

1.1 Die Gewichtskraft F_G der Pendelmasse und die Kraft $\vec{F}_F$ des Fadens auf den Pendelkörper ergeben die rücktreibende Kraft:

$$\vec{F}_R = \vec{F}_G + \vec{F}_F$$

Die rücktreibende Kraft $\vec{F}_R$ wirkt tangential, der Winkel zwischen $\vec{F}_F$ und $\vec{F}_R$ beträgt deshalb 90°. Daher gilt:

$$|\vec{F}_R| = m \cdot g \cdot \sin\varphi \quad \text{und} \quad s = \ell \cdot \varphi$$

Für kleine Winkel darf die Näherung

$$\sin\varphi \approx \varphi$$

verwendet werden, womit folgt:

$$|\vec{F}_R| \approx m \cdot g \cdot \varphi = m \cdot g \cdot \frac{s}{\ell}$$

Die rücktreibende Kraft $\vec{F}_R$ ist der Auslenkung $\vec{s}$ entgegengerichtet. Für die Vektorkomponente F_R gilt damit:

$$F_R = -\frac{m \cdot g}{\ell} \cdot s = -D \cdot s$$

Die Richtgröße $D = \frac{m \cdot g}{\ell}$ ist konstant. Es gilt also ein lineares Kraftgesetz, die Schwingung ist **harmonisch**.

1.2 Für ein ungedämpft harmonisch schwingendes Pendel gilt allgemein:

$$T = 2\pi \cdot \sqrt{\frac{m}{D}}$$

Mit $D = \frac{m \cdot g}{\ell}$ erhält man:

$$T = 2\pi \cdot \sqrt{\frac{m}{\frac{m \cdot g}{\ell}}} = \underline{\underline{2\pi \cdot \sqrt{\frac{\ell}{g}}}}$$

1.3.1 Aus den Messwerten ergibt sich die für die Grafik passende Tabelle:

$\sqrt{\ell}$ in $\sqrt{m}$	0,45	0,59	0,77	1,00	1,22
T in s	2,21	2,92	3,82	4,94	6,04

Die Punkte liegen im Rahmen der Messgenauigkeit auf einer Ursprungsgeraden (siehe Diagramm auf der nächsten Seite), es gilt also:

$$\underline{\underline{T \sim \sqrt{\ell}}}$$

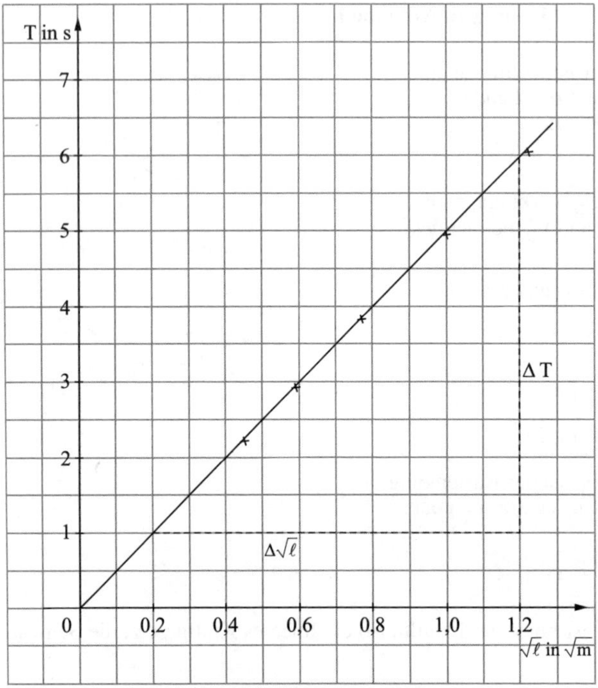

1.3.2 Der in 1.3.1 gefundene Zusammenhang lässt sich mithilfe einer Konstanten k ausdrücken, für die gilt:

$$T = k \cdot \sqrt{\ell} \quad \Rightarrow \quad k = \frac{T}{\sqrt{\ell}} = \frac{\Delta T}{\Delta\sqrt{\ell}}$$

Mit aus der Grafik zu 1.3.1 entnommenen Werten ΔT und $\Delta\sqrt{\ell}$ des Steigungsdreiecks erhält man:

$$k = \frac{4{,}9\ \text{s}}{1{,}0\ \sqrt{\text{m}}} = \underline{\underline{4{,}9\ \frac{\text{s}}{\sqrt{\text{m}}}}}$$

1.3.3 Nach 1.2 gilt für die Schwingungsdauer T:

$$T = 2\pi \cdot \sqrt{\frac{\ell}{g}} = \frac{2\pi}{\sqrt{g}} \cdot \sqrt{\ell} = k \cdot \sqrt{\ell} \quad \text{mit } k = \frac{2\pi}{\sqrt{g}}$$

Für die Fallbeschleunigung auf der Mondoberfläche folgt damit:

$$g_M = \frac{4\pi^2}{k^2} = \frac{4\pi^2}{\left(4{,}9\frac{\text{s}}{\sqrt{\text{m}}}\right)^2} = \underline{\underline{1{,}6\ \frac{\text{m}}{\text{s}^2}}}$$

1.4.1 Die Ursache für die Gewichtskraft $\vec{F}_G$ einer Masse m ist die Gravitationskraft $\vec{F}_{Grav}$. Durch Gleichsetzen der Beträge erhält man eine Beziehung, aus der die Masse m_M des Mondes bestimmt werden kann:

$$G^* \cdot \frac{m_M \cdot m}{r_M^2} = m \cdot g_M$$

$$\Rightarrow \quad m_M = \frac{g_M \cdot r_M^2}{G^*}$$

$$m_M = \frac{1{,}62\,\frac{m}{s^2} \cdot (1{,}74 \cdot 10^6\,m)^2}{6{,}673 \cdot 10^{-11}\,\frac{m^3}{kg \cdot s^2}} = \underline{\underline{7{,}35 \cdot 10^{22}\,kg}}$$

1.4.2 Wählt man als Bezugsniveau für die potenzielle Energie jeweils die Oberfläche der Erde bzw. des Mondes, so gilt nach dem Energieerhaltungssatz für die jeweilige Sprunghöhe h_E bzw. h_M des Astronauten (Masse m_A):

$$\left.\begin{array}{ll} \text{Erde:} & \frac{1}{2} m_A \cdot v_0^2 = m_A \cdot g_E \cdot h_E \\ \text{Mond:} & \frac{1}{2} m_A \cdot v_0^2 = m_A \cdot g_M \cdot h_M \end{array}\right\} \Rightarrow g_M \cdot h_M = g_E \cdot h_E$$

$$h_M = \frac{g_E}{g_M} \cdot h_E = \frac{9{,}81\,\frac{m}{s^2}}{1{,}62\,\frac{m}{s^2}} \cdot 0{,}50\,m = \underline{\underline{3{,}0\,m}}$$

1.5.1 Die Gravitationskraft $\vec{F}_R$ ist die für die Bewegung des Raumschiffes auf der Kreisbahn notwendige Zentralkraft $\vec{F}_Z$ mit dem Betrag $F_Z = m_R \cdot \omega^2 \cdot r_R$. Darin ist m_R die Masse des Raumschiffes und $r_R = r_M + h$ der Bahnradius der Kreisbahn.
Für die Beträge dieser Kräfte gilt dann mit $\omega = \frac{2\pi}{T_R}$:

$$G^* \cdot \frac{m_M \cdot m_R}{r_R^2} = m_R \cdot r_R \cdot \frac{4\pi^2}{T_R^2}$$

$$\Rightarrow \quad T_R^2 = \frac{r_R^3 \cdot 4\pi^2}{G^* \cdot m_M}$$

$$T_R = \underline{\underline{2\pi \cdot \sqrt{\frac{(r_M + h)^3}{G^* \cdot m_M}}}}$$

1.5.2 Mit den gegebenen Daten erhält man für die Umlaufdauer

$$T_R = 2\pi \cdot \sqrt{\frac{(1{,}74 \cdot 10^6\,m + 160 \cdot 10^3\,m)^3}{6{,}673 \cdot 10^{-11}\,\frac{m^3}{kg \cdot s^2} \cdot 7{,}35 \cdot 10^{22}\,kg}} = \underline{\underline{7{,}43 \cdot 10^3\,s \approx 2{,}06\,h}}$$

und für den Betrag v_R der Bahngeschwindigkeit:

$$v_R = \frac{2r_R \cdot \pi}{T_R} = \frac{2 \cdot (r_M + h) \cdot \pi}{T_R}$$

$$v_R = \frac{2 \cdot (1{,}74 \cdot 10^6\,m + 160 \cdot 10^3\,m) \cdot \pi}{7{,}43 \cdot 10^3\,s} = 1{,}61 \cdot 10^3\,\frac{m}{s} = \underline{\underline{1{,}61\,\frac{km}{s}}}$$

2.1 **Versuchsbeschreibung**

In das elektrische Feld des Kondensators bringt man zwei Metallplättchen (Influenzplattenpaar) an isolierenden Stäben. Die Metallplättchen berühren sich mit ihrer gesamten Fläche A*, sind ungeladen und parallel zu den Kondensatorplatten ausgerichtet. Durch die elektrische Feldkraft $\vec{F}_e$ werden die Ladungen auf den Plättchen getrennt – das rechte Plättchen trägt dann die positiven, das linke die negativen Ladungen (Bild a).

Noch im Feld werden die Plättchen getrennt und so aus dem Feld geführt. Sie tragen beide entgegengesetzte, gleich große Ladungen (Bild b).

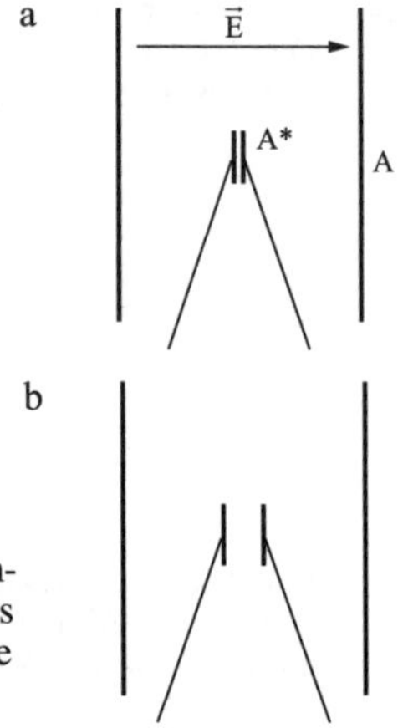

Messgrößen

Die Ladung Q_i eines der Plättchen wird mit einem ladungsempfindlichen Messverstärker gemessen. Bestimmt werden muss noch die Fläche A* eines Plättchens: bei einer Rechteckfläche durch Messung der Länge ℓ_i und der Breite b_i, bei einem kreisförmigen Plättchen durch Messung des Durchmessers.

Formel zur Bestimmung von E

Für die Flächenladungsdichte σ des Plättchens gilt (hier für rechteckige Plättchen):

$$\sigma = \frac{Q_i}{A^*} = \frac{Q_i}{\ell_i \cdot b_i}$$

Mit $\sigma = \varepsilon_0 \cdot E$ folgt:

$$E = \frac{\sigma}{\varepsilon_0} = \underline{\underline{\frac{Q_i}{\varepsilon_0 \cdot \ell_i \cdot b_i}}}$$

2.2 Kapazität C_0:

$$C_0 = \frac{Q_0}{U_0} = \frac{96 \cdot 10^{-9}\ \text{As}}{8{,}0 \cdot 10^3\ \text{V}} = 12 \cdot 10^{-12}\ \text{F} = \underline{\underline{12\ \text{pF}}}$$

Im elektrischen Feld gespeicherte Energie $W_{el,0}$:

$$W_{el,0} = \frac{1}{2} Q_0 \cdot U_0 = \frac{1}{2} \cdot 96 \cdot 10^{-9}\ \text{As} \cdot 8{,}0 \cdot 10^3\ \text{V} = 3{,}8 \cdot 10^{-4}\ \text{J} = \underline{\underline{0{,}38\ \text{mJ}}}$$

2.3.1 Da der Kondensator mit der Spannungsquelle verbunden bleibt, liegt an den Kondensatorplatten stets die Spannung U_0 an. Ändert sich der Plattenabstand d, so verändert sich aber die Kapazität des Kondensators. Für W_{el} gilt dann:

$$W_{el} = \frac{1}{2} C \cdot U_0^2 = \frac{1}{2} \cdot \varepsilon_0 \cdot \frac{A}{d} \cdot U_0^2 = \frac{1}{2} \cdot \varepsilon_0 \cdot A \cdot U_0^2 \cdot \frac{1}{d}$$

Weil die elektrische Feldkonstante ε_0, die Plattenfläche A und die Spannung U_0 konstant sind, gilt:

$$\underline{\underline{W_{el} \sim \frac{1}{d}}}$$

2.3.2 Der Kondensator bleibt mit der Spannungsquelle verbunden, d. h. die Spannung bleibt konstant.

Mit zunehmendem Plattenabstand nimmt die Kapazität des Plattenkondensators und damit die speicherbare Energie ab (siehe 2.3.1). Es fließen Ladungen in die Spannungsquelle zurück. Der Energieinhalt der Spannungsquelle nimmt um die Energie aus dem Kondensator zu. Da zwischen Kondensator und Spannungsquelle kein Spannungsunterschied besteht ist der Ladungstransport ohne die äußere Kraft jedoch nicht möglich (siehe Anmerkung unten). Die verrichtete mechanische Arbeit W fließt zusätzlich über den Kondensator in die Spannungsquelle. Am Ende des Vorgangs hat die Energie im Kondensator zwar abgenommen, die Gesamtenergie des Systems (Kondensator – Spannungsquelle) hat sich jedoch um die Arbeit W erhöht.

Ist das System energetisch nicht abgeschlossen (ohmscher Widerstand der Leitungen), fließt durch die Stromwärme wieder Energie aus dem System ab.

In einem kleinen Zeitintervall Δt wird der Kondensatorabstand um Δd vergrößert und dabei mechanische Arbeit ΔW verrichtet. Die Ladung des Kondensator kann dabei zunächst als konstant angesehen werden mit der Folge, dass sich die Spannung am Kondensator um ΔU erhöht. Damit ergibt sich eine Spannungsdifferenz zwischen Kondensator und Spannungsquelle, es fließen Ladungen in die Spannungsquelle zurück bis zum Spannungsausgleich.

1.0 Eine lang gestreckte Feldspule hat die Windungszahl $N_F = 8\,600$ und die Länge $\ell_F = 56$ cm. Durch einen schmalen Schlitz in der Mitte der Feldspule kann eine flache Induktionsspule in das homogene Magnetfeld der Feldspule eingetaucht werden. Die Induktionsspule hat die Windungszahl $N_i = 350$ und einen quadratischen Querschnitt mit der Seitenlänge $a = 5{,}2$ cm.

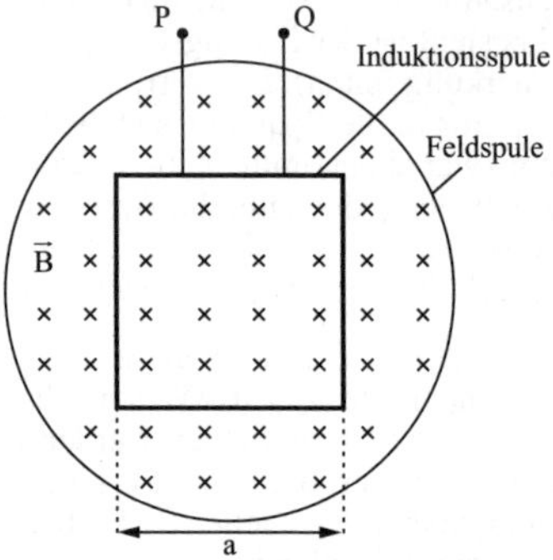

1.1.0 Die Induktionsspule ist vollständig in das Magnetfeld der Feldspule eingetaucht; die Achsen der beiden Spulen sind parallel zu einander. Durch die Feldspule fließt ein Strom mit der Stärke I_F, deren zeitlicher Verlauf in der unten stehenden Skizze dargestellt ist.

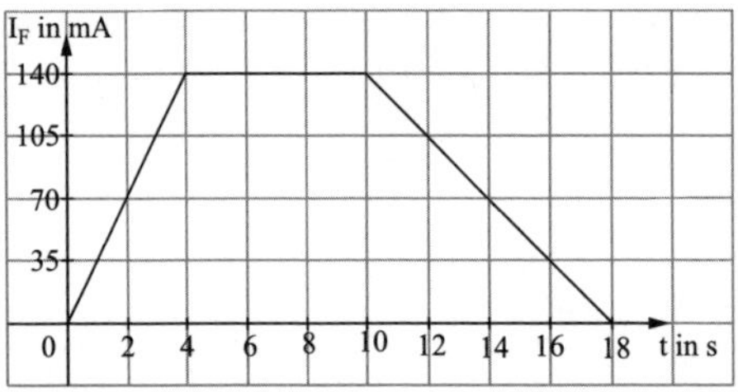

1.1.1 Berechnen Sie den Maximalwert Φ_m des magnetischen Flusses Φ durch die Induktionsspule.
[Ergebnis: $\Phi_m = 7{,}3 \cdot 10^{-6}$ Vs] (3 BE)

1.1.2 $U_i(t)$ ist die zu einem Zeitpunkt t mit $0\text{ s} \leq t \leq 18{,}0\text{ s}$ zwischen den Enden P und Q der Induktionsspule auftretenden Induktionsspannung.
Berechnen Sie die Spannung U_i für das Zeitintervall]0 s; 4,0 s[und stellen Sie in einem Diagramm den zeitlichen Verlauf der Spannung U_i für

$$0\text{ s} \leq t \leq 18{,}0\text{ s}$$

grafisch dar. (6 BE)

1.2.0 Die flache Induktionsspule befindet sich nicht mehr im Magnetfeld der Feldspule. Auf die Feldspule ist nun eine zweite Spule mit der gleichen Windungszahl und der gleichen Länge so dicht aufgewickelt, dass auch die Querschnittsflächen der beiden Spulen gleich groß sind. Die Stromstärke I_F in der Feldspule steigt noch einmal innerhalb von 4,0 s gleichmäßig vom Anfangswert $I_0 = 0$ mA auf den Wert $I_{max} = 140$ mA an. Während des Anstiegs der Stromstärke I_F misst man zwischen den Anschlüssen der zweiten Spule eine Induktionsspannung mit dem Betrag $U_i^* = 28$ mV.

1.2.1 Erklären Sie, warum die in der Feldspule entstehende Selbstinduktionsspannung ebenfalls den Betrag $U_i^* = 28\ \text{mV}$ hat. (3 BE)

1.2.2 Berechnen Sie die Induktivität L_F der Feldspule. (4 BE)

2.0 Ein Sinusgenerator liefert die Spannung $U_G(t) = U_m \cdot \sin(2\pi \cdot f \cdot t)$, wobei U_m und f konstante, d. h. von der Zeit t unabhängige Größe sind. An diesen Generator wird eine Spule mit der Induktivität L angeschlossen. Der ohmsche Widerstand in diesem Wechselstromkreis ist vernachlässigbar klein.

2.1 Leiten Sie eine Gleichung für den zeitlichen Verlauf der Stromstärke I_L in dem Wechselstromkreis her. (5 BE)

2.2.0 Für die Generatorspannung $U_G(t)$ gilt für $t \geq 0$ s:

$$U_G(t) = 5{,}0\ \text{V} \cdot \sin\left(150\pi \frac{1}{\text{s}} \cdot t\right)$$

Der Effektivwert der Stromstärke im Wechselstromkreis beträgt

$$I_{L_{\text{eff}}} = 7{,}5\ \text{mA}.$$

2.2.1 Berechnen Sie die Induktivität L der Spule. (5 BE)

2.2.2 Für den Zeitpunkt t_1 gilt: $U_G(t_1) = 2{,}5\ \text{V}$.
Bestimmen Sie den Betrag der Stromstärke I_L zu diesem Zeitpunkt t_1. (5 BE)

3.0 Zu Beginn des 20. Jahrhunderts gelang es dem Physiker Robert A. Millikan, für Öltröpfchen den quantenhaften Charakter der elektrischen Ladung experimentell nachzuweisen.
In den folgenden Aufgaben soll die Auftriebskraft für Öltröpfchen in Luft vernachlässigt werden.

3.1 Skizzieren Sie den Versuchsaufbau und beschreiben Sie die Durchführung des Öltröpfchenversuchs nach der Schwebemethode. (7 BE)

3.2 Bei der Durchführung eines Versuchs haben die horizontal angeordneten Platten eines Kondensators den Abstand $d = 1{,}20\ \text{cm}$. Zwischen den Platten schwebt ein positiv geladenes Öltröpfchen, wenn am Kondensator die Gleichspannung $U = 430\ \text{V}$ anliegt. Das Öltröpfchen ist kugelförmig und hat den Radius $r = 7{,}8 \cdot 10^{-7}\ \text{m}$. Die Dichte des Öls beträgt $\rho = 0{,}880\ \frac{\text{g}}{\text{cm}^3}$.
Berechnen Sie die Ladung q des Öltröpfchens. (6 BE)

3.3 Erklären Sie, wie aus den Ergebnissen vieler Versuche auf den quantenhaften Charakter der elektrischen Ladung von Öltröpfchen geschlossen werden kann, und erläutern Sie dabei den Begriff Elementarladung. (3 BE)

3.4 Lässt sich der Schwebezustand für ein geladenes Öltröpfchen auch dann erreichen, wenn man das Tröpfchen nicht in ein homogenes elektrisches Feld, sondern in ein homogenes Magnetfeld bringt?
Begründen Sie Ihre Antwort. (3 BE)

(50 BE)

Tipps und Hinweise zu Aufgabe II

Tipps zu Teilaufgabe 1.1

1.1.1: Entnehmen Sie der Grafik den Maximalwert des Stromes und wenden Sie die Beziehungen für die Kraftflussdichte und den Kraftfluss an (Formelsammlung).

1.1.2: Wenden Sie das Induktionsgesetz an und beachten Sie, dass der Stromverlauf linear ist.

Tipps zu Teilaufgabe 1.2

1.2.1: Zeigen Sie auf, dass in beiden Spulen dieselbe Flussänderung stattfindet.

1.2.2: Wenden Sie die Beziehung für die Selbstinduktionsspannung an.

Tipp zu Teilaufgabe 2.1

Im Wechselstromkreis fällt an einer Spule die Spannung U_L ab, die von der Stromänderung abhängt. Integrieren Sie diese Beziehung.

Tipps zu Teilaufgabe 2.2

2.2.1: Aus U_m und I_m (siehe 2.1) erhält man X_L und damit die Induktivität.

2.2.2: Lösungsprinzip: Aus der Beziehung für die Spannung erhält man die Zeit t_1, die man dann in die Beziehung für den Strom einsetzt. Den Umweg über die Zeit t_1 können Sie sich sparen, wenn Sie aus $\sin(\omega t_1)$ gleich $\cos(\omega t_1)$ bestimmen.

Tipp zu Teilaufgabe 3.1

Denken Sie daran, dass die Skizze beschriftet ist und alle notwendigen Elemente enthält. Überlegen Sie, wie man erreichen kann, dass ein Tröpfchen schwebt.

Tipp zu Teilaufgabe 3.2

Im Schwebezustand herrscht ein Kräftegleichgewicht zwischen der Gewichtskraft und der Coulombkraft. Eine Einheitenkontrolle ist hier angebracht.

Tipp zu Teilaufgabe 3.3

Gehen Sie auf die gemessenen Ladungen ein. Wie hängen die einzelnen Ladungsbeträge zusammen?

Tipp zu Teilaufgabe 3.4

Überlegen Sie, unter welchen Bedingungen auf elektrische Ladungen in einem Magnetfeld eine Kraft ausgeübt wird.

Lösung zu Aufgabe II

1.1.1 Der magnetische Fluss durch die Induktionsspule wird maximal, wenn der Strom durch die Feldspule und damit die Kraftflussdichte maximal ist.

$$\Phi_m = B_m \cdot A_i$$
$$= \mu_0 \cdot \frac{N_F}{\ell_F} \cdot I_m \cdot a^2$$
$$= 4\pi \cdot 10^{-7} \frac{Vs}{Am} \cdot \frac{8\,600}{0{,}56\ m} \cdot 140 \cdot 10^{-3}\ A \cdot (5{,}2 \cdot 10^{-2}\ m)^2 = \underline{\underline{7{,}3 \cdot 10^{-6}\ Vs}}$$

1.1.2 **Berechnung der Induktionsspannung**
Nach dem Induktionsgesetz gilt:

$$U_i(t) = -N_i \cdot \dot{\Phi}(t)$$

Da der Stromverlauf und damit $\Phi(t)$ linear ist, gilt:

$$\dot{\Phi}(t) = \frac{\Delta\Phi}{\Delta t}$$

Für das Zeitintervall]0 s; 4,0 s[erhält man mit $\Delta\Phi = \Phi_m$:

$$U_i(t) = -350 \cdot \frac{7{,}3 \cdot 10^{-6}\ Vs}{4{,}0\ s} = \underline{\underline{-0{,}64\ mV}}$$

t-U_i-Diagramm

Im Intervall]4,0 s; 10 s[tritt keine Induktionsspannung auf, weil sich der Fluss nicht ändert. Im Intervall]10 s; 18 s[ergibt sich $U_i(t) = 0{,}32\ mV$ ($\Delta\Phi = -\Phi_m$; $\Delta t = 8{,}0\ s$).

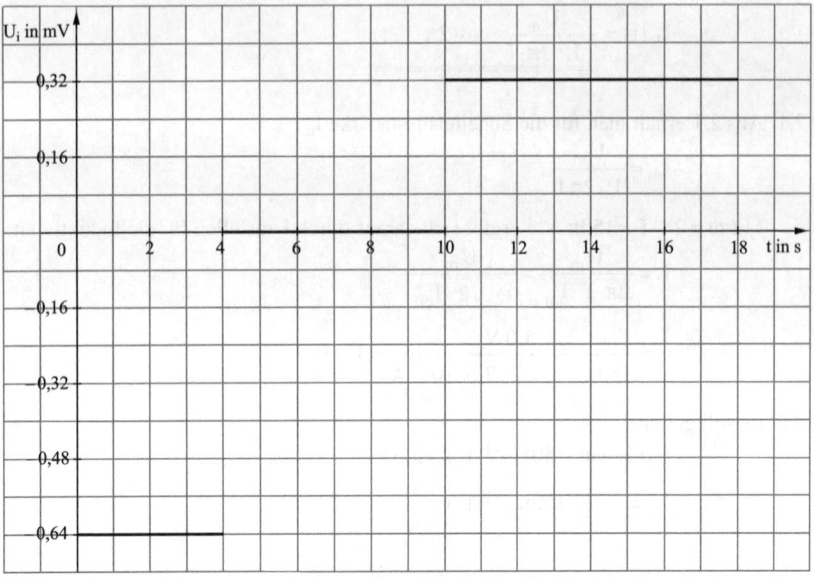

1.2.1 Die zweite Spule hat die gleichen Eigenschaften wie die Feldspule (Windungszahl, Länge, Querschnitt). Beide Spulen werden vom selben magnetischen Fluss durchsetzt. Ändert sich in der Feldspule der magnetische Fluss beim Anstieg des Stromes, so muss deshalb in ihr nach dem Induktionsgesetz $U_i = -N_i \cdot \dot{\Phi}(t)$ die betragsmäßig gleiche Induktionsspannung wie in der zweiten Spule erzeugt werden.

1.2.2 Die Selbstinduktionsspannung berechnet sich wegen der linearen Änderung des Stroms zu:

$$U_i^* = |-L_F \cdot \dot{I}| = \left| -L_F \cdot \frac{\Delta I_F}{\Delta t} \right|$$

$$\Rightarrow \quad L_F = \frac{U_i^* \cdot \Delta t}{\Delta I_F} = \frac{28 \cdot 10^{-3}\,\text{V} \cdot 4{,}0\,\text{s}}{140 \cdot 10^{-3}\,\text{A}} = 0{,}80\,\frac{\text{Vs}}{\text{A}} = \underline{\underline{0{,}80\,\text{H}}}$$

2.1 Für die an der Spule im Wechselstromkreis abfallende Spannung $U_L(t)$ gilt hier:

$$U_L(t) = L \cdot \dot{I}_L(t) = U_G(t)$$

$$\Rightarrow \quad \dot{I}_L(t) = \frac{1}{L} \cdot U_G(t)$$

$$\Rightarrow \quad I_L(t) = \frac{1}{L} \cdot \int U_G(t)\,dt = \frac{1}{L} \cdot \int U_m \cdot \sin(2\pi \cdot f \cdot t)\,dt$$

$$= -\frac{U_m}{L \cdot 2\pi \cdot f} \cdot \cos(2\pi \cdot f \cdot t) + I_0$$

Die bei der Integration auftretende Konstante I_0 beschreibt allgemein den Strom, der durch eine zusätzliche Gleichspannungsquelle im Stromkreis hervorgerufen wird. Da es hier nur die Wechselspannungsquelle gibt, ist $I_0 = 0$, also:

$$\underline{\underline{I_L(t) = -\frac{U_m}{L \cdot 2\pi \cdot f} \cdot \cos(2\pi \cdot f \cdot t)}}$$

2.2.1 Aus 2.1 erhält man für die Scheitelstromstärke I_m:

$$I_m = \frac{U_m}{L \cdot 2\pi f}$$

Mit $\omega = 2\pi \cdot f = 150\pi \cdot s^{-1}$ ergibt sich daraus durch Umstellen für die Induktivität:

$$L = \frac{U_m}{2\pi \cdot f \cdot I_m} = \frac{U_m}{\omega \cdot \sqrt{2} \cdot I_{eff}}$$

$$= \frac{5{,}0\,\text{V}}{150\pi\,\text{s}^{-1} \cdot \sqrt{2} \cdot 7{,}5 \cdot 10^{-3}\,\text{A}} = \underline{\underline{1{,}0\,\text{H}}}$$

2.2.2 Es soll gelten:

$$5{,}0\,\text{V} \cdot \sin(150\pi\,\text{s}^{-1} \cdot t_1) = 2{,}5\,\text{V}$$

$$\Rightarrow \quad \sin(150\pi\,\text{s}^{-1} \cdot t_1) = \frac{1}{2}$$

Mithilfe der Beziehung $(\sin x)^2 + (\cos x)^2 = 1$ lässt sich daraus der cos-Term in der zugehörigen Stromgleichung $I_L(t_1) = -I_m \cdot \cos(\omega \cdot t_1)$ ermitteln:

$$|\cos(150\pi\,s^{-1} \cdot t_1)| = \sqrt{1 - \left(\frac{1}{2}\right)^2} = \frac{1}{2} \cdot \sqrt{3}$$

$$\Rightarrow \quad |I_L(t_1)| = I_m \cdot \frac{1}{2} \cdot \sqrt{3} = \frac{\sqrt{2} \cdot I_{eff}}{2} \cdot \sqrt{3} = \frac{\sqrt{3}}{\sqrt{2}} \cdot I_{eff} = \sqrt{1{,}5} \cdot I_{eff}$$

$$= \sqrt{1{,}5} \cdot 7{,}5\text{ mA} = \underline{\underline{9{,}2\text{ mA}}}$$

3.1 **Versuchsaufbau**

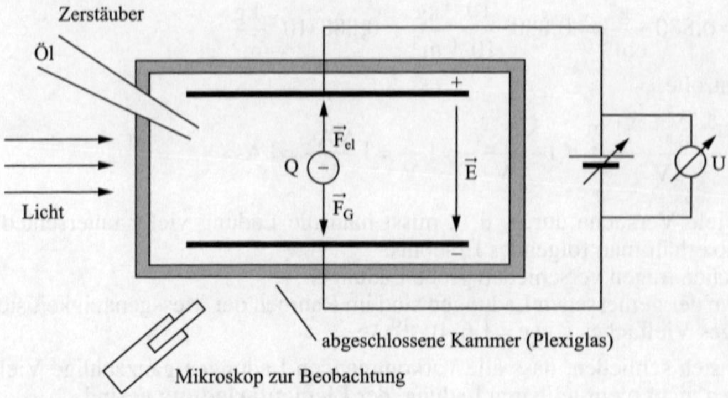

Durchführung (Schwebemethode)

Über eine Düse (Zerstäuber) werden Öltröpfchen erzeugt, die in den Raum zwischen den Platten des Plattenkondensators gelangen. An der Düse laden sich die Öltröpfchen durch Reibungselektrizität positiv oder negativ auf. Ohne ein elektrische Feld würden alle Tröpfchen nach unten sinken. Durch Anlegen und Regulieren einer Spannung U kann man erreichen, dass die Coulombkraft $\vec{F}_{el}$ auf eines der Tröpfchen nach oben gerichtet und vom Betrag her gleich der Gewichtskraft $\vec{F}_G$ ist. Das Tröpfchen schwebt. In der Skizze ist dies für ein negativ geladenes Tröpfchen dargestellt. Die für den Schwebezustand einzustellende Spannung U wird gemessen.

Bei der Beobachtung unter dem Mikroskop (wegen der Kleinheit der Tröpfchen) erkennt man auch, dass die Ladung der Tröpfchen unterschiedlich ist, da sich beim Schwebezustand für eines der Tröpfchen andere verschieden schnell weiterhin nach oben oder unten bewegen.

3.2 Nach 3.1 gilt im Schwebezustand für die Beträge der Kräfte, die auf das Tröpfchen wirken:

$$F_{el} = F_G$$

$$\Leftrightarrow \quad |q| \cdot E = m \cdot g$$

$$|q| = \frac{m \cdot g}{E}$$

Nach Einsetzen der Beziehungen $E = \frac{U}{d}$ und $m = \frac{4}{3}r^3 \cdot \pi \cdot \rho$ erhält man für den Ladungsbetrag:

$$|q| = \frac{\frac{4}{3}r^3 \cdot \pi \cdot \rho \cdot g}{\frac{U}{d}} = \frac{4r^3 \cdot \pi \cdot \rho \cdot g \cdot d}{3U}$$

$$= \frac{4 \cdot (7{,}8 \cdot 10^{-7}\ \text{m})^3 \cdot \pi \cdot 0{,}880 \cdot 10^3\ \frac{\text{kg}}{\text{m}^3} \cdot 9{,}81\ \frac{\text{m}}{\text{s}^2} \cdot 1{,}20 \cdot 10^{-2}\ \text{m}}{3 \cdot 430\ \text{V}}$$

$$= \underline{\underline{4{,}8 \cdot 10^{-19}\ \text{As}}}$$

Achten Sie auf die korrekte Umrechnung der Einheit für die Dichte:

$$\rho = 0{,}880\ \frac{\text{g}}{\text{cm}^3} = 0{,}880 \cdot \frac{10^{-3}\ \text{kg}}{10^{-6}\ \text{m}^3} = 0{,}880 \cdot 10^3\ \frac{\text{kg}}{\text{m}^3}$$

Einheitenkontrolle:

$$1\ \frac{\text{m}^3 \cdot \frac{\text{kg}}{\text{m}^3} \cdot \frac{\text{m}}{\text{s}^2} \cdot \text{m}}{\text{V}} = 1\ \frac{\text{kg} \cdot \frac{\text{m}^2}{\text{s}^2}}{\text{V}} = 1\ \frac{\text{J}}{\text{V}} = 1\ \frac{\text{VAs}}{\text{V}} = 1\ \text{As}$$

3.3 Führt man viele Versuche durch, d. h. misst man die Ladung vieler unterschiedlicher Tröpfchen, so erhält man folgendes Ergebnis:

- Die Tröpfchen tragen verschieden große Ladungen.
- Die Beträge der gemessenen Ladungen sind im Rahmen der Messgenauigkeit stets ein ganzzahliges Vielfaches von $e = 1{,}6 \cdot 10^{-19}$ As.

Daraus lässt sich schließen, dass alle vorkommenden Ladungen ganzzahlige Vielfache einer kleinsten nicht mehr teilbaren Ladung, der **Elementarladung e**, sind.

3.4 Auf geladene Tröpfchen wirkt in einem Magnetfeld u. a. nur dann die Lorentzkraft, wenn sie eine von null verschiedene Geschwindigkeit haben. Im Schwebezustand ruhen die Tröpfchen jedoch, es würde auf sie keine Lorentzkraft wirken. In einem Magnetfeld lässt sich ein Schwebezustand daher **nicht** erreichen.

Bayern – FOS · BOS 12
Fachabiturprüfung 2008 – Physik: Aufgabe III

1.0 Eine Ionenquelle IQ sendet Protonen (Masse m_p; Ladung q_p) mit vernachlässigbaren Anfangsgeschwindigkeiten aus. Diese Protonen werden im elektrischen Feld zwischen den Platten P_1 und P_2 beschleunigt. Nach Durchlaufen der Beschleunigungsspannung U_B besitzen die Protonen die Geschwindigkeit $\vec{v}_B$. Mit dieser Geschwindigkeit treten die Protonen in ein Magnetfeld mit der Flussdichte $\vec{B}$ ein und werden dort auf eine gekrümmte Bahn gelenkt. Die Anordnung befindet sich im Vakuum. Die Gewichtskraft der Protonen ist für die folgenden Aufgaben vernachlässigbar klein.

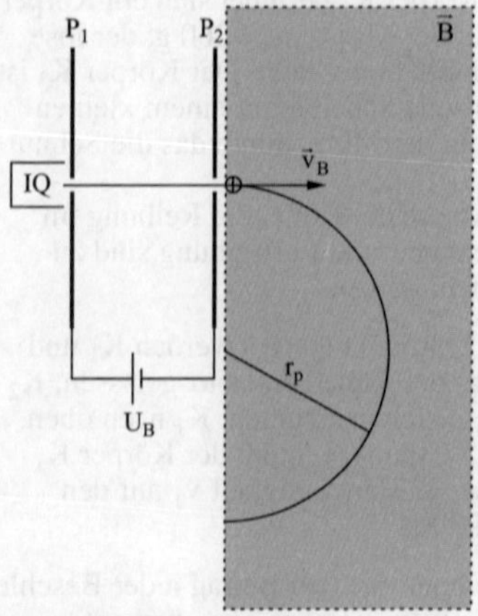

1.1 Leiten Sie eine Formel her, die den Zusammenhang zwischen dem Betrag v_B der Geschwindigkeit $\vec{v}_B$ und der Beschleunigungsspannung U_B aufzeigt. Erläutern Sie dabei Ihren physikalischen Ansatz mit Worten. (3 BE)

1.2 Geben Sie an, unter welchen Bedingungen sich die Protonen im Magnetfeld auf einem Kreisbogen bewegen.
Begründen Sie, dass die Protonen unter diesen Bedingungen im Magnetfeld einen Kreisbogen durchlaufen. (7 BE)

1.3.0 Im Magnetfeld mit der Flussdichte $\vec{B}$ bewegen sich die Protonen auf einem Halbkreis mit dem Radius r_p.

1.3.1 Zeigen Sie durch allgemeine Rechnung, dass gilt:

$$r_p = \sqrt{\frac{2m_p}{q_p}} \cdot \frac{\sqrt{U_B}}{B}$$ (3 BE)

1.3.2 Ein Messversuch liefert folgende Ergebnisse: $U_B = 4{,}8 \cdot 10^2$ V, $B = 60$ mT und $r_p = 5{,}3$ cm.
Berechnen Sie aus diesen Messergebnissen die spezifische Ladung eines Protons. (4 BE)

1.4 Der Betrag B der Flussdichte $\vec{B}$ kann mit einer Hallsonde bestimmt werden. Die Wirkungsweise dieser Sonde beruht auf dem Halleffekt.
Erklären Sie anhand einer beschrifteten Skizze den Halleffekt und zeigen Sie, dass die auftretende Hallspannung U_H direkt proportional zu B ist. (9 BE)

2.0 An den Enden einer Schnur, die über eine an der Decke befestigte Rolle läuft, sind zwei Körper K_1 und K_2 mit den Massen $m_1 = 120$ g und $m_2 = 180$ g befestigt. In der Höhe $h_1 = 18{,}0$ cm über dem Körper K_1 befindet sich ein Körper K_3 mit der Masse $m_3 = 260$ g, der lose auf einem Stativ liegt. Der Körper K_3 ist eine runde Scheibe mit einem kleinen Loch in der Mitte, durch das die Schnur läuft.
Die Masse der Rolle, die Reibung im Rollenlager und Luftreibung sind zu vernachlässigen.

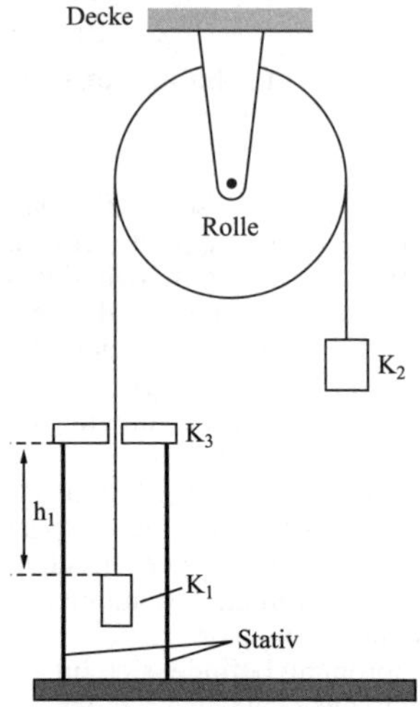

2.1.0 Zum Zeitpunkt $t_0 = 0$ s werden K_1 und K_2 aus der Ruhe heraus losgelassen. K_2 bewegt sich nach unten, K_1 nach oben. Zum Zeitpunkt t_1 stößt der Körper K_1 mit der Geschwindigkeit $\vec{v}_1$ auf den Körper K_3.

2.1.1 Berechnen Sie den Betrag a der Beschleunigung $\vec{a}$, mit der sich K_1 im Zeitintervall $]t_0; t_1[$ nach oben bewegt.
[Ergebnis: $a = 1{,}96\,\frac{m}{s^2}$] (5 BE)

2.1.2 Berechnen Sie den Betrag v_1 der Geschwindigkeit $\vec{v}_1$. (3 BE)

2.2.0 Beim Aufprall auf den Körper K_3 besitzt der Körper K_1 eine Geschwindigkeit mit dem Betrag $v_1 = 0{,}840\,\frac{m}{s}$. Der Stoß von K_1 mit K_3 ist vollkommen unelastisch.

2.2.1 Erläutern Sie, was man unter einem vollkommen unelastischen Stoß versteht. (2 BE)

2.2.2 Die Körper K_1 und K_3 besitzen unmittelbar nach dem Stoß die Geschwindigkeit $\vec{u}$. Berechnen Sie den Betrag u der Geschwindigkeit $\vec{u}$.
[Ergebnis: $u = 0{,}450\,\frac{m}{s}$] (4 BE)

2.2.3 Die Längen der Strecken, welche die Körper K_1, K_2 und K_3 während des vollkommen unelastischen Stoßes von K_1 mit K_3 zurücklegen, sind vernachlässigbar klein, sodass sich die potenziellen Energien der Körper K_1, K_2 und K_3 beim Stoß praktisch nicht verändern.
Berechnen Sie die bei diesem Stoß in Wärme und Deformationsarbeit umgesetzte Energie E_{QV}. (4 BE)

2.3 Betrachtet wird noch einmal die Bewegung der Körper im Zeitintervall $]t_0; t_1[$. Berechnen Sie anhand eines geeigneten Kräfteplans den Betrag F_S der Kraft $\vec{F}_S$, die in diesem Zeitintervall die Schnur auf den Körper K_2 ausübt. (6 BE)

(50 BE)

Tipps und Hinweise zu Aufgabe III

Tipp zu Teilaufgabe 1.1

Die elektrische Kraft verrichtet an den Protonen Arbeit, die ihre kinetische Energie erhöht.

Tipp zu Teilaufgabe 1.2

Überlegen Sie, welche Bedingungen das Magnetfeld, welche Bedingung die Protonen erfüllen müssen.
Auf die Protonen wirkt die Lorentzkraft. Welche Eigenschaften hat sie, welche Folgerungen ergeben sich daraus?

Tipps zu Teilaufgabe 1.3

1.3.1: Die Lorentzkraft ist die für eine Kreisbahn notwendige Zentralkraft. Die Protonengeschwindigkeit erhält man aus 1.1.

1.3.2: Formen Sie die in 1.3.1 angegebene Beziehung nach $\frac{q_p}{m_p}$ um und setzen Sie die gegebenen Daten ein. Eine Einheitenkontrolle ist hier angebracht.

Tipp zu Teilaufgabe 1.4

Denken Sie daran, dass die Skizze beschriftet ist und alle notwendigen Elemente enthält. Überlegen Sie, welche Kräfte wirken und welcher Zustand sich ergibt.

Tipps zu Teilaufgabe 2.1

2.1.1: Die beschleunigende Kraft ergibt sich aus den Gewichtskräften (Differenz!). Denken Sie daran, dass beide Massen zusammen beschleunigt werden.

2.1.2: Aus der Beschleunigung und der zurückgelegten Strecke ergibt sich die Geschwindigkeit.

Tipps zu Teilaufgabe 2.2

2.2.1: Überlegen Sie, was bei einem unelastischen Stoß geschieht bzw. nicht mehr geschieht. Führen Sie eine Energiebetrachtung durch.

2.2.2: Wenden Sie den Impulserhaltungssatz an, beachten Sie die beteiligten Massen.

2.2.3: Vergleichen Sie die kinetischen Energie vor und nach dem Stoß.

Tipp zu Teilaufgabe 2.3

Auf den Körper K_2 wirkt die Gewichtskraft und die Fadenkraft. Überlegen Sie, welche Bedeutung die Resultierende dieser beiden Kräfte hat.

Lösung zu Aufgabe III

1.1 Zwischen den parallelen Platten P_1 und P_2 herrscht ein homogenes elektrisches Feld. Die elektrische Kraft $\vec{F}_{el}$, die die Protonen beschleunigt, ist deshalb konstant, sie ist parallel zum Weg gerichtet. Für die durch diese Kraft zwischen den Platten (Abstand d, Feldstärke $\vec{E}$) an den Protonen verrichtete mechanische Arbeit gilt damit:

$$W_{mech} = F_{el} \cdot d = q_p \cdot E \cdot d = q_p \cdot U_B$$

Die kinetische Energie W_{kin} der Protonen nimmt dabei um W_{mech} zu. Da die Anfangsgeschwindigkeit und damit die kinetische Energie der Protonen vor der Beschleunigung durch $\vec{F}_{el}$ vernachlässigbar ist, gilt für ihre kinetische Energie beim Eintritt in das Magnetfeld:

$$E_{kin} = W_{mech}$$

$$\frac{1}{2} m_p \cdot v_B^2 = q_p \cdot U_B$$

$$\Rightarrow \quad \underline{\underline{v_B = \sqrt{\frac{2q_p \cdot U_B}{m_p}}}} \qquad (*)$$

1.2 **Bedingungen** für die Bewegung auf einem Kreisbogen sind:
- Das Magnetfeld muss homogen und zeitlich konstant sein, d. h. $\vec{B} = \text{konst.}$ unabhängig vom Ort und von der Zeit.
- Die Eintrittsgeschwindigkeit $\vec{v}_B$ muss senkrecht zur Flussdichte $\vec{B}$ gerichtet sein.

Begründung:
- Auf die Protonen wirkt nur die Lorentzkraft $\vec{F}_L = q \cdot \vec{v} \times \vec{B}$
- Wegen $\vec{v}_B \perp \vec{B}$ und $\vec{F}_L \perp \vec{B}$ gibt es keine Bewegung der Protonen in Richtung des Magnetfeldes, die Protonen bewegen sich in einer zu $\vec{B}$ senkrechten Ebene.
- Da stets $\vec{F}_L \perp \vec{v}$ gilt, bleibt der Geschwindigkeitsbetrag konstant: $|\vec{v}| = |\vec{v}_B| = \text{konst.}$
- Für den Betrag der Lorentzkraft gilt damit:

$$|\vec{F}_L| = q \cdot |\vec{v}| \times |\vec{B}| = \text{konst.}$$

Die Lorentzkraft ist eine Kraft mit konstantem Betrag, die stets senkrecht zur Geschwindigkeit gerichtet ist; sie hat hier die Funktion einer Zentralkraft. Die Protonen bewegen sich auf einem Kreisbogen.

1.3.1 Nach 1.2 gilt für die Kreisbahn $\vec{F}_L = \vec{F}_Z$ bzw. für die Beträge:

$$F_L = F_Z$$

$$q_p \cdot v_B \cdot B = m_p \cdot \frac{v_B^2}{r_p} \quad \Rightarrow \quad r_p = \frac{m_p \cdot v_B}{q_p \cdot B}$$

Nach Einsetzen der Formel (*) aus 1.1 für die Geschwindigkeit folgt:

$$r_p = \frac{m_p}{q_p \cdot B} \cdot \sqrt{\frac{2q_p \cdot U_B}{m_p}} = \frac{1}{B} \cdot \sqrt{\frac{2m_p \cdot U_B}{q_p}}$$

$$= \underline{\underline{\sqrt{\frac{2m_p}{q_p}} \cdot \frac{\sqrt{U_B}}{B}}}$$

1.3.2 Durch Quadrieren der in 1.3.1 hergeleiteten Beziehung erhält man

$$r_p^2 = \frac{2m_p}{q_p} \cdot \frac{U_B}{B^2}$$

und nach Umstellen für die spezifische Ladung:

$$\frac{q_p}{m_p} = \frac{2U_B}{r_p^2 \cdot B^2}$$

$$= \frac{2 \cdot 4{,}8 \cdot 10^2\ \text{V}}{(5{,}3 \cdot 10^{-2}\ \text{m})^2 \cdot (60 \cdot 10^{-3}\ \text{T})^2}$$

$$= \underline{\underline{9{,}5 \cdot 10^7\ \frac{\text{As}}{\text{kg}}}}$$

Einheitenkontrolle:

$$1\,\frac{\text{V}}{\text{m}^2 \cdot \text{T}^2} = 1\,\frac{\text{V}}{\text{m}^2 \cdot \left(\frac{\text{Vs}}{\text{m}^2}\right)^2} = 1\,\frac{\text{V} \cdot \text{m}^2}{\text{V}^2 \cdot \text{s}^2} = 1\,\frac{\text{m}^2}{\text{V} \cdot \text{s}^2} \cdot \frac{\text{kg}}{\text{kg}} = 1\,\frac{\frac{\text{kg} \cdot \text{m}^2}{\text{s}^2}}{\text{V} \cdot \text{kg}} = 1\,\frac{\text{VAs}}{\text{V} \cdot \text{kg}} = 1\,\frac{\text{As}}{\text{kg}}$$

1.4 **Skizze zum Halleffekt**

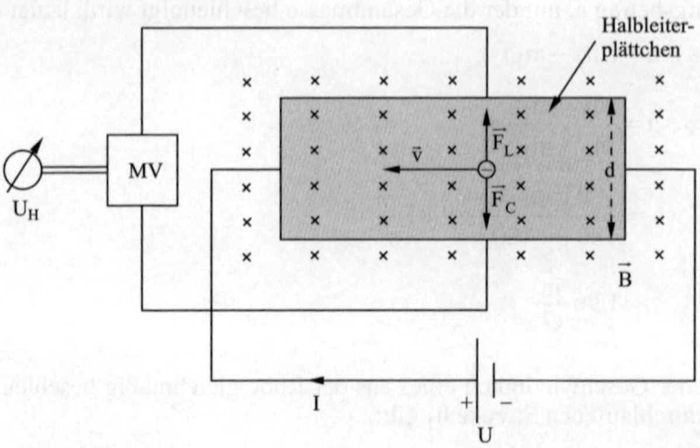

Erklärung

Das Halbleiterplättchen befindet sich in einem homogenen Magnetfeld der Kraftflussdichte $\vec{B}$. Es wird vom Strom I durchflossen. Die negativen Ladungsträger (Elektronen) bewegen sich dabei von rechts nach links, wobei gilt:

$$\vec{v} \perp \vec{B}$$

Auf die Elektronen wirkt die Lorentzkraft $\vec{F}_L = -e \cdot \vec{v} \times \vec{B}$. Sie steht sowohl auf $\vec{v}$ als auch auf $\vec{B}$ senkrecht. Damit entsteht an der oberen Kante des Plättchens ein Elektronenüberschuss und folglich zwischen der oberen und unteren Kante eine Spannung U_H. Im elektrischen Feld zwischen den beiden Kanten wirkt auf die Elektronen dann zusätzlich die Coulombkraft $\vec{F}_C = -e \cdot \vec{E}$. Sie ist der Lorentzkraft $\vec{F}_L$ entgegengerichtet, ihr Betrag nimmt mit wachsendem Elektronenüberschuss an der oberen Kante zu. Sind die Beträge beider Kräfte gleich, so gelangen keine weiteren Elektronen mehr nach oben. Die Spannung U_H bleibt konstant.

Hallspannung
Im Gleichgewichtszustand gilt für die Beträge der Kräfte:

$$F_C = F_L$$
$$e \cdot E = e \cdot v \cdot B$$

Darin $E = \frac{U_H}{d}$ eingesetzt ergibt:

$$\frac{U_H}{d} = v \cdot B$$
$$U_H = v \cdot d \cdot B$$

Die Breite d des Halbleiterplättchens ist konstant. Fließt ein konstanter Gleichstrom I, so ist auch die Geschwindigkeit v der Ladungsträger konstant. Daraus folgt:

$$\underline{\underline{U_H \sim B}}$$

2.1.1 Auf die beiden Körper K_1 und K_2 wirken die Gewichtskräfte $\vec{F}_{G1}$ bzw. $\vec{F}_{G2}$. Da $\vec{F}_{G2}$ die betragsmäßig größere Kraft ist, bewegt sich der Körper K_2 nach unten und K_1 nach oben.
Für den Betrag F_a der beschleunigenden Kraft $\vec{F}_a$ gilt:

$$F_a = F_{G2} - F_{G1} = (m_2 - m_1) \cdot g$$

Der Beschleunigungsbetrag a, mit der die Gesamtmasse beschleunigt wird, lautet damit:

$$(m_1 + m_2) \cdot a = (m_2 - m_1) \cdot g$$
$$\Rightarrow \quad a = \frac{m_2 - m_1}{m_2 + m_1} \cdot g$$
$$= \frac{180\text{ g} - 120\text{ g}}{180\text{ g} + 120\text{ g}} \cdot 9{,}81\,\frac{\text{m}}{\text{s}^2}$$
$$\underline{\underline{= 1{,}96\,\frac{\text{m}}{\text{s}^2}}}$$

2.1.2 Für den Betrag v_1 der Geschwindigkeit eines aus der Ruhe gleichmäßig beschleunigten Körpers nach der durchlaufenen Strecke h_1 gilt:

$$v_1^2 = 2a \cdot h_1$$
$$v_1 = \sqrt{2 \cdot 1{,}96\,\frac{\text{m}}{\text{s}^2} \cdot 0{,}180\text{ m}}$$
$$\underline{\underline{= 0{,}840\,\frac{\text{m}}{\text{s}}}}$$

2.2.1 Beim vollkommen unelastischen Stoß fehlen jegliche elastische Kräfte. Die Verformungen bleiben bestehen, die bilden sich nicht wieder zurück. Nach dem Stoß bleiben beide Massen zusammen, sie bewegen sich mit der gemeinsamen Geschwindigkeit $\vec{u}$ weiter. Beim vollkommen elastischen Stoß gilt für die kinetische Energie der Energieerhaltungssatz, beim vollkommen unelastischen Stoß geht der größtmögliche Anteil an kinetischer Energie dem System verloren (Umwandlung in Wärme und Verformungsarbeit).

Die Maßangabe „größtmöglich" für den auftretenden Energieverlust bezieht sich auf den Umstand, dass vollkommen elastische bzw. unelastische Stöße jeweils modellhafte Idealisierungen darstellen; reale Stöße nehmen stets eine Zwischenstellung ein, sind also teilweise elastisch bzw. unelastisch. Der reale Verlust an kinetischer Energie liegt daher zwischen null beim vollkommen elastischen Stoß und einem maximalen Verlust beim vollkommen unelastischen Stoß.

2.2.2 Ausgangspunkt ist der Impulserhaltungssatz, der auch für den vollkommen unelastischen Stoß uneingeschränkte Gültigkeit besitzt. Für den Gesamtimpuls gilt:

$$(m_1 + m_2) \cdot v_1 = (m_1 + m_2 + m_3) \cdot u$$

$$u = \frac{m_1 + m_2}{m_1 + m_2 + m_3} \cdot v_1$$

$$= \frac{120\,g + 180\,g}{120\,g + 180\,g + 260\,g} \cdot 0{,}840\,\frac{m}{s}$$

$$= \underline{\underline{0{,}450\,\frac{m}{s}}}$$

2.2.3 Die Bilanz der kinetischen Energien vor und nach dem Stoß lautet:

$$E_{kin,\,vor} = \frac{m_1 + m_2}{2} \cdot v_1^2 = \frac{0{,}120 + 0{,}180}{2}\,kg \cdot \left(0{,}840\,\frac{m}{s}\right)^2 = 106\,mJ$$

$$E_{kin,\,nach} = \frac{m_1 + m_2 + m_3}{2} \cdot u^2 = \frac{0{,}120 + 0{,}180 + 0{,}260}{2}\,kg \cdot \left(0{,}450\,\frac{m}{s}\right)^2$$

$$= 56{,}7\,mJ$$

$$\Rightarrow \quad E_{QV} = E_{kin,\,vor} - E_{kin,\,nach} = 106\,mJ - 56{,}7\,mJ = \underline{\underline{49{,}3\,mJ}}$$

2.3 Die beschleunigende Kraft $\vec{F}_{a,2}$ ist die aus der Gewichtskraft $\vec{F}_{G2}$ und der vom Faden ausgeübten Kraft $\vec{F}_S$ resultierende Kraft. Es gilt also:

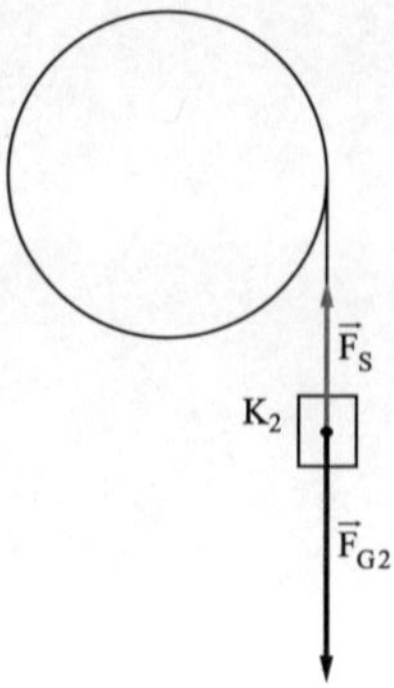

$$\vec{F}_{a,2} = \vec{F}_{G2} + \vec{F}_S$$

Für die Beträge ergibt sich aus der Skizze:

$$F_{a,2} = F_{G2} - F_S$$

$$F_S = F_{G2} - F_{a,2}$$

$$= m_2 \cdot g - m_2 \cdot a$$

$$= m_2 \cdot (g - a)$$

$$= 0{,}180\,kg \cdot (9{,}81 - 1{,}96)\,\frac{m}{s^2}$$

$$= \underline{\underline{1{,}41\,N}}$$

Bayern – FOS · BOS 12
Fachabiturprüfung 2009 – Physik: Aufgabe I

1.0 Die Strecke, die ein Fahrzeug beim Abbremsen von einer Anfangsgeschwindigkeit $\vec{v}_0$ bis in den Stillstand zurücklegt, bezeichnet man als Bremsweg.

1.1 Die Faustregel für die Länge s des Bremsweges, wie sie in Fahrschullehrbüchern angegeben wird, lautet:

„Man teilt den in $\frac{km}{h}$ angegebenen Betrag v_0 der Anfangsgeschwindigkeit $\vec{v}_0$ durch 10, bildet das Quadrat des Quotienten und erhält die Maßzahl der in Meter gemessenen Länge s des Bremsweges."

Berechnen Sie mit dieser Faustregel die Länge s des Bremsweges für eine Anfangsgeschwindigkeit $\vec{v}_0$ mit dem Betrag $v_0 = 50\,\frac{km}{h}$ und den mittleren Betrag a_v der Beschleunigung (Verzögerung) $\vec{a}_v$, die nach der Faustregel wirksam sein müsste. (5 BE)

1.2.0 Mit einem Auto werden Bremstests durchgeführt. Dabei wird das Auto auf einer geradlinigen und horizontal verlaufenden Teststrecke von unterschiedlich großen Anfangsgeschwindigkeiten $\vec{v}_0$ in den Stillstand abgebremst und die jeweils zugehörige Länge s des Bremsweges gemessen. Man erhält folgende Messergebnisse:

v_0 in $\frac{km}{h}$	35	50	75	100
s in m	6,0	12,4	27,8	49,5

1.2.1 Bestimmen Sie durch grafische Auswertung der Messreihe, wie s vom Betrag v_0 der Anfangsgeschwindigkeit $\vec{v}_0$ abhängt. (5 BE)

1.2.2 Geben Sie den Zusammenhang zwischen s und v_0 in Form einer Gleichung an und bestimmen Sie die in der Gleichung auftretende Konstante k aus dem Diagramm von 1.2.1.

[Ergebnis: $k = 0{,}064\,\frac{s^2}{m}$] (3 BE)

1.2.3 Nehmen Sie an, dass die bei den Tests auftretende Beschleunigung (Verzögerung) konstant ist.
Berechnen Sie den Betrag der Verzögerung $\vec{a}$ aus der Konstanten k. (4 BE)

1.3 Bei der Auswertung sehr vieler Bremstests erhält man für den maximalen Betrag der auftretenden Verzögerungen den Wert $a_{max} = 8{,}4\,\frac{m}{s^2}$.

Berechnen Sie die Reibungszahl μ_H für die Haftreibung zwischen den Autoreifen und dem Fahrbahnbelag. (4 BE)

2.0 Bei einem Crashtest fährt ein Auto A_1, auf dessen Fahrersitz ein Dummy (Puppe für Unfalltests) angegurtet ist, auf einer horizontal verlaufenden Teststrecke mit einer Geschwindigkeit vom Betrag $v_1 = 50\,\frac{km}{h}$ ungebremst auf ein vor ihm stehendes Auto A_2 auf. Bereits vor dem Aufprall wird beim Auto A_1 in den Leerlauf geschaltet. Auch beim Auto A_2 ist der Leerlauf eingelegt und die Bremsen sind nicht angezogen.
Beim Zusammenstoß verhaken sich die beiden Autos so ineinander, dass der Zusammenstoß als vollkommen unelastischer zentraler Stoß angesehen werden kann.
Die Gesamtmasse von Auto A_1 mit Dummy beträgt $m_1 = 880$ kg. Das Auto A_2 hat die Masse $m_2 = 1{,}12$ t. Die während des Zusammenstoßes auftretenden Verluste durch die Fahrwiderstände (Rollreibung, Luftwiderstand, ...) der beiden Autos sind zu vernachlässigen.

2.1 Unmittelbar nach dem Zusammenstoß besitzen die beiden Autos die Geschwindigkeit $\vec{u}$. Leiten Sie eine Formel her, mit der man den Betrag u dieser Geschwindigkeit $\vec{u}$ berechnen kann.
Berechnen Sie u.
[Ergebnis: $u = 22\,\frac{km}{h}$] (4 BE)

2.2 Der Dummy hat die Masse $m_D = 60$ kg. Beim Aufprall verliert er den Kontakt zum Fahrersitz und wird nur von den Gurten innerhalb von 0,40 s abgefangen.
Berechnen Sie den mittleren Betrag der Kraft, mit der die Sicherheitsgurte den Dummy beim unter 2.0 beschriebenen Aufprall halten müssen.
Erläutern Sie dabei kurz Ihren physikalischen Ansatz. (4 BE)

3.0 Eine flache Spule hat die Windungszahl N_S und einen quadratischen Querschnitt mit der Seitenlänge a. Diese Spule befindet sich im homogenen Magnetfeld zwischen einem Nordpol N und einem Südpol S (siehe nebenstehende Skizze). Die magnetische Flussdichte $\vec{B}$ ist zeitlich konstant und hat den Betrag B.

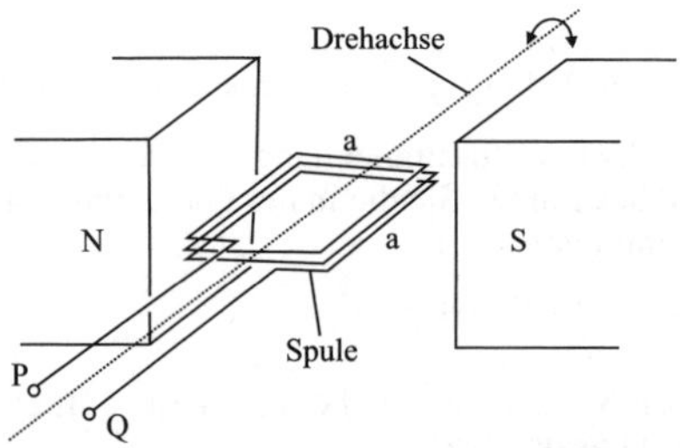

Wird die Spule mit konstanter Winkelgeschwindigkeit ω um eine senkrecht zu den Feldlinien stehende Achse gedreht, tritt zwischen den Spulenenden P und Q eine Induktionswechselspannung U auf.

3.1 Zum Zeitpunkt $t_0 = 0$ s ist der magnetische Fluss Φ durch die Spule maximal.
Bestimmen Sie mit den unter 3.0 angegebenen Größen eine Gleichung, die den zeitlichen Verlauf des magnetischen Flusses Φ beschreibt, und bestätigen Sie mithilfe des Induktionsgesetzes, dass für den Scheitelwert $\hat{U}$ der Induktionsspannung U gilt:

$$\hat{U} = N_S \cdot B \cdot a^2 \cdot \omega$$ (3 BE)

3.2.0 Die Spule hat die Windungszahl $N_S = 250$, ihr Querschnitt die Seitenlänge $a = 5{,}0$ cm. Für den zeitlichen Verlauf der Induktionsspannung U gilt:

$$U(t) = 15\,\text{V} \cdot \sin\left(80\pi \frac{1}{\text{s}} \cdot t\right)$$

Die Enden P und Q der Spule sind nun leitend verbunden. Der ohmsche Widerstand des geschlossenen Stromkreises beträgt $R = 75\ \Omega$. Der induktive Widerstand der Spule ist gegenüber dem ohmschen Widerstand R vernachlässigbar klein.

3.2.1 Berechnen Sie die Periodendauer T der Induktionswechselspannung U und den Betrag B der magnetischen Flussdichte $\vec{B}$. (4 BE)

3.2.2 Bestimmen Sie eine Gleichung mit eingesetzten Werten für die Zeitabhängigkeit der momentanen Leistung P(t) des Stromkreises und skizzieren Sie den zeitlichen Verlauf von P(t) für $0 \leq t \leq T$ in einem t-P-Diagramm.

Maßstab: 2,5 ms ≙ 1 cm; 0,50 W ≙ 1 cm (6 BE)

3.2.3 Kennzeichnen Sie im t-P-Diagramm von Teilaufgabe 3.2.2 die Energie W, die während einer Periode T durch den ohmschen Widerstand R in Wärme umgesetzt wird, und berechnen Sie W. (4 BE)

3.3 Die Spule ruht nun in der im Bild von 3.0 dargestellten Position. Das Spulenende P wird mit dem Pluspol, das Ende Q mit dem Minuspol einer Gleichspannungsquelle verbunden.
Begründen Sie, dass sich die Spule zu drehen beginnt, und geben Sie den Drehsinn an. (4 BE)

(50 BE)

Tipps und Hinweise zu Aufgabe I

Tipps zu Teilaufgabe 1.1

- Die Rechnung bezieht sich nur auf die Maßzahlen der beiden Größen. Achten Sie auf eine korrekte Darstellung.
- Achten Sie bereits im Ansatz für den Betrag der Beschleunigung darauf, dass der Betrag stets positiv ist.

Tipps zu Teilaufgabe 1.2

- **1.2.1:** Als grafischer Nachweis kann nur eine Gerade dienen. Da s und v_0 sicher nicht direkt proportional sind, muss die Messtabelle erst entsprechend aufbereitet werden. Der Bremsweg s ist abhängig von v_0. Ordnen Sie die Achsen richtig an.
- **1.2.2:** Tragen Sie ins Diagramm ein Steigungsdreieck mit gut ablesbaren Werten ein. Die Ablesegenauigkeit ist oft geringer als die Genauigkeit der Tabellenwerte.
- **1.2.3:** In der Formelsammlung finden Sie eine geeignete Beziehung für den gesuchten Zusammenhang. Vergleichen Sie mit dem Ergebnis von 1.2.2.

Tipp zu Teilaufgabe 1.3

- Die maximale Bremskraft ist nur so groß wie die mögliche Reibungskraft.

Tipps zu Teilaufgabe 2

- **2.1:** Bei einem vollkommen unelastischen Stoß gilt nur der Impulserhaltungssatz.
- **2.2:** Kraftstoß = Impulsänderung. Der Betrag der Geschwindigkeit des Dummy wird von v_1 auf den Wert u geändert.

Tipp zu Teilaufgabe 3.1

- Der Kraftfluss durch die Spule ist maximal, wenn die Fläche senkrecht zur Feldrichtung steht.

Tipps zu Teilaufgabe 3.2

- **3.2.1:** Die Periodendauer T ergibt sich aus ω, für den Betrag der Kraftflussdichte verwenden Sie das Ergebnis aus 3.1.
- **3.2.2:** Die Leistung ist das Produkt aus Spannung und Stromstärke. Die Stromstärke ist mit der Spannung über den ohmschen Widerstand verknüpft. Die Leistung wird nicht negativ.

3.2.3: Die Fläche unter dem Graphen von 3.2.2 beschreibt die Energie. Verwenden Sie für die Berechnung die Effektivwerte.

Tipp zu Teilaufgabe 3.3

- Auf die stromdurchflossenen Leiterstücke der Spule wird im Magnetfeld eine Kraft ausgeübt. Überlegen Sie, in welche Richtung diese Kraft bei den entsprechenden Leiterstücken zeigt.

Lösung zu Aufgabe I

1.1 Es ist

$$\left(\frac{v_0}{10}\right)^2 = \left(\frac{50}{10}\frac{\text{km}}{\text{h}}\right)^2 = 25\left(\frac{\text{km}}{\text{h}}\right)^2$$

Nach der Faustregel gilt dann für den Bremsweg:

$$\underline{\underline{s = 25\ \text{m}}}$$

Für den Betrag a_v der Beschleunigung $\vec{a}_v$ gilt allgemein:

$$2a_v \cdot s = |v^2 - v_0^2|$$

Mit $s = 25$ m, $v_0 = 50\,\frac{\text{km}}{\text{h}} = \frac{50}{3{,}6}\,\frac{\text{m}}{\text{s}}$ und $v = 0$ erhält man:

$$a_v = \frac{\left|-\left(\frac{50\ \text{m}}{3{,}6\ \text{s}}\right)^2\right|}{2 \cdot 25\ \text{m}} = \underline{\underline{3{,}9\,\frac{\text{m}}{\text{s}^2}}}$$

1.2.1 Nach 1.1 oder aus der Tabelle (Messungen 2 und 4) erkennt man, dass die Länge s des Bremsweges vom Quadrat der Geschwindigkeit abhängt.

v_0^2 in $10^2\left(\frac{\text{m}}{\text{s}}\right)^2$	0,95	1,9	4,3	7,7
s in m	6,0	12,4	27,8	49,5

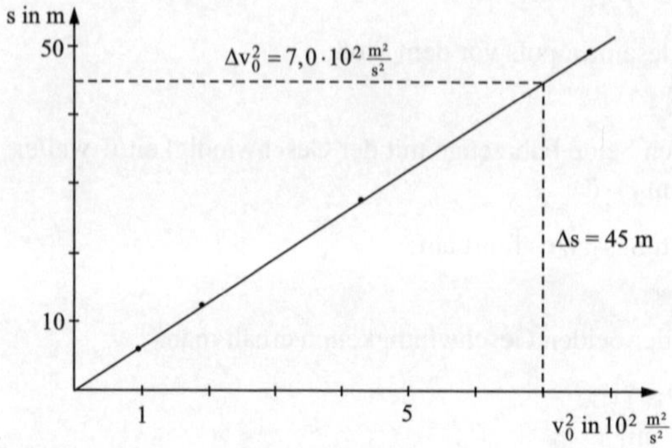

Die Messpunkte liegen auf einer **Ursprungsgeraden**, sodass folgt: $\underline{\underline{s \sim v_0^2}}$

1.2.2 Es gilt also $s = k \cdot v_0^2$ und damit:

$$k = \frac{s}{v_0^2} = \frac{\Delta s}{\Delta v_0^2}$$

Aus der Grafik zu Teilaufgabe 1.2.1 entnimmt man ein passendes Wertepaar und erhält:

$$k = \frac{45\ \text{m}}{7{,}0 \cdot 10^2\,\frac{\text{m}^2}{\text{s}^2}} = \underline{\underline{0{,}064\,\frac{\text{s}^2}{\text{m}}}}$$

1.2.3 Für den Betrag a der Verzögerung $\vec{a}$ gelten folgende Zusammenhänge:

Nach 1.1: $2as = v_0^2$ bzw. $s = \frac{1}{2a} \cdot v_0^2$

Nach 1.2.2: $s = k \cdot v_0^2$

Der Vergleich beider Formeln zeigt:

$$k = \frac{1}{2a} \quad \Leftrightarrow \quad a = \frac{1}{2k}$$

$$\Rightarrow \quad a = \frac{1}{2 \cdot 0{,}064 \,\frac{s^2}{m}} = \underline{\underline{7{,}8 \,\frac{m}{s^2}}}$$

1.3 Die maximale Bremskraft $\vec{F}_{max}$ ist die maximal mögliche Reibungskraft $\vec{F}_{R,\,max}$, also:

$$\vec{F}_{max} = \vec{F}_{R,\,max}$$

Für die Beträge dieser Kräfte gilt dann bei der abzubremsenden Masse m:

$$m \cdot a_{max} = \mu_H \cdot m \cdot g$$

$$\Rightarrow \quad \mu_H = \frac{a_{max}}{g} = \frac{8{,}4 \,\frac{m}{s^2}}{9{,}81 \,\frac{m}{s^2}} = \underline{\underline{0{,}86}}$$

2.1 Bei dem vollkommen unelastischen Stoß bleibt nach dem Impulserhaltungssatz der Gesamtimpuls des Systems, bestehend aus den beiden Fahrzeugen A_1 und A_2, konstant. Es ist vor dem Stoß:

$$\vec{p}_{A_1} = m_1 \cdot \vec{v}_1 \quad \text{und} \quad \vec{p}_{A_2} = m_2 \cdot \vec{v}_2$$

Wegen $\vec{v}_2 = \vec{0}$ gilt für den Gesamtimpuls vor dem Stoß:

$$\vec{p}_{ges,\,vor} = \vec{p}_{A_1} = m_1 \cdot \vec{v}_1$$

Nach dem Stoß bewegen sich beide Fahrzeuge mit der Geschwindigkeit $\vec{u}$ weiter:

$$\vec{p}_{ges,\,nach} = (m_1 + m_2) \cdot \vec{u}$$

Anwenden des Impulserhaltungssatzes führt auf:

$$\vec{p}_{ges,\,nach} = \vec{p}_{ges,\,vor}$$

Mit den Beträgen v_1 und u der beiden Geschwindigkeiten erhält man:

$$(m_1 + m_2) \cdot u = m_1 \cdot v_1$$

$$\Rightarrow \quad u = \frac{m_1}{m_1 + m_2} \cdot v_1$$

$$= \frac{880 \text{ kg}}{(880 + 1{,}12 \cdot 10^3) \text{ kg}} \cdot 50 \,\frac{km}{h} = \underline{\underline{22 \,\frac{km}{h}}}$$

2.2 Der Dummy wird innerhalb der Zeit $\Delta t = 0{,}40$ s von der Geschwindigkeit $\vec{v}_1$ auf die Geschwindigkeit $\vec{u}$ abgebremst. Für diese Geschwindigkeitsänderung ist eine Kraft $\vec{F}$ erforderlich, die über die Sicherheitsgurte auf den Dummy ausgeübt wird. Der so bewirkte Kraftstoß ist gleich der Impulsänderung, die der Dummy erfährt:

$$\vec{F} \cdot \Delta t = m_D \cdot \Delta v = m_D \cdot (\vec{u} - \vec{v}_1)$$

Für die Beträge der vektoriellen Größen folgt:

$$F \cdot \Delta t = m_D \cdot |u - v|$$

$$\Rightarrow \quad F = m_D \cdot \frac{|u - v|}{\Delta t}$$

$$= 60\,\text{kg} \cdot \frac{\left| \frac{22}{3{,}6} - \frac{50}{3{,}6} \right| \frac{\text{m}}{\text{s}}}{0{,}40\,\text{s}} = \underline{\underline{1{,}2 \cdot 10^3\,\text{N}}}$$

3.1 Für den maximalen Fluss gilt:

$$\Phi_{max} = B \cdot a^2$$

Da für $t_0 = 0$ s der Fluss maximal ist, gilt für den zeitlichen Verlauf:

$$\Phi(t) = B \cdot a^2 \cdot \cos(\omega \cdot t)$$

Nach dem Induktionsgesetz gilt für die Induktionsspannung:

$$U(t) = -N_S \cdot \dot{\Phi}(t)$$

$$= -N_S \cdot B \cdot a^2 \cdot \omega \cdot (-\sin(\omega \cdot t))$$

$$= \hat{U} \cdot \sin(\omega \cdot t), \quad \text{wobei } \underline{\underline{\hat{U} = N_S \cdot B \cdot a^2 \cdot \omega}}$$

3.2.1 Periodendauer:

$$T = \frac{2\pi}{\omega}$$

$$= \frac{2\pi}{80\pi \cdot s^{-1}} = \underline{\underline{25 \cdot 10^{-3}\,\text{s}}}$$

Für den Betrag B der magnetischen Flussdichte $\vec{B}$ gilt nach Teilaufgabe 3.1:

$$B = \frac{\hat{U}}{N_S \cdot a^2 \cdot \omega}$$

$$= \frac{15\,\text{V}}{250 \cdot (5{,}0 \cdot 10^{-2}\,\text{m})^2 \cdot 80\pi\,\text{s}^{-1}} = \underline{\underline{95\,\text{mT}}}$$

3.2.2 Für die momentane Leistung gilt:

$$P(t) = U(t) \cdot I(t)$$

Mit $I(t) = \frac{U(t)}{R}$ folgt:

$$P(t) = \frac{1}{R} \cdot (U(t))^2 = \frac{\hat{U}^2}{R} \cdot \sin^2(\omega \cdot t)$$

$$= \frac{(15\,\text{V})^2}{75\,\Omega} \cdot \sin^2(80\pi\,\text{s}^{-1} \cdot t)$$

$$= \underline{\underline{3{,}0\,\text{W} \cdot \sin^2(80\pi\,\text{s}^{-1} \cdot t)}}$$

t-P-Diagramm:

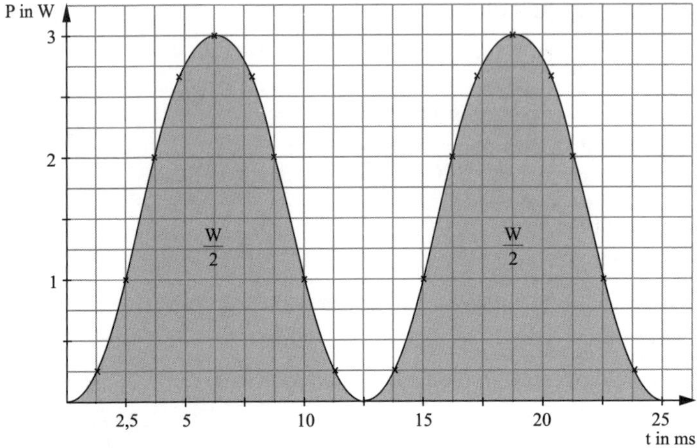

3.2.3 Für die Energie W gilt allgemein:

$$W = \int_0^T P(t)\,dt$$

Ihr entspricht im t-P-Diagramm von Teilaufgabe 3.2.2 die grau schraffierte Fläche.

Ausgedrückt durch die Effektivwerte gilt für die Periode T auch:

$$W = U_{eff} \cdot I_{eff} \cdot T$$

$$= \frac{\hat{U}}{\sqrt{2}} \cdot \frac{\hat{U}}{\sqrt{2}} \cdot \frac{1}{R} \cdot T$$

$$= \frac{\hat{U}^2}{2} \cdot \frac{T}{R}$$

$$= \frac{(15\ \text{V})^2 \cdot 25 \cdot 10^{-3}\ \text{s}}{2 \cdot 75\ \Omega} = \underline{\underline{38\ \text{mJ}}}$$

3.3 Die Spule wird von einem Strom der Stromstärke I durchflossen. Auf alle Leiterstücke wirkt deshalb die Kraft $\vec{F} = I \cdot (\vec{a} \times \vec{B})$, wobei $\vec{a}$ in die technische Stromrichtung zeigt. Dabei gilt stets:

$$\vec{F} \perp \vec{a} \quad \text{und} \quad \vec{F} \perp \vec{B}$$

Auf die Leiterstücken die parallel zur Drehachse liegen wirkt deshalb die Kraft $\vec{F}$ nach „oben" bzw. nach „unten". In den „linken" Leiterstücken fließt der Strom von P weg, in den „rechten" auf Q zu. Nach der Dreifingerregel der rechten Hand wirkt die Kraft $\vec{F}$ deshalb in den „linken" Leiterstücken nach „unten", in den rechten nach „oben". Es entsteht ein Drehmoment, die Spule beginnt sich **gegen den Uhrzeigersinn** (von P, Q aus betrachtet) zu drehen.

Auf die Leiterstücke senkrecht zur Drehachse wirkt die Kraft $\vec{F}$ in Richtung der Drehachse, leistet also keinen Beitrag zum Drehmoment.

Bayern – FOS · BOS 12
Fachabiturprüfung 2009 – Physik: Aufgabe II

1.0 Die Bahn, auf der sich die Erde um die Sonne bewegt, kann in guter Näherung als eine Kreisbahn mit dem Radius $R = 1{,}496 \cdot 10^{11}$ m angesehen werden. Für einen Umlauf benötigt die Erde die Zeit $T = 1{,}00$ a.

Die Gravitationskonstante beträgt $G = 6{,}673 \cdot 10^{-11} \frac{m^3}{kg \cdot s^2}$.

1.1 Berechnen Sie den Betrag v_E der Bahngeschwindigkeit der Erde. (2 BE)

1.2 Leiten Sie aus dem Gravitationsgesetz eine Formel her, mit der die Masse m_S der Sonne aus den unter 1.0 gegebenen Größen berechnet werden kann, und berechnen Sie m_S. (5 BE)

1.3.0 Der Asteroid 2007 TU_{24} bewegt sich auf einer elliptischen Bahn mit der großen Halbachse $a = 3{,}007 \cdot 10^{11}$ m um die Sonne. Im Perihel P ist der Abstand des Asteroiden vom Massenmittelpunkt der Sonne am geringsten und beträgt $r_P = 1{,}421 \cdot 10^{11}$ m. Hier besitzt er die Geschwindigkeit $\vec{v}_P$ mit dem Betrag $v_P = 37{,}9 \frac{km}{s}$. Siehe nebenstehende, nicht maßstabsgetreue Skizze.

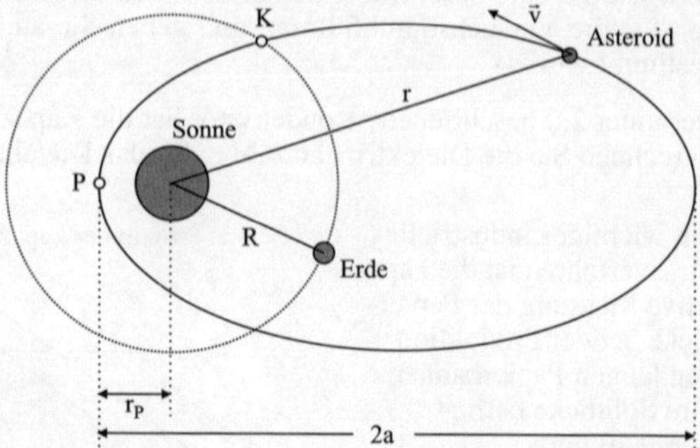

1.3.1 Berechnen Sie aus der Umlaufdauer T und dem Bahnradius R der Erde sowie der großen Halbachse a der Umlaufbahn des Asteroiden die Umlaufdauer T_A des Asteroiden. (4 BE)

1.3.2 Der Betrag v der Bahngeschwindigkeit $\vec{v}$ des Asteroiden ist abhängig von der momentanen Entfernung r des Asteroiden zum Massenmittelpunkt der Sonne.
Zeigen Sie mithilfe des 2. Kepler'schen Gesetzes, dass in guter Näherung gilt:
Das Produkt $r \cdot v$ ist konstant, d. h. unabhängig von der momentanen Entfernung r. (4 BE)

1.3.3 Der Asteroid 2007 TU_{24} ist ein sogenannter Erdbahnkreuzer. Im Punkt K seiner Umlaufbahn fliegt der Asteroid in geringem Abstand über die Erdumlaufbahn hinweg. Dabei besitzt der Asteroid die Geschwindigkeit $\vec{v}_K$.
Berechnen Sie mithilfe des in der Teilaufgabe 1.3.2 angegebenen Ergebnisses den Betrag v_K der Geschwindigkeit $\vec{v}_K$. (4 BE)

1.3.4 Die Erde hat die Masse $m_E = 5{,}977 \cdot 10^{24}$ kg, die Sonne die Masse $m_S = 1{,}98 \cdot 10^{30}$ kg.
Am 29. Januar 2008 um 09:33 Uhr MEZ kam es beim Punkt K zu einer nahen Begegnung des Asteroiden mit der Erde, bei der sich der Asteroid dem Massenmittelpunkt der Erde bis auf den Abstand $d = 5{,}542 \cdot 10^8$ m genähert hatte.
Zum Zeitpunkt dieser Begegnung übte die Erde die Gravitationskraft $\vec{F}_E$ mit dem Betrag F_E, die Sonne die Gravitationskraft $\vec{F}_S$ mit dem Betrag F_S auf den Asteroiden aus.
Berechnen Sie den Quotienten $\frac{F_E}{F_S}$. (4 BE)

2.0 Die Platten eines Kondensators haben die Länge $\ell = 80$ cm und die Breite $b = 15$ cm. Der Plattenabstand beträgt $d_0 = 3{,}0$ mm. Ist der Raum zwischen den Platten mit einem Dielektrikum vollständig ausgefüllt, so besitzt der Kondensator die Kapazität C_0.

2.1 Die Kapazität C_0 soll experimentell bestimmt werden.
Fertigen Sie eine beschriftete Schaltskizze zu diesem Versuch an, beschreiben Sie die Versuchsdurchführung und geben Sie an, wie die Kapazität C_0 bestimmt wird. (6 BE)

2.2 Der unter 2.0 beschriebene Kondensator hat die Kapazität $C_0 = 7{,}8 \cdot 10^{-10}$ F.
Berechnen Sie die Dielektrizitätszahl ε_r für das Dielektrikum. (3 BE)

3.0 Ein wichtiges industrielles Messverfahren ist die kapazitive Messung der Papierdicke bei der Produktion von langen Papierbahnen. Ihre Solldicke beträgt $d_S = 0{,}40$ mm.
Eine Papierbahn läuft durch den Kondensator mit den unter 2.0 angegebenen Abmessungen. Die Breite der Papierbahn erstreckt sich über die gesamte Länge ℓ des Kondensators.
Die relative Dielektrizitätszahl für das Papier beträgt $\varepsilon_r = 2{,}2$.

Prinzip der kapazitiven Dickenmessung

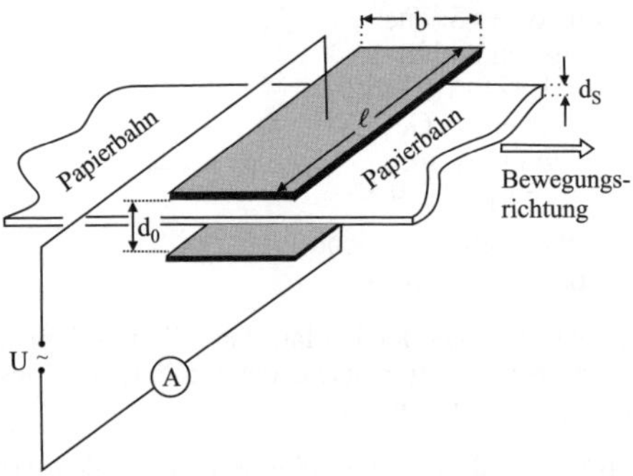

3.1 Der unter 3.0 dargestellte Kondensator kann als Kombination zweier Kondensatoren, einer mit dem Dielektrikum Papier und der andere mit dem Dielektrikum Luft ($\varepsilon_{Luft} = 1{,}0$), aufgefasst werden.

Geben Sie an, ob es sich bei der Kombination um eine Reihen- oder um eine Parallelschaltung handelt, und berechnen Sie die Kapazität C des unter 3.0 dargestellten Kondensators.

[Ergebnis: $C = 3{,}8 \cdot 10^{-10}$ F] (5 BE)

3.2.0 Der Kondensator wird nun an einen Sinusgenerator mit der Spannung

$$U(t) = \hat{U} \cdot \sin(2\pi \cdot f \cdot t)$$

angeschlossen. Der ohmsche Widerstand des Wechselstromkreises ist vernachlässigbar klein.

3.2.1 Ermitteln Sie aus der Gleichung $U(t) = \hat{U} \cdot \sin(2\pi \cdot f \cdot t)$ für den zeitlichen Verlauf der Generatorspannung eine Gleichung für den zeitlichen Verlauf der Stromstärke I im Wechselstromkreis. (3 BE)

3.2.2 Zeigen Sie, dass der Scheitelwert $\hat{I}$ der Stromstärke I im Wechselstromkreis direkt proportional zur Kapazität C des Kondensators ist. (3 BE)

3.3.0 Die Generatorspannung hat den Scheitelwert $\hat{U} = 25{,}0\ \text{V}$ und die Frequenz $f = 8{,}50\ \text{kHz}$.

3.3.1 Berechnen Sie den Effektivwert I_{eff} der Stromstärke I. (3 BE)

3.3.2 Infolge eines Produktionsfehlers gelangt Papier, dessen Dicke über der Solldicke liegt, in den Plattenkondensator.
Erläutern Sie qualitativ, wie sich dabei der Effektivwert der Stromstärke ändert. (4 BE)

(50 BE)

Tipps und Hinweise zu Aufgabe II

Tipp zu Teilaufgabe 1.1

Es liegt eine Bewegung mit konstantem Geschwindigkeitsbetrag vor. Achten Sie auf die Einheit bei der Umlaufsdauer.

Tipp zu Teilaufgabe 1.2

Überlegen Sie, welche Funktion die Gravitationskraft in Bezug auf die Kreisbahn hat.

Tipps zu Teilaufgabe 1.3

1.3.1: Johannes Kepler hatte dafür die passende Beziehung gefunden.

1.3.2: Stellen Sie eine Beziehung zwischen dem Betrag der Bahngeschwindigkeit und der überstrichenen Fläche her. Eine Skizze ist hilfreich.

1.3.3: Setzen Sie das Produkt für die beiden Punkte P und K an.

1.3.4: Setzen Sie den Quotienten zunächst allgemein an und kürzen Sie soweit wie möglich.

Tipp zu Teilaufgabe 2.1

Man bestimmt die Ladung des Kondensators beim Entladevorgang. Überlegen Sie sich dazu eine Schaltung mit den entsprechenden Geräten. Welche Größe muss noch gemessen werden? Wie ergibt sich daraus dann die Kapazität?

Tipp zu Teilaufgabe 2.2

Nehmen Sie gegebenenfalls die Formelsammlung zu Hilfe.

Tipp zu Teilaufgabe 3.1

Durch den „Luftteil“ und den „Papierteil“ fließt der gleiche Strom. Die passende Formel für die Gesamtkapazität finden Sie dann in der Formelsammlung.

Tipps zu Teilaufgabe 3.2

3.2.1: Die Stromstärke ist die Änderung der Ladung pro Zeit. Überlegen Sie, wie man mit der Kenntnis der Spannung eine Aussage über die Ladung machen kann.

3.2.2: Wenn 3.2.1 richtig gelöst ist, folgt dies ganz einfach. Es lässt sich aber auch mithilfe des kapazitiven Widerstandes zeigen.

Tipps zu Teilaufgabe 3.3

3.3.1: Auch hier kann man auf 3.2.1 zurückgreifen oder mit dem kapazitiven Widerstand arbeiten.

3.3.2: Überlegen Sie, in welche Richtung sich die Kapazität ändert, wenn das Papier dicker wird (und immer dicker, bis es den ganzen Kondensator ausfüllt). Mithilfe von 3.2.2 können Sie dann eine Aussage über die effektive Stromstärke machen.

Lösung zu Aufgabe II

1.1 Auf der Kreisbahn ist der Betrag der Bahngeschwindigkeit konstant. Es gilt daher:

$$v_E = \frac{U}{T} = \frac{2R \cdot \pi}{T} = \frac{2 \cdot 1{,}496 \cdot 10^{11}\ \text{m} \cdot \pi}{365 \cdot 24 \cdot 3\,600\ \text{s}}$$

$$= 29{,}8 \cdot 10^3\ \frac{\text{m}}{\text{s}} = \underline{\underline{29{,}8\ \frac{\text{km}}{\text{s}}}}$$

1.2 Die Sonne übt auf die Erde die Gravitationskraft $\vec{F}_{grav}$ aus. Sie ist die für die Kreisbahn der Erde notwendige Zentralkraft $\vec{F}_Z$. Für die Beträge dieser Kräfte gilt also:

$$F_{grav} = F_Z$$

$$G \cdot \frac{m_S \cdot m_{Erde}}{R^2} = m_{Erde} \cdot R \cdot \left(\frac{2\pi}{T}\right)^2$$

$$\Rightarrow \quad m_S = \frac{R^3 \cdot 4\pi^2}{G \cdot T^2}$$

$$= \frac{(1{,}496 \cdot 10^{11}\ \text{m})^3 \cdot 4\pi^2}{6{,}673 \cdot 10^{-11}\ \frac{\text{m}^3}{\text{kg} \cdot \text{s}^2} \cdot (365 \cdot 24 \cdot 3\,600\ \text{s})^2} = \underline{\underline{1{,}99 \cdot 10^{30}\ \text{kg}}}$$

1.3.1 Nach dem 3. Kepler'schen Gesetz gilt:

$$\frac{T_A^2}{a^3} = \frac{T^2}{R^3} \quad \Leftrightarrow \quad T_A^2 = \frac{T^2 \cdot a^3}{R^3} \quad \Rightarrow \quad T_A = \sqrt{\frac{a^3}{R^3}} \cdot T$$

Einsetzen der Zahlenwerte liefert (Umlaufdauer am einfachsten in Jahren):

$$T_A = \sqrt{\frac{(3{,}007 \cdot 10^{11}\ \text{m})^3}{(1{,}496 \cdot 10^{11}\ \text{m})^3}} \cdot 1{,}00\ \text{a} = \underline{\underline{2{,}85\ \text{a}}}$$

1.3.2 In der Skizze rechts bezeichnen

S: die Sonne;

[PQ]: die Strecke Δs, die der Asteroid in der Zeit Δt zurücklegt;

ΔA: die in der Zeit Δt vom Radiusvektor $\vec{r}$ überstrichene Fläche.

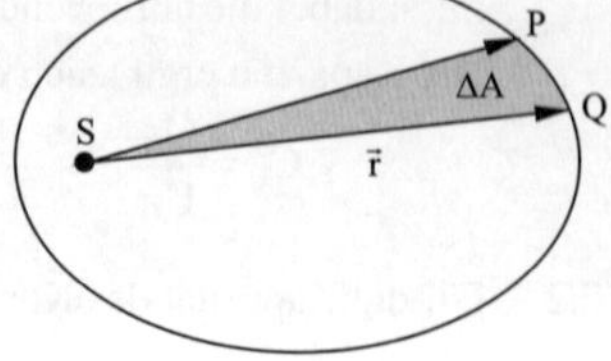

Nach dem 2. Kepler'schen Gesetz überstreicht der Radiusvektor in gleichen Zeiten gleiche Flächen, $\Delta A \sim \Delta t$. Die Fläche ΔA kann für kleine Δt als Dreieck bzw. als Kreissektor aufgefasst werden. Es gilt dann hinlänglich genau:

$$\Delta A = \frac{1}{2} r \cdot \Delta s = \frac{1}{2} r \cdot v \cdot \Delta t \quad \overset{\Delta A \sim \Delta t}{\Rightarrow} \quad \underline{\underline{\frac{1}{2} r \cdot v = \text{konst.}}}$$

Das Produkt $r \cdot v$ hat für jeden Ort auf der Ellipsenbahn des Asteroiden denselben Wert.

Hinweis: Diese Näherung ist umso genauer, je mehr die Vektoren $\vec{r}$ und $\vec{v}$ senkrecht aufeinander stehen. Im Perihel und Aphel der Ellipsenbahn stimmt das Produkt $r \cdot v$ der Beträge exakt überein.

1.3.3 Bekannt sind die Daten für den Punkt P der Ellipsenbahn (siehe 1.3.0) und die Entfernung des Punktes K von der Sonne (= Erdbahnradius R). Es gilt also:

$$R \cdot v_K = r_P \cdot v_P$$

$$\Rightarrow v_K = \frac{r_P}{R} \cdot v_P$$

$$= \frac{1{,}421 \cdot 10^{11}\,\text{m}}{1{,}496 \cdot 10^{11}\,\text{m}} \cdot 37{,}9\,\frac{\text{km}}{\text{s}} = \underline{\underline{36{,}0\,\frac{\text{km}}{\text{s}}}}$$

1.3.4 Mithilfe des Gravitationsgesetzes erhält man:

$$\frac{F_E}{F_S} = \frac{G \cdot \frac{m_E \cdot m_{\text{Asteroid}}}{d^2}}{G \cdot \frac{m_S \cdot m_{\text{Asteroid}}}{R^2}} = \frac{m_E}{m_S} \cdot \frac{R^2}{d^2}$$

$$= \frac{5{,}977 \cdot 10^{24}\,\text{kg}}{1{,}98 \cdot 10^{30}\,\text{kg}} \cdot \frac{(1{,}496 \cdot 10^{11}\,\text{m})^2}{(5{,}542 \cdot 10^8\,\text{m})^2} = \underline{\underline{0{,}220}}$$

2.1 U_0: Gleichspannungsquelle
C: Plattenkondensator mit Dielektrikum
MV: Messverstärker zur Ladungsmessung
S: Schalter

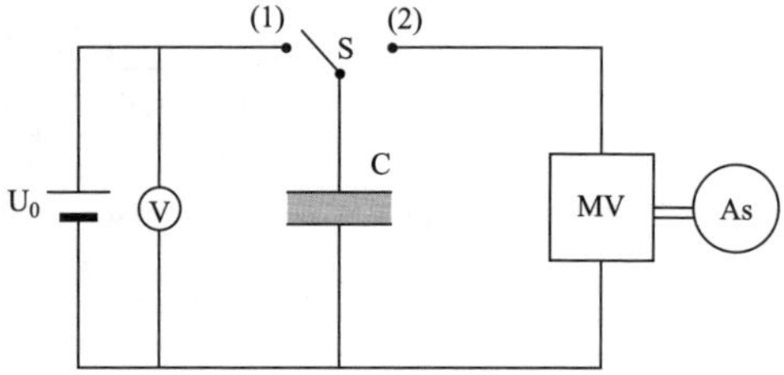

Schalter in Stellung (1):
Durch die Gleichspannungsquelle wird der Kondensator aufgeladen, mit dem Voltmeter wird die Spannung U_0 gemessen.

Schalter in Stellung (2):
Der Kondensator wird über den ladungsempfindlichen Messverstärker entladen. Dieser misst dabei die abfließende Ladung Q_0.

Die Kapazität ergibt sich dann aus der Beziehung

$$C_0 = \frac{Q_0}{U_0}.$$

2.2 Für die Kapazität des Kondensator gilt allgemein:

$$C_0 = \varepsilon_r \cdot \varepsilon_0 \cdot \frac{\ell \cdot b}{d_0} \quad \Rightarrow \quad \varepsilon_r = \frac{C_0 \cdot d_0}{\varepsilon_0 \cdot \ell \cdot b}$$

Einsetzen der in 2.0 gegebenen Größen liefert:

$$\varepsilon_r = \frac{7{,}8 \cdot 10^{-10}\,\text{F} \cdot 3{,}0 \cdot 10^{-3}\,\text{m}}{8{,}85 \cdot 10^{-12}\,\frac{\text{F}}{\text{m}} \cdot 0{,}80\,\text{m} \cdot 0{,}15\,\text{m}} = \underline{\underline{2{,}2}}$$

3.1 Die beiden Kondensatoren sind **in Reihe** geschaltet.

Da das elektrische Feld homogen ist, ist es für die Messung unerheblich, in welchem Abstand zur unteren Platte sich die Papierbahn befindet. Stellt man sich vor, dass die Papierbahn unmittelbar an die untere Platte anschließt, erkennt man sofort die Reihenschaltung.

Für die Teilkondensatoren gilt:

- „Luftkondensator" C_1: $\varepsilon_r = 1$ und $d = d_1 = d_0 - d_S = 2{,}6$ mm
- „Papierkondensator" C_2: $\varepsilon_r = 2{,}2$ und $d = d_S = 0{,}40$ mm

Die Gesamtkapazität C berechnet sich zu:

$$\frac{1}{C} = \frac{1}{C_1} + \frac{1}{C_2}$$

Mit $\frac{1}{C_1} = \frac{d_1}{\varepsilon_0 \cdot \ell \cdot b}$ und $\frac{1}{C_2} = \frac{d_S}{\varepsilon_r \cdot \varepsilon_0 \cdot \ell \cdot b}$ erhält man:

$$\frac{1}{C} = \frac{1}{\varepsilon_0 \cdot \ell \cdot b} \cdot \left(d_1 + \frac{d_S}{\varepsilon_r} \right)$$

$$\Rightarrow C = \frac{\varepsilon_0 \cdot \ell \cdot b}{d_1 + \frac{d_S}{\varepsilon_r}}$$

$$= \frac{8{,}85 \cdot 10^{-12} \, \frac{F}{m} \cdot 0{,}80 \, m \cdot 0{,}15 \, m}{2{,}6 \cdot 10^{-3} \, m + \frac{0{,}40 \cdot 10^{-3} \, m}{2{,}2}} = \underline{\underline{3{,}8 \cdot 10^{-10} \, F}}$$

3.2.1 Für die Ladung Q des Kondensators in Abhängigkeit von der Zeit gilt:

$$Q(t) = C \cdot U(t) = C \cdot \hat{U} \cdot \sin(2\pi \cdot f \cdot t)$$

Für die Stromstärke I im Wechselstromkreis folgt daraus:

$$I(t) = \dot{Q}(t)$$

$$\Rightarrow \underline{\underline{I(t) = C \cdot \hat{U} \cdot 2\pi \cdot f \cdot \cos(2\pi \cdot f \cdot t)}}$$

3.2.2 Nach 3.2.1 gilt:

$$\hat{I} = C \cdot \hat{U} \cdot 2\pi f = 2\pi f \cdot \hat{U} \cdot C$$

Die Frequenz f und die Scheitelspannung $\hat{U}$ sind konstant, d. h.:

$$\underline{\underline{\hat{I} \sim C}}$$

Alternativ:
Für den kapazitiven Widerstand gilt:

$$X_C = \frac{U_{eff}}{I_{eff}} = \frac{\hat{U}}{\hat{I}} = \frac{1}{\omega \cdot C} \quad \Rightarrow \quad \hat{I} = \hat{U} \cdot \omega \cdot C$$

$\hat{U}$ und ω sind konstant, also folgt:

$$\underline{\underline{\hat{I} \sim C}}$$

3.3.1 Es gilt allgemein

$$I_{eff} = \frac{\hat{I}}{\sqrt{2}}$$

und daher mit $\hat{I}$ aus 3.2.2:

$$I_{eff} = \frac{2\pi \cdot f \cdot \hat{U} \cdot C}{\sqrt{2}}$$

$$= \frac{2\pi \cdot 8{,}50 \cdot 10^3\,\text{s}^{-1} \cdot 25{,}0\,\text{V} \cdot 3{,}8 \cdot 10^{-10}\,\frac{\text{As}}{\text{V}}}{\sqrt{2}} = \underline{\underline{0{,}36\,\text{mA}}}$$

Alternativ:
Gemäß dem Alternativansatz in 3.2.2 gilt auch:

$$I_{eff} = U_{eff} \cdot \omega \cdot C = U_{eff} \cdot 2\pi \cdot f \cdot C = \frac{2\pi \cdot f \cdot \hat{U} \cdot C}{\sqrt{2}} \quad \text{(wie oben)}$$

3.3.2 Je **dicker die Papierbahn** ist, umso **größer** wird die Kapazität des „Papierkondensators“ und damit auch **die Gesamtkapazität C** (wegen $\varepsilon_r = 2{,}2$ nimmt die Kapazität des „Papierkondensators“ stärker zu als die Kapazität des „Luftkondensators“ abnimmt, siehe Anmerkung). Weil der Scheitelwert $\hat{I}$ der Stromstärke proportional zur Kapazität C ist, gilt dies auch für die Effektivstromstärke I_{eff}.
Das heißt: Ist die Dicke des Papiers größer als die Solldicke, misst man eine **größere** Effektivstromstärke.

Nach 3.1 gilt für die Gesamtkapazität C:

$$C_{soll} = \frac{\varepsilon_0 \cdot \ell \cdot b}{d_1 + \frac{d_S}{\varepsilon_r}} = \frac{\varepsilon_r \cdot \varepsilon_0 \cdot \ell \cdot b}{\varepsilon_r \cdot d_1 + d_S}$$

Wird d_S um Δd größer, nimmt d_1 um Δd ab. Es gilt dann:

$$C_{dicker} = \frac{\varepsilon_r \cdot \varepsilon_0 \cdot \ell \cdot b}{\varepsilon_r \cdot (d_1 - \Delta d) + (d_S + \Delta d)} = \frac{\varepsilon_r \cdot \varepsilon_0 \cdot \ell \cdot b}{\varepsilon_r \cdot d_1 + d_S + \Delta d \cdot (1 - \varepsilon_r)}$$

In beiden Beziehungen (C_{soll} und C_{dicker}) ist der Zähler gleich. Der Nenner bei C_{dicker} ist aber wegen $\varepsilon_r = 2{,}2$ kleiner geworden (die Klammer wird negativ). Das heißt dann aber, dass C_{dicker} größer als C_{soll} ist.

Bayern – FOS · BOS 12
Fachabiturprüfung 2009 – Physik: Aufgabe III

1.0

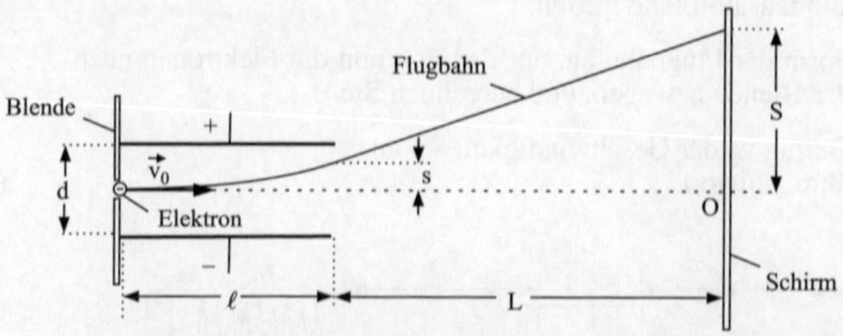

Elektronen gelangen durch ein kleines Loch in der Blende in das homogene elektrische Feld eines Plattenkondensators, an dem die Spannung $U = 50\ V$ anliegt. Die quadratischen Platten des Kondensators haben die Kantenlänge $\ell = 12{,}0\ cm$, ihr gegenseitiger Abstand beträgt $d = 4{,}0\ cm$. Die Eintrittsgeschwindigkeit $\vec{v}_0$ der Elektronen ist senkrecht zu den Feldlinien gerichtet und hat den Betrag $v_0 = 9{,}2 \cdot 10^6\ \frac{m}{s}$.

Beim Austritt aus dem elektrischen Feld des Kondensators haben die Elektronen die Ablenkung s, beim Auftreffen auf den im Abstand $L = 25{,}0\ cm$ vom Kondensator aufgestellten Schirm die Ablenkung S erfahren.
Die Anordnung befindet sich im Vakuum. Der Einfluss der Gewichtskraft der Elektronen auf deren Bewegung ist vernachlässigbar gering.

1.1 Beschreiben Sie den Verlauf der Flugbahn, auf der sich die Elektronen von der Blende bis zum Schirm bewegen, und erläutern Sie, wie diese Flugbahn der Elektronen zustande kommt. (5 BE)

1.2 Berechnen Sie den Betrag a der Beschleunigung $\vec{a}$, die die Elektronen im elektrischen Feld erfahren, und den Betrag v_S der Geschwindigkeit $\vec{v}_S$, mit der die Elektronen auf den Schirm treffen.
[Teilergebnis: $a = 2{,}2 \cdot 10^{14}\ \frac{m}{s^2}$] (6 BE)

1.3 Berechnen Sie den Betrag der Potenzialdifferenz, die ein Elektron im homogenen elektrischen Feld des Kondensators durchläuft. (4 BE)

1.4 Im Bereich des elektrischen Feldes wird nun zusätzlich ein homogenes Magnetfeld mit zeitlich konstanter Flussdichte $\vec{B}$ erzeugt. Wird der Betrag B der magnetischen Flussdichte $\vec{B}$ auf den Wert B_1 eingestellt, so passieren die Elektronen den Raum zwischen den Kondensatorplatten ohne Ablenkung und treffen im Punkt O auf den Schirm.
Geben Sie die Richtung von $\vec{B}$ an und berechnen Sie B_1. (4 BE)

1.5.0 Der Kondensator wird von der Gleichspannungsquelle getrennt und entladen. Zwischen den Kondensatorplatten herrscht nur noch das magnetische Feld, in das die Elektronen weiterhin mit der Geschwindigkeit $\vec{v}_0$ eintreten. Der Betrag B der magnetischen Flussdichte $\vec{B}$ wird auf einen Wert B_2 eingestellt, bei dem die Elektronen mit einer Geschwindigkeit $\vec{v}_P$ senkrecht auf die untere Kondensatorplatte treffen.

1.5.1 Geben Sie die Form der Flugbahn an, auf der sich nun die Elektronen nach dem Passieren der Blende bewegen, und berechnen Sie B_2. (5 BE)

1.5.2 Geben Sie den Betrag v_P der Geschwindigkeit $\vec{v}_P$ an. Begründen Sie Ihre Antwort. (3 BE)

2.0

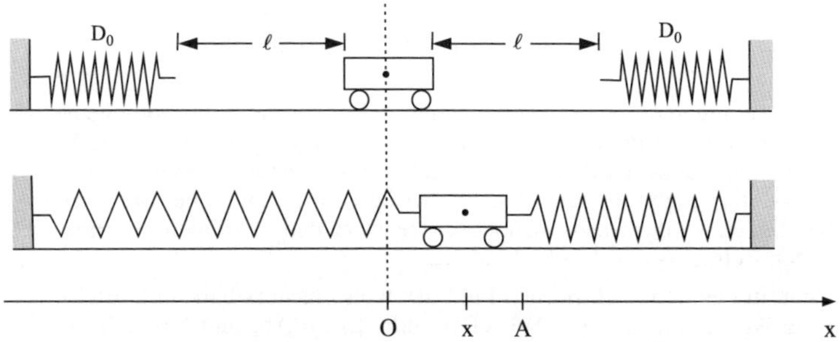

Ein kleiner Wagen mit der Masse $m = 140$ g steht auf einer horizontalen Unterlage und ist zwischen zwei gleichartigen Federn mit der Federkonstanten D_0 eingespannt. Befindet sich der Wagen in der Ruhelage, d. h. an der Stelle $x_0 = 0$ cm, so sind die Federn jeweils um $\ell = 15{,}0$ cm vorgedehnt. Der Wagen wird um eine Strecke mit der Länge $A = 8{,}0$ cm aus der Ruhelage nach rechts ausgelenkt und zum Zeitpunkt $t_0 = 0$ s aus der Ruhe heraus losgelassen. Der Wagen schwingt dann harmonisch mit der Schwingungsdauer $T = 0{,}50$ s.
Die Massen der Federn, die Rotationsenergie der Räder des Wagens und Reibungsverluste sind vernachlässigbar klein.

2.1 Berechnen Sie die Richtgröße D des schwingungsfähigen Systems. (3 BE)

2.2 Geben Sie die Gleichung, die die Abhängigkeit der x-Koordinate des Schwerpunktes des Wagens von der Zeit t für $t \geq 0$ s beschreibt, mit eingesetzten Zahlenwerten an. (2 BE)

2.3 Bestimmen Sie den Betrag und die Richtung der Geschwindigkeit des Wagens für den Zeitpunkt $t_1 = 0{,}18$ s. (4 BE)

2.4.1 Zeichnen Sie für einen Zeitpunkt, zu dem sich der Wagen an einer Stelle x mit $0 \leq x \leq A$ (siehe untere Skizze in 2.0) befindet, einen Kräfteplan, der alle auf den Wagen wirkenden Kräfte und deren Resultierende enthält. (3 BE)

2.4.2 Ermitteln Sie mithilfe des Kräfteplans von 2.4.1 die Federkonstante D_0. (5 BE)

2.5

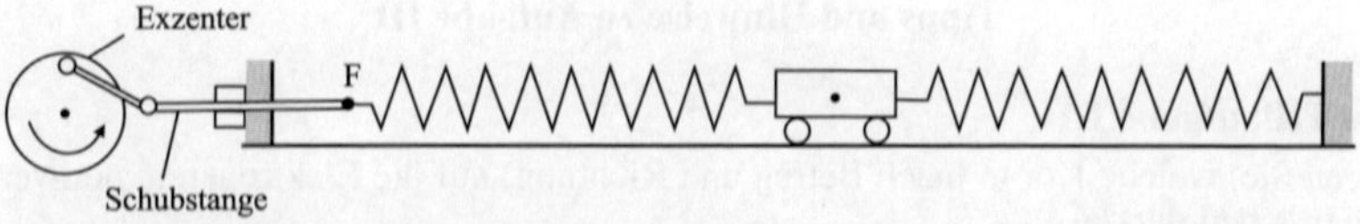

Das linke Ende F der linken Schraubenfeder wird mithilfe einer Schubstange und eines Exzenters, der auf der Drehachse eines Motors mit regelbarer Drehfrequenz f_E sitzt, zu harmonischen Schwingungen mit der Amplitude A_E angeregt. Die Dämpfung durch Reibung ist zwar gering, aber nicht mehr vernachlässigbar.
Die Drehfrequenz f_E des Motors wird stufenweise von 0 Hz bis 5,0 Hz gesteigert. Bei jeder Einstellung von f_E schwingt der Wagen nach einer Einschwingphase harmonisch mit der Amplitude A_W.
Erläutern Sie anhand eines geeigneten Diagramms und mit Worten, wie die Amplitude A_W von der Drehfrequenz f_E des Motors abhängt. Geben Sie dabei auch an, welcher Zusammenhang zwischen A_W und A_E bei sehr kleinen Erregerfrequenzen f_E besteht.

(6 BE)
(50 BE)

Tipps und Hinweise zu Aufgabe III

Tipp zu Teilaufgabe 1.1

Überlegen Sie, welche Kräfte (nach Betrag und Richtung) auf die Elektronen in den verschiedenen Bereichen wirken.

Tipp zu Teilaufgabe 1.2

Die Elektronen werden durch die elektrische Feldkraft beschleunigt. Nach 1.1 sollte die Auftreffgeschwindigkeit gleich der Geschwindigkeit beim Verlassen des Kondensators sein. Diese setzt sich aus zwei Komponenten zusammen.

Tipp zu Teilaufgabe 1.3

Für die Potenzialdifferenz ist die durchlaufene Strecke s bestimmend.

Tipp zu Teilaufgabe 1.4

Überlegen Sie, welche Bedingung erfüllt sein muss, damit die Elektronen ohne Ablenkung durch den Kondensatorraum fliegen. Die Geschwindigkeit $\vec{v}_0$ und die notwendige Richtung der Lorentzkraft bestimmen die Richtung des Magnetfeldes.

Tipp zu den Teilaufgaben 1.5.1 und 1.5.2

Überlegen Sie, welche Eigenschaft die Lorentzkraft bezüglich der Geschwindigkeit der Elektronen hat, welche Bedeutung sie damit für die Flugbahn und für den Betrag der Geschwindigkeit hat.

Tipp zu Teilaufgabe 2.1

Benützen Sie gegebenenfalls die Formelsammlung.

Tipp zu Teilaufgabe 2.2

Der Wagen hat zu Beginn der Zeitmessung die größte positive Auslenkung. Mit welcher Winkelfunktion lässt sich dies am einfachsten beschreiben?

Tipp zu Teilaufgabe 2.3

Formulieren Sie eine Gleichung, welche die Geschwindigkeit in Abhängigkeit von der Zeit beschreibt. Bestimmen Sie die Geschwindigkeit und interpretieren Sie das Ergebnis.

Tipps zu Teilaufgabe 2.4

2.4.1: Überlegen Sie, welche Kräfte auf den Wagen wirken. Denken Sie daran, dass sich eine resultierende Kraft in Bewegungsrichtung des Wagens ergeben muss.

2.4.2: Aus dem Kräfteplan lässt sich eine Beziehung zwischen den beiden Federkräften und der resultierenden Kraft ablesen.

Tipps zu Teilaufgabe 2.5

Überlegen Sie, um welche Strecke sich die Mitte des Feder-Wagen-Systems gegenüber dem Punkt F bewegt.

Der Wagen führt erzwungene Schwingungen aus mit dem dafür charakteristischen Verhalten seiner Amplitude. Skizzieren Sie den Verlauf und achten Sie bei der Erläuterung darauf, typische Frequenzen bzw. Frequenzbereiche zu unterscheiden.

Lösung zu Aufgabe III

1.1 Zwischen den Kondensatorplatten bewegen sich die Elektronen auf einer **Parabelbahn** (Parabel nach oben offen, Scheitel in der Eintrittsöffnung).

Begründung: In horizontaler Richtung bewegen sich die Elektronen mit der konstanten Geschwindigkeit $\vec{v}_0$ weiter, da in dieser Richtung keine Kräfte wirksam sind. In vertikaler Richtung wirkt auf die negativ geladenen Elektronen die elektrische Feldkraft $\vec{F}_{el}$ nach oben. Durch diese konstante Kraft erfahren die Elektronen eine konstante Beschleunigung nach oben.
Die Überlagerung der beiden Bewegungen ergibt die Parabelbahn (analog zum waagerechten Wurf).

Nach dem Verlassen des elektrischen Feldes bewegen sich die Elektronen **geradlinig** weiter, bis sie auf dem Schirm auftreffen.

Begründung: Geht man von einem scharf begrenzten elektrischen Feld aus, wirkt beim Verlassen des Kondensatorraumes keine Kraft mehr auf die Elektronen. Sie behalten ihre Geschwindigkeit nach Betrag und Richtung bei (1. Newton'sches Gesetz, Trägheitsprinzip). Die Gerade schließt sich tangential an die Parabel an.

1.2 **Beschleunigung a**

Ist e der Betrag der Elektronenladung, m die Masse des Elektrons und E der Betrag der elektrischen Feldstärke so gilt nach Teilaufgabe 1.1:

$$m \cdot a = e \cdot E$$

$$\Rightarrow \quad a = \frac{e}{m} \cdot E = \frac{e}{m} \cdot \frac{U}{d}$$

$$a = \frac{1{,}6 \cdot 10^{-19}\,\text{As} \cdot 50\,\text{V}}{9{,}11 \cdot 10^{-31}\,\text{kg} \cdot 4{,}0 \cdot 10^{-2}\,\text{m}} = \underline{\underline{2{,}2 \cdot 10^{14}\,\frac{\text{m}}{\text{s}^2}}}$$

Einheitenkontrolle:

$$1\,\frac{\text{As} \cdot \text{V}}{\text{kg} \cdot \text{m}} = 1\,\frac{\text{J}}{\text{kg} \cdot \text{m}} = 1\,\frac{\frac{\text{kg} \cdot \text{m}^2}{\text{s}^2}}{\text{kg} \cdot \text{m}} = 1\,\frac{\text{m}}{\text{s}^2}$$

Geschwindigkeit v_S

Nach 1.1 ist die Geschwindigkeit $\vec{v}_S$ gleich der Geschwindigkeit beim Verlassen des elektrischen Feldes.
Für $\vec{v}_S$ gilt also:

$$\vec{v}_S = \vec{v}_0 + \vec{a} \cdot t$$

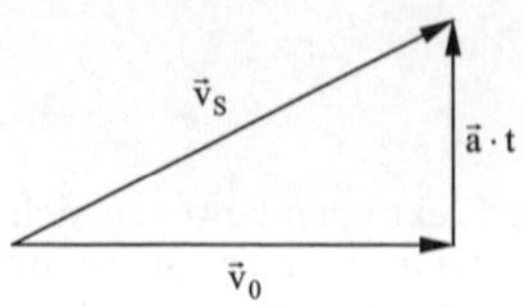

t ist die Zeit, die ein Elektron zum Durchlaufen des elektrischen Feldes benötigt. Sie beträgt:

$$t = \frac{\ell}{v_0}$$

Für den Betrag von $\vec{v}_S$ folgt damit:

$$v_S = \sqrt{v_0^2 + (a \cdot t)^2} = \sqrt{v_0^2 + \left(a \cdot \frac{\ell}{v_0}\right)^2}$$

$$= \sqrt{\left(9{,}2 \cdot 10^6 \, \frac{m}{s}\right)^2 + \left(2{,}2 \cdot 10^{14} \, \frac{m}{s^2} \cdot \frac{0{,}120 \, m}{9{,}2 \cdot 10^6 \, \frac{m}{s}}\right)^2} = \underline{\underline{9{,}6 \cdot 10^6 \, \frac{m}{s}}}$$

1.3 Für den Betrag der Potenzialdifferenz gilt:

$$|\Delta\varphi| = E \cdot s = \frac{U}{d} \cdot s$$

s lässt sich mithilfe des Weg-Zeit-Gesetzes für die gleichmäßig beschleunigte Bewegung berechnen:

$$s = \frac{a}{2} \cdot t^2 = \frac{a}{2} \cdot \left(\frac{\ell}{v_0}\right)^2$$

$$\Rightarrow \quad |\Delta\varphi| = \frac{U \cdot a \cdot \ell^2}{2d \cdot v_0^2}$$

$$= \frac{50 \, V \cdot 2{,}2 \cdot 10^{14} \, \frac{m}{s^2} \cdot (12{,}0 \cdot 10^{-2} \, m)^2}{2 \cdot 4{,}0 \cdot 10^{-2} \, m \cdot (9{,}2 \cdot 10^6 \, \frac{m}{s})^2} = \underline{\underline{23 \, V}}$$

1.4 $\vec{B}_1$ muss **in die Zeichenebene hinein** gerichtet sein.

Die Elektronen fliegen unabgelenkt durch die Anordnung, wenn für die auftretenden Kräfte gilt:

$$\vec{F}_{Lorentz} + \vec{F}_{elektrisch} = \vec{0}$$

Ist e der Betrag der Elektronenladung, so gilt damit für die Beträge:

$$e \cdot v_0 \cdot B_1 = e \cdot \frac{U}{d} \quad \Rightarrow \quad B_1 = \frac{U}{d \cdot v_0}$$

$$= \frac{50 \, V}{0{,}040 \, m \cdot 9{,}2 \cdot 10^6 \, \frac{m}{s}} = 1{,}4 \cdot 10^{-4} \, \frac{V \cdot s}{m^2} = \underline{\underline{0{,}14 \, mT}}$$

1.5.1 Die Elektronen bewegen sich auf einer **Kreisbahn** (hier Viertelkreis) mit dem Radius $r = 2{,}0$ cm (nach der Skizze treten die Elektronen mittig in den Kondensatorraum ein). Die Lorentzkraft ist die für die Kreisbahn notwendige Zentralkraft. Für die Beträge dieser Kräfte gilt dann:

$$e \cdot v_0 \cdot B_2 = \frac{m}{r} \cdot v_0^2 \quad \Rightarrow \quad B_2 = \frac{m \cdot v_0}{e \cdot r}$$

$$= \frac{9{,}11 \cdot 10^{-31} \, kg \cdot 9{,}2 \cdot 10^6 \, \frac{m}{s}}{1{,}6 \cdot 10^{-19} \, As \cdot 2{,}0 \cdot 10^{-2} \, m} = \underline{\underline{2{,}6 \, mT}}$$

Einheitenkontrolle:

$$1\frac{\text{kg}\cdot\frac{\text{m}}{\text{s}}}{\text{As}\cdot\text{m}}=1\frac{\text{kg}}{\text{As}^2}=1\frac{\text{V}\cdot\text{kg}}{\text{VAs}\cdot\text{s}}=1\frac{\text{V}\cdot\text{kg}}{\text{kg}\cdot\left(\frac{\text{m}}{\text{s}}\right)^2\cdot\text{s}}=1\frac{\text{Vs}}{\text{m}^2}=1\,\text{T}$$

1.5.2 Die Lorentzkraft $\vec{F}_L$ steht auf $\vec{v}_0$ und zu jedem Zeitpunkt auf der momentanen Bahngeschwindigkeit $\vec{v}$ senkrecht. Durch die Lorentzkraft kann sich der Betrag v_0 der Eintrittsgeschwindigkeit $\vec{v}_0$ **nicht ändern**. Es gilt also:

$$v_P = v_0 = 9{,}2\cdot 10^6\,\frac{\text{m}}{\text{s}}$$

Beachten Sie den Unterschied zur Situation der Teilaufgabe 1.1: Die elektrische Feldkraft $\vec{F}_{el}$ ist nach Betrag und Richtung konstant. Sie steht nur auf der Eintrittsgeschwindigkeit $\vec{v}_0$ senkrecht, nicht mehr auf der Momentangeschwindigkeit $\vec{v}$, der Betrag der Geschwindigkeit **ändert** sich.

2.1 Aus $T = 2\pi\cdot\sqrt{\frac{m}{D}}$ (siehe Formelsammlung) erhält man:

$$D = m\cdot\frac{4\pi^2}{T^2}$$

$$= 0{,}140\,\text{kg}\cdot\frac{4\pi^2}{(0{,}50\,\text{s})^2} = 22\,\frac{\text{N}}{\text{m}}$$

2.2 Der Wagen hat zum Zeitpunkt $t_0 = 0$ s seine größte positive Auslenkung. Die x-Koordinate kann deshalb durch $x(t) = A\cdot\cos(\omega t)$ beschrieben werden.

$$x(t) = 8{,}0\,\text{cm}\cdot\cos\left(\frac{2\pi}{0{,}50\,\text{s}}\cdot t\right) = 8{,}0\,\text{cm}\cdot\cos(4{,}0\pi\,\text{s}^{-1}\cdot t)$$

2.3 Für die zeitabhängige Geschwindigkeit des Wagens gilt:

$$v(t) = \dot{x}(t) = 8{,}0\,\text{cm}\cdot 4{,}0\pi\,\text{s}^{-1}\cdot\left(-\sin(4{,}0\pi\,\text{s}^{-1}\cdot t)\right)$$

$$= -32\pi\,\frac{\text{cm}}{\text{s}}\cdot\sin(4{,}0\pi\,\text{s}^{-1}\cdot t)$$

$$v(0{,}18\,\text{s}) = -32\pi\,\frac{\text{cm}}{\text{s}}\cdot\sin(4{,}0\pi\,\text{s}^{-1}\cdot 0{,}18\,\text{s}) = -77\,\frac{\text{cm}}{\text{s}}$$

Der Wagen bewegt sich mit 77 $\frac{\text{cm}}{\text{s}}$ **nach links**.

2.4.1 S: Wagenschwerpunkt

$\vec{F}_G$: Gewichtskraft

$\vec{F}_U$: Gegenkraft der Unterlage

$\vec{F}_{re}$: Kraft der rechten Feder

$\vec{F}_{li}$: Kraft der linken Feder

$\vec{F} = \vec{F}_{li} + \vec{F}_{re}$: resultierende Kraft

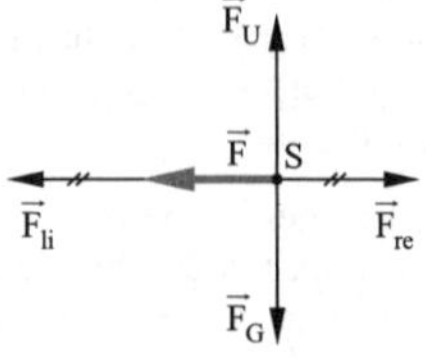

2.4.2 Aus dem Kräfteplan erkennt man für die Beträge der Kräfte:

$$|\vec{F}| = |\vec{F}_{li}| - |\vec{F}_{re}|$$

Für die positive Auslenkung x (siehe Skizze in 2.0) gilt damit:

$$D \cdot x = D_0 \cdot (\ell + x) - D_0 (\ell - x)$$

$$\Rightarrow D \cdot x = 2D_0 \cdot x$$

$$D = 2D_0$$

$$D_0 = \frac{1}{2} D = \frac{1}{2} \cdot 22 \frac{N}{m} = \underline{\underline{11 \frac{N}{m}}}$$

2.5 Für die Eigenfrequenz f_0 des System gilt:

$$f_0 = \frac{1}{T} = \frac{1}{0{,}50\,s} = 2{,}0\,Hz$$

Die Amplitude A_W durchläuft in Abhängigkeit von der Erregerfrequenz f_E eine **Resonanzkurve**:

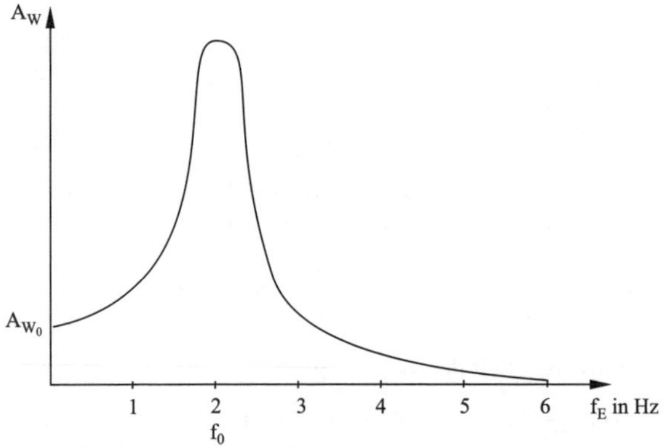

Für sehr kleine Erregerfrequenzen schwingt der Wagen mit der Amplitude

$$A_{W_0} = \frac{1}{2} A_E$$

Begründung: Das rechte Ende des Systems (siehe Skizze in der Angabe zu 2.5) ist fest, kann also nicht verschoben werden. Verschiebt man das linke Ende (Punkt F) um eine Strecke d, so ist die daraus resultierende Verschiebung d' eines beliebigen Punktes zwischen F und dem festen Ende proportional zu dessen Entfernung vom festen Ende. Da der Wagenschwerpunkt sich in der Mitte des Systems befindet, ergibt sich die angegebene Beziehung.

Nimmt die Erregerfrequenz f_E zu, nimmt auch die Amplitude A_W zu, bis sie im Fall $f_E \approx f_0$ ihren maximalen Wert erreicht (Resonanz). A_W kann in diesem Fall, abhängig von der Dämpfung, wesentlich größer als A_E werden.
Steigert man die Erregerfrequenz f_E über f_0 hinaus, nimmt die Amplitude A_W des Wagens wieder ab und strebt für $f_E \rightarrow \infty$ gegen null.

Berufliche Oberschulen Bayern – Physik 12. Klasse
Fachabiturprüfung 2010 – Aufgabe I

1.0 Für alle Körper, die sich antriebslos auf einer Kreisbahn mit dem Radius R und mit der Umlaufdauer T um ein Zentralgestirn bewegen, gilt das dritte Kepler'sche Gesetz $T^2 = C \cdot R^3$, wobei C eine Konstante ist.

1.1 Zeigen Sie mithilfe des Gravitationsgesetzes, dass die Konstante C nur von der Masse m_Z des Zentralgestirns abhängig ist. (4 BE)

1.2.0 Bisher sind 63 Monde des Jupiters bekannt. Bereits im Jahre 1610 wurden die Jupitermonde Io, Europa, Ganymed und Kallisto entdeckt. Diese Monde bewegen sich um den Jupiter auf elliptischen Bahnen, die man in guter Näherung als Kreisbahnen ansehen kann. Der Radius R einer solchen Kreisbahn ist gleich der mittleren Entfernung des Massenmittelpunktes des Mondes vom Massenmittelpunkt des Jupiters.
In der unten stehenden Tabelle sind die Radien R der Umlaufbahnen und die Umlaufdauern T für drei der oben genannten Jupitermonde angegeben.

Name des Mondes	Europa	Ganymed	Kallisto
R in 10^8 m	6,71	10,7	18,8
T in Tagen	3,55	7,16	16,69

1.2.1 Bestätigen Sie das dritte Kepler'sche Gesetz durch grafische Auswertung der unter 1.2.0 vorgegebenen Tabelle. Verwenden Sie dabei folgenden Maßstab: $5 \cdot 10^{26}\ m^3 \hat{=} 1\ cm$; $20 \cdot 10^{10}\ s^2 \hat{=} 1\ cm$ (5 BE)

1.2.2 Bestimmen Sie aus dem Diagramm von 1.2.1 die Keplerkonstante C_{Ju} für den Jupiter als Zentralgestirn.
[Ergebnis: $C_{Ju} = 3{,}1 \cdot 10^{-16}\ \frac{s^2}{m^3}$] (2 BE)

1.2.3 Berechnen Sie aus der Konstanten C_{Ju} die Masse m_{Ju} des Jupiters. (4 BE)

1.3.0 Der Jupitermond Io hat die Masse $m_{Io} = 8{,}94 \cdot 10^{22}$ kg und den Radius $r_{Io} = 1{,}82 \cdot 10^6$ m.
Für einen Umlauf um den Jupiter benötigt er die Zeit $T_{Io} = 1{,}77$ d.
Die Rotation des Mondes Io um die eigene Achse soll unberücksichtigt bleiben.

1.3.1 Berechnen Sie den Betrag v_{Io} der Bahngeschwindigkeit $\vec{v}_{Io}$ des Jupitermondes Io. (4 BE)

1.3.2 Berechnen Sie den Betrag g der Fallbeschleunigung, die ein Körper an der Oberfläche des Mondes Io erfährt. (3 BE)

2.0 Eine Black Box soll untersucht werden. Die Black Box beinhaltet entweder einen ohmschen Widerstand oder einen Kondensator oder eine Spule als Schaltelement. Man legt an die Black Box eine sinusförmige Wechselspannung mit dem Effektivwert U_{eff} an und misst für verschiedene Frequenzen f den Effektivwert I_{eff} der Stromstärke im Wechselstromkreis.

2.1 Zeichnen Sie die Schaltskizze zu diesem Versuch. (2 BE)

2.2 Erläutern Sie, wie man nach der Versuchsdurchführung mithilfe der Messergebnisse das in der Black Box eingebaute Schaltelement bestimmen kann. (6 BE)

2.3 Man findet heraus, dass es sich bei dem Schaltelement in der Black Box um eine Spule handelt. Bei der Durchführung des Versuchs stellte sich bei dem Effektivwert $U_{eff} = 12{,}0$ V und der Frequenz $f = 120$ Hz für die Stromstärke I im Wechselstromkreis der Effektivwert $I_{eff} = 25\ \mu A$ ein. Für die Frequenz $f = 120$ Hz ist der ohmsche Widerstand R_{Sp} der Spule gegenüber ihrem induktiven Widerstand X_L vernachlässigbar klein.
Berechnen Sie die Induktivität L der Spule. (3 BE)

2.4.0 Zur Spule mit der Induktivität $L = 6{,}4 \cdot 10^2$ H wird ein ohmscher Widerstand R parallel geschaltet, der genau so groß ist wie der ohmsche Widerstand R_{Sp} der Spule. Diese Parallelschaltung wird zum Zeitpunkt $t_0 = 0$ s durch Schließen des Schalters S an eine Gleichspannungsquelle mit der Spannung $U_G = 12{,}0$ V angeschlossen. Zum Zeitpunkt t_1, zu dem auch die Stromstärke I_L im Spulenzweig bereits ihren Maximalwert $I_{L,\,max} = 40$ mA erreicht hat, wird der Schalter S wieder geöffnet. Siehe nebenstehende Skizze.

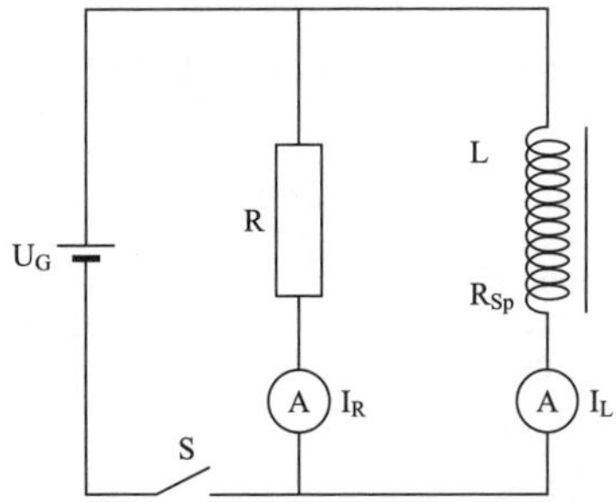

2.4.1 Zeichnen Sie ein t-I_L-Diagramm, das qualitativ den zeitlichen Verlauf der Stromstärke I_L für den Einschaltvorgang und für den Ausschaltvorgang zeigt. (4 BE)

2.4.2 Zeichnen Sie mit einer anderen Farbe in das Diagramm von 2.4.1 zusätzlich den Graphen für die Abhängigkeit der Stromstärke I_R von der Zeit t ein. (3 BE)

2.4.3 Berechnen Sie den ohmschen Widerstand R_{Sp} der Spule und den Energieinhalt W_{magn} des magnetischen Feldes in der Spule bei der Stromstärke $I_{L,\,max} = 40$ mA. (3 BE)

2.4.4 Begründen Sie den zeitlichen Verlauf der Stromstärke I_L und den zeitlichen Verlauf der Stromstärke I_R für den Ausschaltvorgang und erläutern Sie, wohin nach dem Öffnen des Schalters die magnetische Energie W_{magn} geht. (7 BE)

(50 BE)

Tipps und Hinweise zu Aufgabe I

Tipp zu Teilaufgabe 1.1

Betrachten Sie die Kräfte, die bei einer solchen Bewegung wirken.

Tipps zu Teilaufgabe 1.2

1.2.1: Eine grafische Auswertung ist nur aussagekräftig, wenn ein geeigneter linearer Bezug hergestellt wird.

1.2.2: Die Keplerkonstante (des Jupiter) ist die Steigung der Geraden aus 1.2.1.

1.2.3: Kombinieren Sie die Ergebnisse aus 1.1 und 1.2.2.

Tipps zu Teilaufgabe 1.3

1.3.1: Vorsicht! r_{Io} ist nicht der Bahnradius des Io. Den Bahnradius R_{Io} erhält man aus T_{Io} und dem Keplergesetz. Damit lässt sich dann die Bahngeschwindigkeit berechnen.

1.3.2: Für die Gravitationskraft und die Fallbeschleunigung gilt das Newton'sche Gesetz.

Tipp zu Teilaufgabe 2.1

Überlegen Sie insbesondere, welche Messgeräte für diesen Versuch erforderlich sind.

Tipp zu Teilaufgabe 2.2

Der Effektivwert der Stromstärke kann unabhängig von der Frequenz sein, er kann mit der Frequenz zunehmen oder abnehmen. Erläutern Sie, für welchen Widerstand (ohmscher, induktiver, kapazitiver) das jeweilige Verhalten zutrifft.

Tipp zu Teilaufgabe 2.3

Für den induktiven Widerstand gibt es einen berechenbaren Messwert und eine Formelbeziehung.

Tipps zu Teilaufgabe 2.4

2.4.1: Bei Stromänderung (Einschalten und Ausschalten) verhalten sich ein ohmscher Widerstand und eine Spule (Induktion) unterschiedlich.

2.4.2: Siehe Tipp zu 2.4.1. Beachten Sie insbesondere Stromstärke und Stromrichtung nach dem Öffnen des Schalters.

2.4.3: Die Stromstärke $I_{L,\,max}$ wird nur durch den ohmschen Widerstand der Spule bestimmt. Mit $I_{L,\,max}$ lässt sich auch der Energieinhalt bestimmen.

2.4.4: Erläutern Sie den Induktionsvorgang, machen Sie auch Aussagen zu Größe und Richtung von I_L und I_R.

Lösung zu Aufgabe I

1.1 Für die Bewegung eines Körpers der Masse m auf einer Kreisbahn ist eine Zentralkraft $\vec{F}_Z$ notwendig. Bewegt der Körper sich antriebslos auf einer Kreisbahn um ein Zentralgestirn, so wirkt die Gravitationskraft $\vec{F}_{Grav}$ als Zentralkraft und es gilt für eine Kreisbahn mit dem Radius R

$$\vec{F}_Z = \vec{F}_{Grav}$$

bzw. für die Beträge:

$$F_Z = F_{Grav}$$

Mit $F_Z = m \cdot \omega^2 \cdot R = m \cdot \frac{4\pi^2}{T^2} \cdot R$ erhält man:

$$m \cdot \frac{4\pi^2}{T^2} \cdot R = G^* \cdot \frac{m_Z \cdot m}{R^2}$$

$$\Rightarrow \quad 4\pi^2 \cdot R^3 = G^* \cdot m_Z \cdot T^2$$

$$T^2 = \frac{4\pi^2}{G^* \cdot m_Z} \cdot R^3 = C \cdot R^3 \quad \text{mit } \underline{\underline{C = \frac{4\pi^2}{G^*} \cdot \frac{1}{m_Z}}}$$

Da $4\pi^2$ und G^* konstant sind, ist C nur von der Masse m_Z des Zentralgestirns abhängig.

1.2.1 Zum Nachweis muss T^2 in Abhängigkeit von R^3 dargestellt werden, wobei die Umlaufdauer T in Sekunden umgerechnet werden sollte (siehe auch Angabe für den Maßstab).

Für die Grafik erstellt man die folgende Tabelle:

Name des Mondes	Europa	Ganymed	Kallisto
R^3 in 10^{26} m^3	3,02	12,3	66,4
T^2 in 10^{10} s^2	9,41	38,3	208

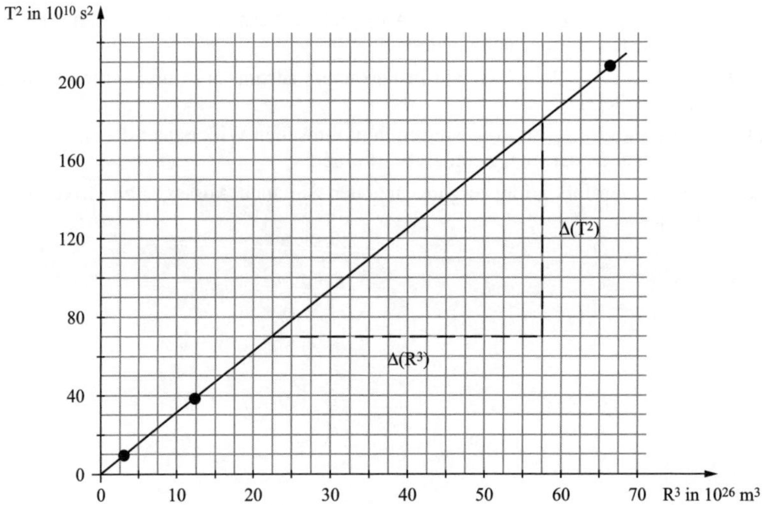

Im Rahmen der Mess- und Zeichengenauigkeit liegen die Punkte auf einer **Ursprungsgeraden.** Damit gilt

$$T^2 \sim R^3 \text{ bzw. } \underline{\underline{T^2 = C \cdot R^3}},$$

wobei C eine Konstante ist. Hier ist es speziell die Keplerkonstante C_{Ju} des Jupiters.

1.2.2 Für zwei beliebige Punkte auf der Geraden gilt:

$$C_{Ju} = \frac{\Delta(T^2)}{\Delta(R^3)}$$

Aus der Grafik zu 1.2.1 entnimmt man beispielsweise die Werte $\Delta(T^2) = 110 \cdot 10^{10}\ s^2$ und $\Delta(R^3) = 35 \cdot 10^{26}\ m^3$ (siehe eingezeichnetes Steigungsdreieck), sodass folgt:

$$C_{Ju} = \frac{110 \cdot 10^{10}\ s^2}{35 \cdot 10^{26}\ m^3} = \underline{\underline{3{,}1 \cdot 10^{-16}\ \frac{s^2}{m^3}}}$$

1.2.3 Nach Teilaufgabe 1.1 gilt:

$$C_{Ju} = \frac{4\pi^2}{G^*} \cdot \frac{1}{m_{Ju}} \quad \Rightarrow \quad m_{Ju} = \frac{4\pi^2}{G^*} \cdot \frac{1}{C_{Ju}}$$

$$= \frac{4\pi^2}{6{,}67 \cdot 10^{-11}\ Nm^2kg^{-2} \cdot 3{,}1 \cdot 10^{-16}\ s^2m^{-3}}$$

$$= \underline{\underline{1{,}9 \cdot 10^{27}\ kg}}$$

Einheitenkontrolle:

$$1\ \frac{1}{Nm^2kg^{-2} \cdot s^2m^{-3}} = 1\ \frac{kg^2 \cdot m^3}{\frac{kg \cdot m}{s^2} \cdot m^2 \cdot s^2} = 1\ kg$$

1.3.1 Für den Betrag v_{Io} der Bahngeschwindigkeit des Mondes Io auf der Kreisbahn um den Jupiter (Bahnradius R_{Io}) gilt:

$$v_{Io} = R_{Io} \cdot \omega = R_{Io} \cdot \frac{2\pi}{T_{Io}} \qquad (1)$$

Den Bahnradius R_{Io} erhält man aus dem Kepler'schen Gesetz:

$$T_{Io}^2 = C_{Ju} \cdot R_{Io}^3 \quad \Rightarrow \quad R_{Io} = \sqrt[3]{\frac{T_{Io}^2}{C_{Ju}}} \qquad (2)$$

Gleichung (2) eingesetzt (1) ergibt:

$$v_{Io} = \sqrt[3]{\frac{T_{Io}^2}{C_{Ju}}} \cdot \frac{2\pi}{T_{Io}} = 2\pi \cdot \sqrt[3]{\frac{T_{Io}^2}{C_{Ju}} \cdot \frac{1}{T_{Io}^3}} = 2\pi \cdot \sqrt[3]{\frac{1}{C_{Ju} \cdot T_{Io}}}$$

$$= 2\pi \cdot \sqrt[3]{\frac{1}{3{,}1 \cdot 10^{-16}\ s^2m^{-3} \cdot 1{,}77 \cdot 24 \cdot 3600\ s}}$$

$$= \underline{\underline{17 \cdot 10^3\ \frac{m}{s} = 17\ \frac{km}{s} = 62 \cdot 10^3\ \frac{km}{h}}}$$

1.3.2 Eine Probemasse m erfährt an der Oberfläche des Mondes Io in dessen Gravitationsfeld die Beschleunigung $\vec{g}$ mit dem Betrag:

$$g = \frac{F_{Grav}}{m} = \frac{G^* \cdot \frac{m_{Io} \cdot m}{r_{Io}^2}}{m} = G^* \cdot \frac{m_{Io}}{r_{Io}^2}$$

$$= 6{,}67 \cdot 10^{-11} \frac{Nm^2}{kg^2} \cdot \frac{8{,}94 \cdot 10^{22}\,kg}{(1{,}82 \cdot 10^6\,m)^2} = \underline{\underline{1{,}80\,\frac{m}{s^2}}}$$

2.1 Schaltskizze:

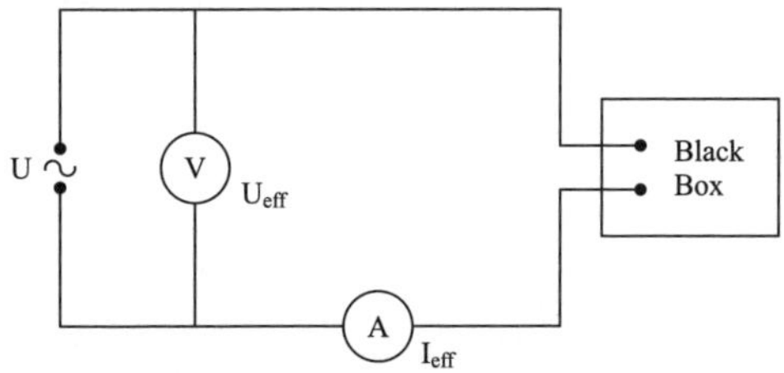

U: Wechselspannungsquelle mit veränderbarer Frequenz f und Frequenzanzeige

2.2 Bei konstanter Spannung U_{eff} gibt es für die Stromstärke I_{eff} in Abhängigkeit von der Frequenz f drei Möglichkeiten:

a) I_{eff} nimmt mit zunehmender Frequenz f ab.

Folgerung: In der Black Box befindet sich eine **Spule**, denn für deren induktiven Widerstand X_L gilt:

$$X_L = \omega \cdot L = 2\pi \cdot f \cdot L$$

X_L nimmt proportional zur Frequenz f zu und damit nimmt I_{eff} ab.

b) I_{eff} nimmt mit zunehmender Frequenz f zu.

Folgerung: In der Black Box befindet sich ein **Kondensator**, denn für dessen kapazitiven Widerstand X_C gilt:

$$X_C = \frac{1}{\omega \cdot C} = \frac{1}{2\pi \cdot f \cdot C}$$

X_C nimmt mit zunehmender Frequenz f ab und damit nimmt I_{eff} zu.

c) I_{eff} bleibt unabhängig von der Frequenz f konstant.

Folgerung: In der Black Box befindet sich ein **ohmscher Widerstand**.

2.3 Für den induktiven Widerstand gilt $X_L = 2\pi \cdot f \cdot L$ und $X_L = \frac{U_{eff}}{I_{eff}}$. Gleichsetzen liefert:

$$2\pi \cdot f \cdot L = \frac{U_{eff}}{I_{eff}} \quad \Leftrightarrow \quad L = \frac{1}{2\pi \cdot f} \cdot \frac{U_{eff}}{I_{eff}}$$

$$= \frac{1}{2\pi \cdot 120\,s^{-1}} \cdot \frac{12{,}0\,V}{25 \cdot 10^{-6}\,A}$$

$$= \underline{\underline{6{,}4 \cdot 10^2\,H}}$$

2.4.1 Es gelten die durchgehend gezeichneten Kurven.

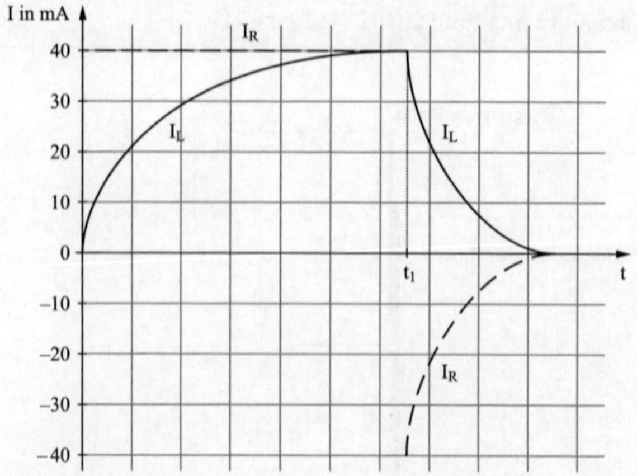

2.4.2 Siehe Aufgabenteil 2.4.1, es gelten die gestrichelt gezeichneten Kurven.

2.4.3 Der Maximalwert $I_{L,\,max}$ der Stromstärke durch die Spule wird durch ihren ohmschen Widerstand bestimmt. Es gilt also:

$$R_{Sp} = \frac{U_G}{I_{L,\,max}} = \frac{12{,}0\ \text{V}}{0{,}040\ \text{A}} = \underline{\underline{0{,}30\ \text{k}\Omega}}$$

Für den Energieinhalt W_{magn} gilt:

$$W_{magn} = \frac{1}{2} L \cdot I_{L,\,max}^2$$

$$= \frac{1}{2} \cdot 6{,}4 \cdot 10^2\ \frac{\text{Vs}}{\text{A}} \cdot (40 \cdot 10^{-3}\ \text{A})^2 = \underline{\underline{0{,}51\ \text{J}}}$$

2.4.4 Nach dem Öffnen des Schalters S besteht weiterhin ein geschlossener Stromkreis mit der Spule und dem ohmschen Widerstand R. Da die Spannungsquelle U_G fehlt, nimmt der magnetische Fluss durch die Spule ab, es wird eine Spannung U_i **induziert**.
Nach der **Lenz'schen Regel** ist die Spannung U_i so gerichtet, dass sie einen Strom der Stärke $I_L(t)$ in der ursprünglichen Richtung weiter treibt (der Entstehungsursache wird entgegen gewirkt). Dieser Strom fließt wegen der Reihenschaltung auch durch den ohmschen Widerstand R, aber entgegen der ursprünglichen Richtung von I_R.
Die Stromstärke $I_L(t)$ nimmt beginnend mit $I_L(t_1) = I_{L,\,max}$ exponentiell ab. Die Zeit Δt, die vergeht, bis kein Strom mehr nachweisbar ist, ist von der Induktivität L der Spule und vom ohmschen Widerstand $R + R_{Sp}$ der Schaltung abhängig.

Da durch die beiden Widerstände R und R_{Sp} Strom fließt, wird die magnetische Energie W_{magn} in **Wärme** verwandelt.

1.0

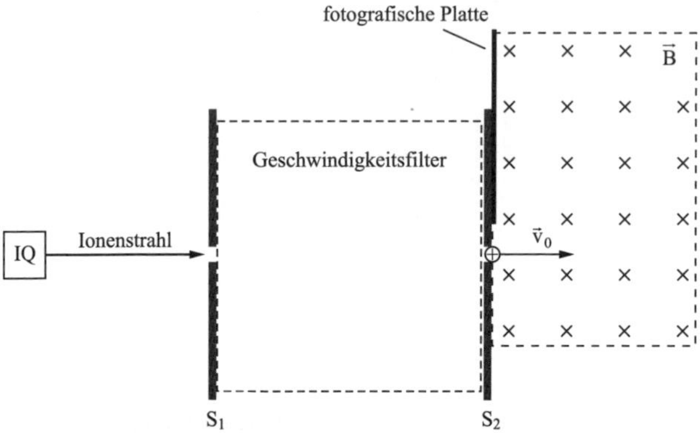

Mit der oben dargestellten Anordnung kann die Masse von Protonen bestimmt werden. Eine Wasserstoffionenquelle IQ sendet einfach positiv geladene Wasserstoffionen, u. a. Protonen ($^1_1H^+$-Ionen), mit verschiedenen kinetischen Energien aus. Durch ein kleines Loch in der Blende S_1 treten solche Ionen in einen Geschwindigkeitsfilter ein. Ionen, die den Geschwindigkeitsfilter ohne Ablenkung passieren und dann durch ein kleines Loch in der Blende S_2 verlassen, besitzen eine Geschwindigkeit $\vec{v}_0$ mit dem Betrag v_0. Die Anordnung befindet sich im Vakuum. Die auf die Ionen wirkenden Gravitationskräfte sind vernachlässigbar klein.

1.1 Erklären Sie anhand einer beschrifteten Skizze die Wirkungsweise eines Geschwindigkeitsfilters. (6 BE)

1.2.0 Nach dem Durchlaufen des Geschwindigkeitsfilters gelangen die Protonen in ein homogenes Magnetfeld, dessen Flussdichte $\vec{B}$ zeitlich konstant ist und den Betrag $B = 45$ mT hat. Beim Eintritt in das Magnetfeld haben diese Protonen die Geschwindigkeit $\vec{v}_0$, die senkrecht zu den Feldlinien gerichtet ist und den Betrag $v_0 = 2{,}8 \cdot 10^5 \, \frac{m}{s}$ hat.

1.2.1 Ein Proton erfährt im Magnetfeld eine Kraft.
Erläutern Sie, wie sich diese Kraft auf den Betrag und die Richtung der Geschwindigkeit des Protons auswirkt. (4 BE)

1.2.2 Im Magnetfeld bewegen sich die Protonen auf einem Halbkreis mit dem Radius $r_P = 6{,}5$ cm.
Berechnen Sie die Masse m_P eines Protons. (5 BE)

1.2.3 Die Ionenquelle liefert neben Protonen ($^1_1H^+$-Ionen) auch Deuteronen ($^2_1D^+$-Ionen). Für die Masse m_P und m_D der beiden Ionensorten gilt: $m_D = 2m_P$
Ein Deuteron trägt die Ladung $q_D = +1\,e$, wobei e die Elementarladung ist.
Begründen Sie rechnerisch, dass die Protonen und die Deuteronen nicht im selben Punkt auf die an der Blende S_2 angebrachte fotografische Platte treffen. (2 BE)

2.0 Ein Motorrad beschleunigt ab dem Zeitpunkt $t_0 = 0$ s auf einer geradlinigen, horizontal verlaufenden Straße aus der Ruhe heraus bis zum Zeitpunkt $t_1 = 4{,}0$ s auf eine Geschwindigkeit $\vec{v}_1$ mit dem Betrag $v_1 = 10\,\frac{m}{s}$.
Diese Geschwindigkeit $\vec{v}_1$ behält das Motorrad bis zum Zeitpunkt $t_2 = 7{,}0$ s bei. Das Motorrad und der Fahrer haben die Gesamtmasse $m = 260$ kg.
Für die folgenden Aufgaben wird vereinfachend angenommen, dass das Motorrad im Zeitintervall [0 s; 4,0 s] gleichmäßig beschleunigt und bei allen im Zeitintervall [0 s; 7,0 s] auftretenden Geschwindigkeiten der auftretende Fahrwiderstand $\vec{F}_W$ (Rollreibung zwischen den Reifen und dem Straßenbelag, Reibung im Getriebe und Antrieb, Luftwiderstand) denselben Betrag F_W hat. Dabei gilt: $F_W = 0{,}18 \cdot F_G$, wobei F_G der Betrag der Gewichtskraft $\vec{F}_G$ von Motorrad mit Fahrer ist.

2.1 Berechnen Sie den Betrag a der Beschleunigung $\vec{a}$ und die Länge s der Strecke, die das Motorrad im Zeitintervall [0 s; 7,0 s] zurücklegt.
[Teilergebnis: $a = 2{,}5\,\frac{m}{s^2}$] (4 BE)

2.2 Berechnen Sie den Betrag F_{Zug} der Zugkraft $\vec{F}_{Zug}$, die der Motor im Zeitintervall]0 s; 4,0 s[ausübt. (4 BE)

2.3.0 W(t) sei die Arbeit, die der Motor ab dem Zeitpunkt $t_0 = 0$ s bis zu einem Zeitpunkt t, der im Zeitintervall [0 s; 4,0 s] liegt, verrichtet.

2.3.1 Zeigen Sie, dass für einen Zeitpunkt t mit $0\,s \le t \le 4{,}0\,s$ gilt:

$$W(t) = 1{,}4 \cdot 10^3\,\frac{J}{s^2} \cdot t^2$$ (4 BE)

2.3.2 Stellen Sie die Abhängigkeit der Arbeit W von der Zeit t für $0\,s \le t \le 4{,}0\,s$ in einem t-W-Diagramm dar.
Erstellen Sie dazu eine Wertetabelle mit der Schrittweite $\Delta t = 1{,}0$s.
Maßstab: 0,5 s $\hat{=}$ 1 cm; 2,0 kJ $\hat{=}$ 1 cm (4 BE)

2.3.3 Bestimmen Sie mithilfe des t-W-Diagramms von Teilaufgabe 2.3.2 die mittlere Leistung des Motors für das Zeitintervall [0,5 s; 3,0 s]. (4 BE)

2.3.4 Zu einem Zeitpunkt t gibt der Motor die momentane Leistung P(t) ab.
Bestimmen Sie P(t) für den Zeitpunkt $t = 3{,}0$ s. (3 BE)

2.4.0 Das Motorrad durchfährt eine Kurve. In dieser Kurve ist die Fahrbahn nicht überhöht. Bei der Fahrt durch die Kurve bewegt sich der gemeinsame Schwerpunkt von Motorrad und Fahrer mit einer Geschwindigkeit vom Betrag $10\,\frac{m}{s}$ auf einem Kreisbogen mit dem Radius $r = 32$ m, der in einer Horizontalebene liegt.

2.4.1 Berechnen Sie anhand eines Kräfteplans den Winkel φ, um den sich der Motorradfahrer mit Motorrad aus der Vertikalen „nach innen legen", d. h. zum Kurvenmittelpunkt hin neigen muss. (6 BE)

2.4.2 Die Haftreibungszahl für den Motorradreifen auf dem Straßenbelag beträgt $\mu = 0{,}62$.
Berechnen Sie den größten Winkel φ_{max}, um den sich der Fahrer mit Motorrad „nach innen legen" kann, ohne wegzurutschen. (4 BE)

(50 BE)

Tipps und Hinweise zu Aufgabe II

Tipp zu Teilaufgabe 1.1

„Ohne Ablenkung" heißt, dass sich Kräfte aufheben müssen. Welche Felder sind dazu notwendig, wie müssen sie gerichtet sein? Belegen Sie Ihre Ausführungen durch entsprechende Beziehungen.

Tipps zu Teilaufgabe 1.2

1.2.1: Überlegen Sie, welche Richtung die Lorentzkraft hat, welche Änderung sich dadurch für die Geschwindigkeit ergibt bzw. nicht ergibt, welche Aussage sich damit zu ihrem Betrag machen lässt und schließlich, welche Bedeutung die Lorentzkraft für die sich ergebende Bahnkurve hat.

1.2.2: Die Lorentzkraft ist die für die Kreisbewegung notwendige Zentralkraft.

1.2.3: Ergibt sich aus 1.2.2 mit der entsprechenden Masse.

Tipp zu Teilaufgabe 2.1

Der zurückgelegte Weg setzt sich aus zwei Teilbewegungen zusammen, einer gleichmäßig beschleunigten Bewegung und im Anschluss eine Bewegung mit konstanter Geschwindigkeit.

Tipp zu Teilaufgabe 2.2

Der Zugkraft wirkt der Fahrwiderstand entgegen. Die Resultierende ist die beschleunigende Kraft.

Tipps zu Teilaufgabe 2.3

2.3.1: Die Zugkraft ist im gesamten Zeitintervall konstant. Die Arbeit lässt sich dann einfach berechnen.

2.3.2: Beachten Sie die vorgegebenen Maßstäbe.

2.3.3: Leistung ist Arbeit pro Zeit. Welche Größe beschreibt dies im Diagramm?
Mittlere Leistung: Im Intervall wird die Kurve durch eine Gerade ersetzt.

2.3.4: Momentane Leistung: Betrachten Sie die Tangente an den Graphen an der Stelle $t = 3{,}0\text{ s}$.

Tipps zu Teilaufgabe 2.4

2.4.1: Neben der Gewichtskraft wirkt die Fahrbahn mit einer Kraft auf das Motorrad. Als Resultierende muss sich die für die Kurvenfahrt notwendige Kraft ergeben.

2.4.2: Der Betrag der Haftreibungskraft ist nach oben beschränkt. Der Betrag der Zentralkraft darf nicht größer werden.

Lösung zu Aufgabe II

1.1 Skizze:

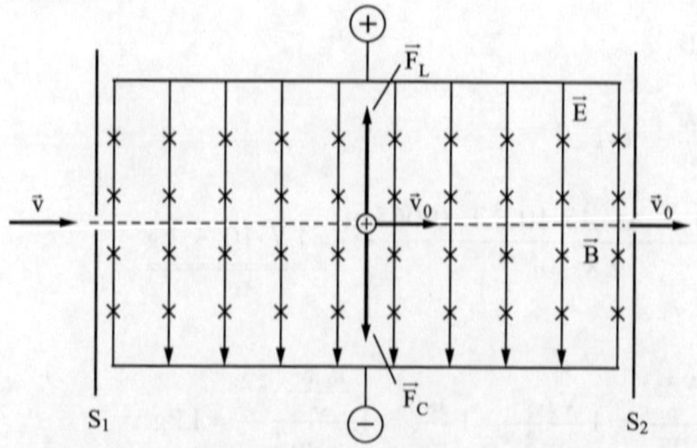

Im Raumbereich eines Geschwindigkeitsfilters existieren ein homogenes elektrisches Feld der Feldstärke $\vec{E}$ und ein homogenes magnetisches Feld der Kraftflussdichte $\vec{B}$. Beide sind zeitlich konstant und so gerichtet, dass gilt: $\vec{E} \perp \vec{B}$.
$\vec{E}$ und $\vec{B}$ müssen außerdem so orientiert sein, dass auf bewegte Ladungen die elektrische Kraft (Coulombkraft) $\vec{F}_{el}$ und die Lorentzkraft $\vec{F}_L$ einander entgegen wirken. Durch das Loch in der Blende S_1 treten Ionen mit der Ladung q und unterschiedlichem Geschwindigkeitsbetrag $|\vec{v}|$ in den Filter ein, wobei gilt: $\vec{v} \perp \vec{E}$ und $\vec{v} \perp \vec{B}$.
Im Raumbereich wirken nun einerseits die elektrische Kraft $\vec{F}_{el} = q \cdot \vec{E}$, andererseits die Lorentzkraft $\vec{F}_L = q \cdot \vec{v} \times \vec{B}$. Ionen bewegen sich dann unabgelenkt durch die Anordnung, wenn sich ein Kräftegleichgewicht einstellt, d. h. wenn gilt:

$$\vec{F}_{el} + \vec{F}_L = q \cdot \vec{E} + q \cdot \vec{v} \times \vec{B} = \vec{0}$$

Da beide Kräfte entgegen gerichtet sind, ist dies für Ionen einer bestimmten Geschwindigkeit $\vec{v}_0$ erfüllt, wenn die Beträge der beiden Kräfte gleich groß sind, wenn also gilt:

$$|q| \cdot |\vec{E}| = |q| \cdot |\vec{v}_0 \times \vec{B}|$$

Die elektrische Ladung q kürzt sich heraus, sie spielt nach Größe und Vorzeichen keine Rolle. Wegen $\vec{v}_0 \perp \vec{B}$ gilt:

$$|\vec{v}_0 \times \vec{B}| = v_0 \cdot B$$

Ionen, für deren Geschwindigkeitsbetrag v_0 die Beziehung $E = v_0 \cdot B$ erfüllt ist, durchqueren die Anordnung ohne Ablenkung und verlassen sie durch das Loch in der Blende S_2. Ionen mit einer Geschwindigkeit $\vec{v} \neq \vec{v}_0$ werden in der Anordnung abgelenkt.

1.2.1 Nach dem Verlassen des Geschwindigkeitsfilters wirkt auf die Ionen nur noch die Lorentzkraft $\vec{F}_L$, die zu jedem Zeitpunkt senkrecht zur momentanen Bahngeschwindigkeit $\vec{v}$ gerichtet ist. Damit erfährt der Betrag $|\vec{v}|$ der Bahngeschwindigkeit keine Änderung, er bleibt konstant:

$$|\vec{v}| = |\vec{v}_0|$$

Da auch stets $\vec{v} \perp \vec{B}$ gilt, bleibt der Betrag der Lorentzkraft ebenfalls konstant:

$$F_L = |q| \cdot v \cdot B = |q| \cdot v_0 \cdot B$$

Fazit: Die Lorentzkraft wirkt als Zentralkraft $\vec{F}_Z$, welche die Protonen auf eine Kreisbahn (einen Halbkreis) zwingt.

1.2.2 Nach 1.2.1 gilt für die Beträge der beteiligten Kräfte:

$$F_Z = F_L$$

$$m_P \cdot \frac{v_0^2}{r_P} = e \cdot v_0 \cdot B$$

$$m_P = \frac{e \cdot B \cdot r_P}{v_0} \qquad (*)$$

$$= \frac{1{,}6 \cdot 10^{-19}\,\text{As} \cdot 45 \cdot 10^{-3}\,\text{T} \cdot 0{,}065\,\text{m}}{2{,}8 \cdot 10^5\,\frac{\text{m}}{\text{s}}} = \underline{\underline{1{,}7 \cdot 10^{-27}\,\text{kg}}}$$

Einheitenkontrolle:

$$1\,\frac{\text{As} \cdot \frac{\text{Vs}}{\text{m}^2} \cdot \text{m}}{\frac{\text{m}}{\text{s}}} = 1\,\frac{\frac{\text{VAs}^2}{\text{m}}}{\frac{\text{m}}{\text{s}}} = 1\,\frac{\text{VAs}^3}{\text{m}^2} = 1\,\frac{\text{Js}^2}{\text{m}^2} = 1\,\frac{\frac{\text{kgm}^2}{\text{s}^2} \cdot \text{s}^2}{\text{m}^2} = 1\,\text{kg}$$

1.2.3 Nach Gleichung (∗) aus Teilaufgabe 1.2.2 gilt für die Bahnradien der Protonen bzw. Deuteronen im Magnetfeld:

$$\left.\begin{array}{l} r_P = \dfrac{m_P \cdot v_0}{e \cdot B} \\[2ex] r_D = \dfrac{m_D \cdot v_0}{e \cdot B} \end{array}\right\} \Rightarrow \frac{r_P}{r_D} = \frac{m_P}{m_D} = \frac{m_P}{2m_P} = \frac{1}{2} \Rightarrow \underline{\underline{r_D = 2r_P}}$$

Die Deuteronen treffen im doppelten Abstand vom Eintrittsort auf S_2 auf der fotografischen Platte auf wie die Protonen.

2.1 Für den Betrag der (als konstant vorausgesetzten) Beschleunigung gilt:

$$a = \frac{\Delta v}{\Delta t} = \frac{10\,\frac{\text{m}}{\text{s}}}{4{,}0\,\text{s}} = \underline{\underline{2{,}5\,\frac{\text{m}}{\text{s}^2}}}$$

Bis $t_1 = 4{,}0$ s ist es eine gleichmäßig beschleunigte Bewegung aus der Ruhe heraus, anschließend bis $t_2 = 7{,}0$ s eine Bewegung mit konstanter Geschwindigkeit. Es gilt also für den zurückgelegten Weg s:

$$s = \frac{1}{2} a \cdot t_1^2 + v_1 \cdot (t_2 - t_1)$$

$$= \frac{1}{2} \cdot 2{,}5\,\frac{\text{m}}{\text{s}^2} \cdot (4{,}0\,\text{s})^2 + 10\,\frac{\text{m}}{\text{s}} \cdot (7{,}0\,\text{s} - 4{,}0\,\text{s}) = \underline{\underline{50\,\text{m}}}$$

2.2 Der Fahrwiderstand $\vec{F}_W$ ist der Zugkraft $\vec{F}_{Zug}$ des Motors entgegen gerichtet. Die Resultierende dieser beiden Kräfte ist die beschleunigende Kraft $\vec{F}_a$. Für die Beträge dieser Kräfte gilt also:

$$F_a = F_{Zug} - F_W$$

$$\Rightarrow F_{Zug} = F_a + F_W = m \cdot a + 0{,}18 \cdot m \cdot g = m \cdot (a + 0{,}18 \cdot g)$$

$$= 260\,\text{kg} \cdot \left(2{,}5\,\frac{\text{m}}{\text{s}^2} + 0{,}18 \cdot 9{,}81\,\frac{\text{m}}{\text{s}^2}\right) = \underline{\underline{1{,}1 \cdot 10^3\,\text{N}}}$$

2.3.1 Da die Zugkraft im relevanten Zeitintervall $0\,s \leq t \leq 4{,}0\,s$ konstant ist, gilt für die Arbeit:

$$W(t) = F_{Zug} \cdot s(t) = F_{Zug} \cdot \frac{1}{2} a \cdot t^2$$

$$= \frac{1}{2} \cdot 1{,}1 \cdot 10^3\,N \cdot 2{,}5\,\frac{m}{s^2} \cdot t^2 = \underline{\underline{1{,}4 \cdot 10^3\,\frac{J}{s^2} \cdot t^2}}$$

2.3.2 Wertetabelle

t in s	0	1	2	3	4
W in kJ	0	1,4	5,6	12,6	22,4

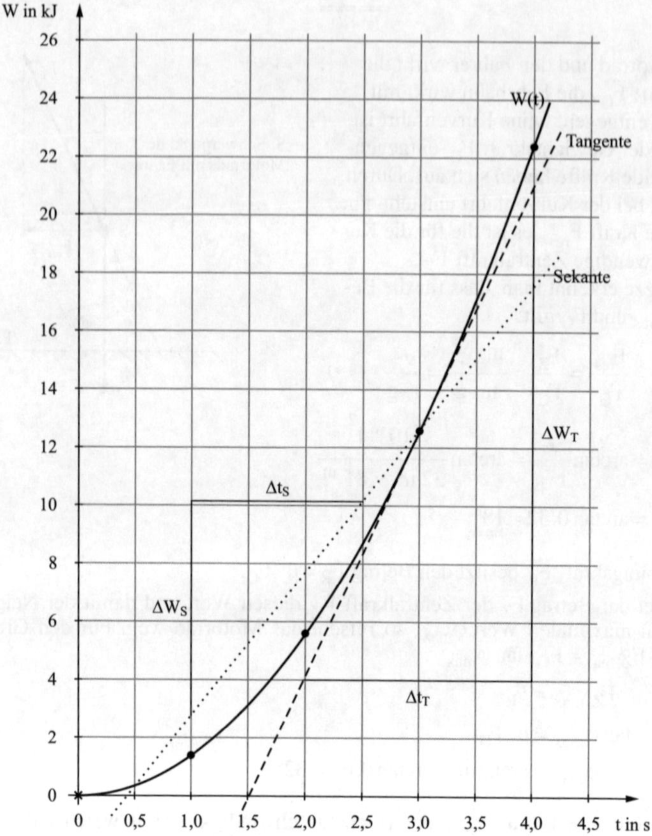

2.3.3 Für die mittlere Leistung gilt allgemein $\overline{P} = \frac{\Delta W}{\Delta t}$. Im t-W-Diagramm aus 2.3.2 entspricht dies der **Steigung der Sekante** im betrachteten Zeitintervall [0,5 s; 3,0 s]. Man entnimmt daraus z. B. $\Delta t_S = 1{,}5\,s$ und $\Delta W_S = 7{,}4\,kJ$, sodass folgt:

$$\overline{P} = \frac{7{,}4\,kJ}{1{,}5\,s} = \underline{\underline{4{,}9\,kW}}$$

2.3.4 Die momentane Leistung $P(t=3{,}0\,s)$ wird durch die **Steigung der Tangente** beschrieben. Man erhält aus der Grafik in 2.3.2 mit $\Delta t_T = 2{,}0$ s und $\Delta W_T = 17$ kJ:

$$P(3{,}0\,s) = \frac{17\,kJ}{2{,}0\,s} = \underline{\underline{8{,}5\,kW}}$$

Alternativ lässt sich die momentane Leistung mithilfe des Ergebnisses aus Teilaufgabe 2.3.1 ermitteln, da gilt:

$$P(t) = \dot{W}(t) = 2 \cdot 1{,}4 \cdot 10^3\,\frac{J}{s^2} \cdot t = 2{,}8 \cdot 10^3\,\frac{J}{s^2} \cdot t$$

$$P(3{,}0\,s) = 2{,}8 \cdot 10^3\,\frac{J}{s^2} \cdot 3{,}0\,s = \underline{\underline{8{,}4\,kW}}$$

2.4.1 Auf das Motorrad und den Fahrer wirkt die Gewichtskraft $\vec{F}_G$, die Fahrbahn wirkt mit der Kraft $\vec{F}_F$ entgegen. Ohne Kurvenfahrt ist die Kraft $\vec{F}_F$ der Gewichtskraft $\vec{F}_G$ entgegengerichtet, beide Kräfte heben sich auf. Durch die Neigung bei der Kurvenfahrt entsteht eine resultierende Kraft $\vec{F}_{res}$, es ist die für die Kurvenfahrt notwendige Zentralkraft $\vec{F}_Z$.
Aus der Skizze erkennt man, dass für die Beträge $F_Z = F_{res}$ und F_G gilt:

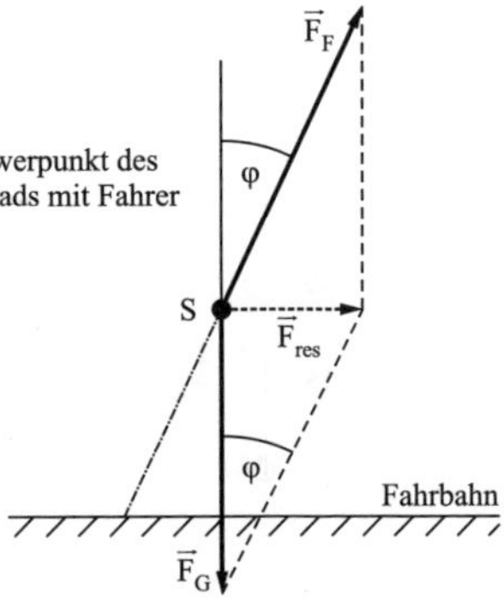

$$\tan\varphi = \frac{F_{res}}{F_G} = \frac{F_Z}{F_G} = \frac{m \cdot \frac{v^2}{r}}{m \cdot g} = \frac{v^2}{r \cdot g} \quad (**)$$

$$\Rightarrow \varphi = \arctan\frac{v^2}{r \cdot g} = \arctan\frac{\left(10\,\frac{m}{s}\right)^2}{32\,m \cdot 9{,}81\,\frac{m}{s^2}}$$

$$= \arctan 0{,}32 = \underline{\underline{18°}}$$

2.4.2 Die Haftreibungskraft $\vec{F}_R$ besitzt den Betrag $F_R = \mu \cdot F_G$.
Überschreitet der Betrag F_Z der Zentralkraft $\vec{F}_Z$ diesen Wert und damit der Neigungswinkel einen maximalen Wert φ_{max}, so rutscht das Motorrad weg. Für den Grenzfall gilt also mit $F_{Z,\,max} = F_G \cdot \tan\varphi_{max}$:

$$F_{Z,\,max} = F_R$$

$$F_G \cdot \tan\varphi_{max} = \mu \cdot F_G$$

$$\Rightarrow \quad \varphi_{max} = \arctan\mu = \arctan 0{,}62 = \underline{\underline{32°}}$$

Ergänzung: Für den Betrag v_{max} der Höchstgeschwindigkeit, mit welcher die Kurve durchfahren werden kann, gilt dann nach Gleichung (**) aus Teilaufgabe 2.4.1:

$$v_{max}^2 = \tan\varphi_{max} \cdot r \cdot g = \mu \cdot r \cdot g$$

$$\Rightarrow \quad v_{max} = \sqrt{0{,}62 \cdot 32\,m \cdot 9{,}81\,\frac{m}{s^2}} = 14\,\frac{m}{s} = 50\,\frac{km}{h}$$

Berufliche Oberschulen Bayern – Physik 12. Klasse
Fachabiturprüfung 2010 – Aufgabe III

1.0 Ein Faden und ein kleiner Metallzylinder (Durchmesser $d = 1{,}2$ cm; Masse $m = 75$ g) als Pendelkörper bilden ein Fadenpendel mit der Pendellänge ℓ. Die Masse des Fadens ist vernachlässigbar klein.
Das Pendel kann in einer vertikalen Ebene um die Gleichgewichtslage O schwingen. Reibungsverluste sollen unberücksichtigt bleiben.

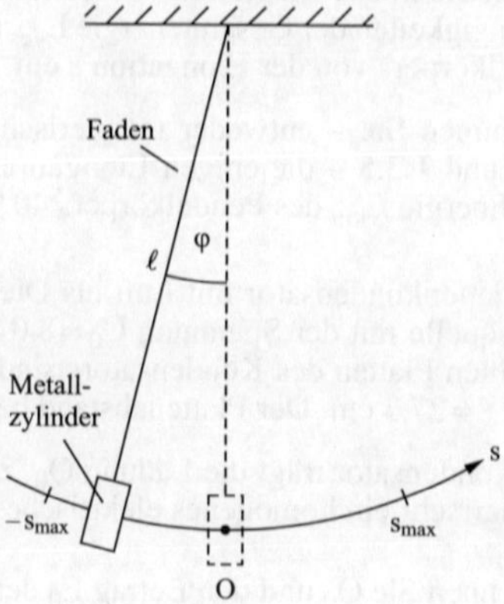

1.1 Bei einer solchen Schwingung passiert der Pendelkörper die Gleichgewichtslage O mit Geschwindigkeiten vom Betrag v_0.
Beschreiben Sie, wie v_0 experimentell bestimmt werden kann. (5 BE)

1.2 Für kleine Auslenkwinkel φ schwingt das Fadenpendel harmonisch. Für die Richtgröße D eines solchen Fadenpendels gilt

$$D = \frac{m \cdot g}{\ell},$$

wobei g der Betrag der Fallbeschleunigung ist.
Zeigen Sie durch eine allgemeine Rechnung, dass die Periodendauer T der harmonischen Schwingung eines Fadenpendels zwar abhängig von der Pendellänge ℓ, aber unabhängig von der Masse m des Pendelkörpers ist. (3 BE)

1.3.0 Die Abhängigkeit der Elongation s von der Zeit t für die Schwingung eines Fadenpendels wird durch die folgende Gleichung beschrieben:

$$s(t) = -6{,}0\,\text{cm} \cdot \cos\left(3{,}51\,\frac{1}{s} \cdot t\right)$$

1.3.1 Berechnen Sie die Periodendauer T der Schwingung und die Pendellänge ℓ.
[Teilergebnis: $\ell = 79{,}6$ cm] (5 BE)

1.3.2 Bestimmen Sie die Zeit-Geschwindigkeit-Gleichung (t-v-Gleichung) für die Schwingung des Pendelkörpers mit eingesetzten Größen.
Geben Sie den Betrag v_0 der Geschwindigkeiten an, mit denen der Pendelkörper die Gleichgewichtslage O passiert. (3 BE)

1.3.3 Die potenzielle Energie E_{pot} des Pendelkörpers sei gleich null, wenn der Pendelkörper gerade die Gleichgewichtslage passiert.
Bestätigen Sie, dass für die potenzielle Energie E_{pot} des Pendelkörpers bei einer Elongation s gilt:

$$E_{pot}(s) = 0{,}46\,\frac{J}{m^2} \cdot s^2$$ (3 BE)

1.3.4 Stellen Sie die Abhängigkeit der potenziellen Energie E_{pot} des Pendelkörpers von der Elongation s für $-6{,}0\,\text{cm} \leq s \leq 6{,}0\,\text{cm}$ in einem s-E_{pot}-Diagramm dar. Erstellen Sie dazu eine Wertetabelle mit der Schrittweite $\Delta s = 3{,}0\,\text{cm}$. Verwenden Sie dabei folgenden Maßstab: $0{,}5\,\text{mJ} \mathrel{\hat{=}} 1{,}0\,\text{cm}$ (3 BE)

1.3.5 Tragen Sie in das Diagramm von Teilaufgabe 1.3.4 auch die Graphen für die Abhängigkeiten der Gesamtenergie E_{ges} und der kinetischen Energie E_{kin} des Pendelkörpers von der Elongation s ein. (3 BE)

1.3.6 Bestimmen Sie – entweder rechnerisch oder mithilfe des Diagramms von 1.3.4 und 1.3.5 – diejenigen Elongationen s_1 und s_2, bei denen die kinetische Energie E_{kin} des Pendelkörpers 40 % der Gesamtenergie E_{ges} beträgt. (4 BE)

2.0 Ein Plattenkondensator mit Luft als Dielektrikum wird an eine Gleichspannungsquelle mit der Spannung $U_0 = 8{,}0\,\text{kV}$ angeschlossen. Die vertikal aufgestellten Platten des Kondensators sind quadratisch und haben die Kantenlänge $\ell = 27{,}3\,\text{cm}$. Der Plattenabstand beträgt $d = 3{,}0\,\text{cm}$.

2.1 Der Kondensator trägt die Ladung Q_0. Zwischen den Platten des Kondensators herrscht ein homogenes elektrisches Feld mit der elektrischen Feldstärke $\vec{E}_0$.
Berechnen Sie Q_0 und den Betrag E_0 der elektrischen Feldstärke $\vec{E}_0$. (3 BE)

2.2.0 Der Kondensator wird von der Spannungsquelle getrennt. Dann wird der gesamte Raum zwischen den Kondensatorplatten mit einem Dielektrikum der Dielektrizitätszahl ε_r ($\varepsilon_r > 1$) ausgefüllt. Dabei sinkt die Spannung zwischen den Kondensatorplatten auf den Wert $U^* = 2{,}0\,\text{kV}$.

2.2.1 Begründen Sie das Absinken der Spannung zwischen den Kondensatorplatten. (3 BE)

2.2.2 Berechnen Sie ε_r. (4 BE)

2.3.0 Das Dielektrikum wird wieder aus dem Kondensator entfernt. Eine kleine Kugel hat die Masse $m = 1{,}5\,\text{g}$ und trägt die Ladung $q = -7{,}7\,\text{nAs}$. Diese kleine Kugel wird an einem Perlonfaden hängend in die Höhe h über den Plattenkondensator gebracht.
Am Kondensator liegt weiterhin die Spannung $U_0 = 8{,}0\,\text{kV}$ an. Der Plattenabstand ist immer noch auf $d = 3{,}0\,\text{cm}$ eingestellt.
Der Perlonfaden wird durchtrennt. Die kleine Kugel fällt nach unten. Zum Zeitpunkt $t_0 = 0\,\text{s}$ dringt sie im Punkt O, der mittig zu den Kondensatorplatten liegt und der Ursprung eines x-y-Koordinatensystems ist, mit einer Geschwindigkeit $\vec{v}_0$ in das elektrische Feld des Kondensators ein.

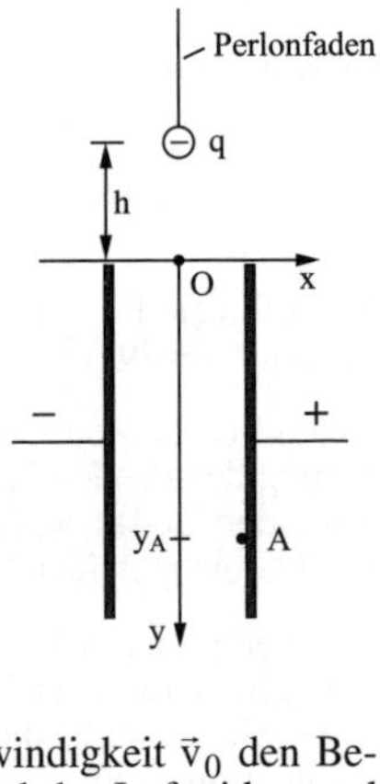

Die Höhe h wird so gewählt, dass die Eintrittsgeschwindigkeit $\vec{v}_0$ den Betrag $v_0 = 1{,}0\,\frac{\text{m}}{\text{s}}$ hat. Der Radius der kleinen Kugel und der Luftwiderstand sind vernachlässigbar klein.

2.3.1 Berechnen Sie die Höhe h. (2 BE)

2.3.2 Bestimmen Sie den Zeitpunkt t_A, zu dem die Kugel im Punkt A auf die rechte Kondensatorplatte trifft.
[Ergebnis: $t_A = 0{,}15\ s$] (6 BE)

2.3.3 Berechnen Sie die y-Koordinate y_A des Auftreffpunktes A. (3 BE)

(50 BE)

Tipps und Hinweise zu Aufgabe III

Tipp zu Teilaufgabe 1.1

Überlegen Sie, welche Größen zu messen sind oder eventuell bekannt sind, welche Messeinrichtungen Sie dazu benötigen und wie sich aus diesen Größen die Geschwindigkeit ergibt.

Tipp zu Teilaufgabe 1.2

Für die Schwingungsdauer einer harmonischen Schwingung gibt es eine allgemeine Beziehung (siehe Formelsammlung). Mit der Beziehung für die Richtgröße ergibt sich die geforderte Aussage.

Tipps zu Teilaufgabe 1.3

1.3.1: Siehe Formel von 1.2.

1.3.2: Die Beziehung für v(t) lässt sich auf übliche Weise aus s(t) ableiten.

1.3.3: Verwenden Sie die Beziehung für die Spannenergie bzw. elastische Energie aus der Formelsammlung.

1.3.4: Beachten Sie das Intervall und den vorgegebenen Maßstab.

1.3.5: Welche Eigenschaft hat die Gesamtenergie einer ungedämpften harmonischen Schwingung? Was ergibt sich damit für die kinetische Energie? Tragen Sie beide Kurven in die Grafik ein.

1.3.6: *Rechnerische Lösung:* Verwenden Sie 1.3.3 mit der entsprechenden potenziellen Energie.
Grafische Lösung: Zeichnen Sie eine passende Parallele zur s-Achse und bestimmen Sie deren Schnittpunkte mit dem Graphen von E_{kin}.

Tipp zu Teilaufgabe 2.1

Kombinieren Sie geeignete Beziehungen für die Kapazität eines Kondensators (siehe auch Formelsammlung).

Tipps zu Teilaufgabe 2.2

2.2.1: Überlegen Sie, wie sich die Ladung verhält und welchen Einfluss ε_r auf die Kapazität hat.

2.2.2: Ergibt sich aus dem Ergebnis von 2.2.1.

Tipps zu Teilaufgabe 2.3

2.3.1: Bis zum Eintritt in das elektrische Feld fällt die Kugel frei.

2.3.2: Auf die Ladung wirkt die konstante elektrische Feldkraft. Welche Art von Bewegung wird dadurch hervorgerufen? Setzen Sie die passende Beziehung für die Kräfte (zweites Newton'sches Gesetz) und die Beziehung für die Bewegung in x-Richtung an.

2.3.3: Nach dem Eintritt ins Feld (Ursprung des Koordinatensystems) fällt die Kugel immer noch frei, aber mit von null verschiedener Anfangsgeschwindigkeit.

Lösung zu Aufgabe III

1.1 Um die Gleichgewichtslage wird eine Lichtschranke installiert, wobei der Lichtstrahl senkrecht zur Schwingungsebene des Pendels ausgerichtet ist. Der Lichtempfänger, eine Fotodiode, steuert einen angeschlossenen Kurzzeitmesser. Beim Passieren der Gleichgewichtslage verdunkelt der Pendelkörper die Fotodiode für eine kleine Zeit Δt, die gemessen wird. Der Weg Δs, den der Metallzylinder während der Zeit Δt zurücklegt, entspricht dem Durchmesser d des Zylinders. v_0 lässt sich dann nach $v_0 = \frac{\Delta s}{\Delta t} = \frac{d}{\Delta t}$ berechnen.

Korrekt ist v_0 der Betrag der *mittleren* Geschwindigkeit während des Zeitintervalls Δt. Ist der Durchmesser d und damit Δt hinreichend klein, ist v_0 mit ausreichender Genauigkeit der Betrag der Geschwindigkeit des Pendelkörpers beim Durchgang durch die Gleichgewichtslage.

1.2 Für ein ungedämpft harmonisch schwingendes Pendel der Masse m und der Richtgröße D gilt allgemein:

$$T = 2\pi \cdot \sqrt{\frac{m}{D}}$$

Mit $D = \frac{m \cdot g}{\ell}$ erhält man:

$$T = 2\pi \cdot \sqrt{\frac{m}{\frac{m \cdot g}{\ell}}} = 2\pi \cdot \sqrt{\frac{\ell}{g}} \qquad (*)$$

$$\Rightarrow \quad T = \underline{\underline{k \cdot \sqrt{\ell}}} \quad \text{mit } k = \frac{2\pi}{\sqrt{g}} = \text{konst.}$$

Die Periodendauer T eines harmonisch schwingenden Fadenpendels ist unabhängig von der Pendelmasse m und nur von der Pendellänge ℓ abhängig.

1.3.1 Aus der Schwingungsgleichung entnimmt man $\omega = 3{,}51\frac{1}{s}$. Mit $T = \frac{2\pi}{\omega}$ erhält man:

$$T = \frac{2\pi}{3{,}51\,s^{-1}} = \underline{\underline{1{,}79\text{ s}}}$$

Nach Gleichung (*) aus Teilaufgabe 1.2 gilt für die Pendellänge ℓ:

$$\ell = \frac{T^2 \cdot g}{(2\pi)^2} = \frac{(1{,}79\text{ s})^2 \cdot 9{,}81\frac{m}{s^2}}{4\pi^2} = \underline{\underline{0{,}796\text{ m} = 79{,}6\text{ cm}}}$$

1.3.2 Allgemein gilt, dass die Geschwindigkeit v(t) gleich der zeitlichen Ableitung des zurückgelegten Wegs ist: $v(t) = \dot{s}(t)$. Mit $s(t) = -6{,}0\text{ cm} \cdot \cos(3{,}51\frac{1}{s} \cdot t)$ erhält man:

$$v(t) = -6{,}0\text{ cm} \cdot 3{,}51\frac{1}{s} \cdot \left(-\sin\left(3{,}51\frac{1}{s} \cdot t\right)\right)$$

$$= \underline{\underline{21\frac{cm}{s} \cdot \sin\left(3{,}51\frac{1}{s} \cdot t\right)}} \quad \text{mit } \underline{\underline{v_0 = 21\frac{cm}{s}}}$$

v(t) ist eine periodische Funktion in t mit gleicher Schwingungsdauer wie s(t). v_0 bezeichnet die Geschwindigkeitsamplitude und damit die Maximalgeschwindigkeit des Pendelkörpers, die er jeweils beim Durchgang durch die Gleichgewichtslage erreicht.

1.3.3 Für die potenzielle Energie gilt:

$$E_{pot}(s) = \frac{1}{2} D \cdot s^2$$

Mit $D = \frac{m \cdot g}{\ell}$ erhält man:

$$E_{pot}(s) = \frac{1}{2} \cdot \frac{m \cdot g}{\ell} \cdot s^2$$

$$= \frac{1}{2} \cdot \frac{75 \cdot 10^{-3}\text{ kg} \cdot 9{,}81\,\frac{\text{m}}{\text{s}^2}}{0{,}796\text{ m}} \cdot s^2 = \underline{\underline{0{,}46\,\frac{\text{J}}{\text{m}^2} \cdot s^2}}$$

Einheitenkontrolle:

$$1\,\frac{\text{kg}}{\text{s}^2} = 1\,\frac{\text{kg} \cdot \text{m}^2}{\text{s}^2 \cdot \text{m}^2} = 1\,\frac{\text{J}}{\text{m}^2}$$

1.3.4 Wertetabelle:

s in cm	0	±3,0	±6,0
E_{pot} in mJ	0	0,41	1,7

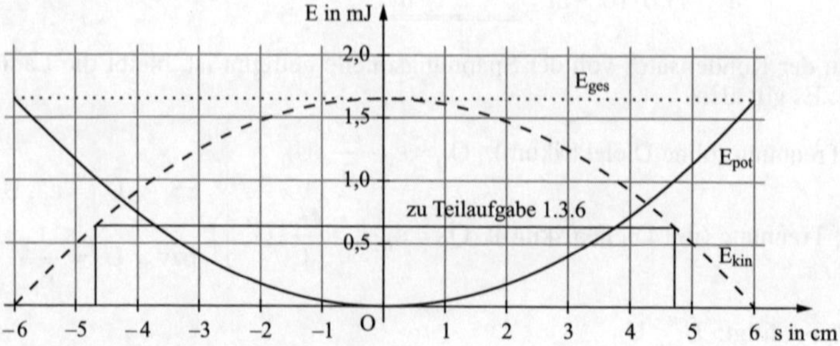

1.3.5 Siehe Grafik in Teilaufgabe 1.3.4.
Die Gesamtenergie E_{ges} ist konstant und gleich der maximalen potenziellen Energie:

$$E_{ges} = E_{pot,\,max} = 1{,}7\text{ mJ}$$

Für die kinetische Energie gilt:

$$E_{kin}(s) = E_{ges} - E_{pot}(s)$$

1.3.6 **Rechnerische Lösung**
Wenn die kinetische Energie 40 % der Gesamtenergie ausmacht, dann beträgt die potenzielle Energie 60 % der Gesamtenergie:

$$E_{pot}(s_{1;\,2}) = 0{,}60 \cdot 1{,}7\text{ mJ}$$

$$0{,}46\,\frac{\text{J}}{\text{m}^2} \cdot s_{1;\,2}^2 = 0{,}60 \cdot 1{,}7 \cdot 10^{-3}\text{ J}$$

$$\Rightarrow\; s_{1;\,2}^2 = \frac{0{,}60 \cdot 1{,}7 \cdot 10^{-3}\text{ J}}{0{,}46\,\frac{\text{J}}{\text{m}^2}} \;\Rightarrow\; s_{1;\,2} = \underline{\underline{\pm 4{,}7\text{ cm}}}$$

Grafische Lösung

Die Parallele zur s-Achse bei $E_{kin} = 0{,}40 \cdot 1{,}7\ \text{mJ} = 0{,}68\ \text{mJ}$ schneidet den s-E_{kin}-Graphen in den Punkten mit den Abszissen $\underline{\underline{s_{1;\,2} = \pm 4{,}7\ \text{cm}}}$.

2.1 Es gilt allgemein die Beziehung

$$Q_0 = C \cdot U_0$$

und speziell für den luftgefüllten Plattenkondensator mit quadratischen Platten:

$$C = \varepsilon_0 \cdot \frac{A}{d} = \varepsilon_0 \cdot \frac{\ell^2}{d}$$

Durch Verknüpfen der Gleichungen folgt:

$$Q_0 = \varepsilon_0 \cdot \frac{\ell^2}{d} \cdot U_0$$

$$= 8{,}85 \cdot 10^{-12}\, \frac{\text{As}}{\text{Vm}} \cdot \frac{(0{,}273\ \text{m})^2}{3{,}0 \cdot 10^{-2}\ \text{m}} \cdot 8{,}0 \cdot 10^3\ \text{V} = \underline{\underline{1{,}8 \cdot 10^{-7}\ \text{As}}}$$

Für den Betrag E_0 der elektrischen Feldstärke $\vec{E}_0$ erhält man:

$$E_0 = \frac{U_0}{d} = \frac{8{,}0 \cdot 10^3\ \text{V}}{3{,}0 \cdot 10^{-2}\ \text{m}} = \underline{\underline{2{,}7 \cdot 10^5\ \frac{\text{V}}{\text{m}}}}$$

2.2.1 Nachdem der Kondensator von der Spannungsquelle getrennt ist, bleibt die Ladung Q_0 konstant. Es gilt also

vor der Trennung (ohne Dielektrikum): $Q_0 = \varepsilon_0 \cdot \frac{\ell^2}{d} \cdot U_0$

nach der Trennung (mit Dielektrikum): $Q_0 = \varepsilon_r \cdot \varepsilon_0 \cdot \frac{\ell^2}{d} \cdot U^*$

$\Rightarrow \quad U_0 = \varepsilon_r \cdot U^*$ bzw. $U^* = \frac{U_0}{\varepsilon_r}$

Wegen $\varepsilon_r > 1$ folgt: $\underline{\underline{U^* < U_0}}$

2.2.2 Mit dem Ergebnis aus 2.2.1 folgt sofort:

$$\varepsilon_r = \frac{U_0}{U^*} = \frac{8{,}0\ \text{kV}}{2{,}0\ \text{kV}} = \underline{\underline{4{,}0}}$$

2.3.1 Die Kugel durchfällt die Höhe h im freien Fall. Es gilt deshalb (siehe Formelsammlung):

$$2g \cdot h = v_0^2 \;\Rightarrow\; h = \frac{v_0^2}{2g}$$

$$= \frac{\left(1{,}0\ \frac{\text{m}}{\text{s}}\right)^2}{2 \cdot 9{,}81\ \frac{\text{m}}{\text{s}^2}} = \underline{\underline{5{,}1\ \text{cm}}}$$

2.3.2 Die Kugel wird im elektrischen Feld des Kondensators durch die konstante elektrische Feldkraft in Richtung der positiven Platte beschleunigt. Es gilt:

$$x_A = \frac{1}{2} a_x \cdot t_A^2 \qquad (**)$$

Darin bedeuten $x_A = \frac{d}{2}$ den Weg in x-Richtung zur positiven Platte und a_x die durch die Feldkraft bewirkte Beschleunigung:

$$a_x = \frac{F_{el}}{m} = \frac{|q| \cdot E_0}{m} = \frac{|q| \cdot U_0}{m \cdot d}$$

Nach Einsetzen in Gleichung (**) und Umstellen folgt für den gesuchten Zeitpunkt:

$$\frac{d}{2} = \frac{1}{2} \cdot \frac{|q| \cdot U_0}{m \cdot d} \cdot t_A^2$$

$$\Rightarrow \quad t_A^2 = d^2 \cdot \frac{m}{|q| \cdot U_0}$$

$$t_A = d \cdot \sqrt{\frac{m}{|q| \cdot U_0}}$$

$$= 3{,}0 \cdot 10^{-2}\,\text{m} \cdot \sqrt{\frac{1{,}5 \cdot 10^{-3}\,\text{kg}}{7{,}7 \cdot 10^{-9}\,\text{As} \cdot 8{,}0 \cdot 10^{3}\,\text{V}}} = \underline{\underline{0{,}15\,\text{s}}}$$

Einheitenkontrolle:

$$1\,\text{m} \cdot \sqrt{\frac{\text{kg}}{\text{VAs}}} = 1\,\text{m} \cdot \sqrt{\frac{\text{kg}}{\text{J}}} = 1\,\text{m} \cdot \sqrt{\frac{\text{kg}}{\frac{\text{kg} \cdot \text{m}^2}{\text{s}^2}}} = 1\,\text{m} \cdot \frac{\text{s}}{\text{m}} = 1\,\text{s}$$

2.3.3 In y-Richtung fällt die Kugel frei mit der Anfangsgeschwindigkeit $\vec{v}_0$. Es gilt also mit der in 2.3.2 berechneten Flugzeit:

$$y_A = v_0 \cdot t_A + \frac{1}{2} g \cdot t_A^2$$

$$= 1{,}0\,\frac{\text{m}}{\text{s}} \cdot 0{,}15\,\text{s} + \frac{1}{2} \cdot 9{,}81\,\frac{\text{m}}{\text{s}^2} \cdot (0{,}15\,\text{s})^2 = \underline{\underline{26\,\text{cm}}}$$

Berufliche Oberschulen Bayern – Physik 12. Klasse
Fachabiturprüfung 2011 – Aufgabe I

1.0 Eine flache Induktionsspule ist auf einem Schlitten, der sich auf einer horizontalen Unterlage reibungsfrei bewegen kann, fest montiert. Die Induktionsspule hat die Windungszahl $N = 200$ und einen rechteckigen Querschnitt mit den Seitenlängen $\ell = 8{,}0$ cm und $b = 6{,}0$ cm.

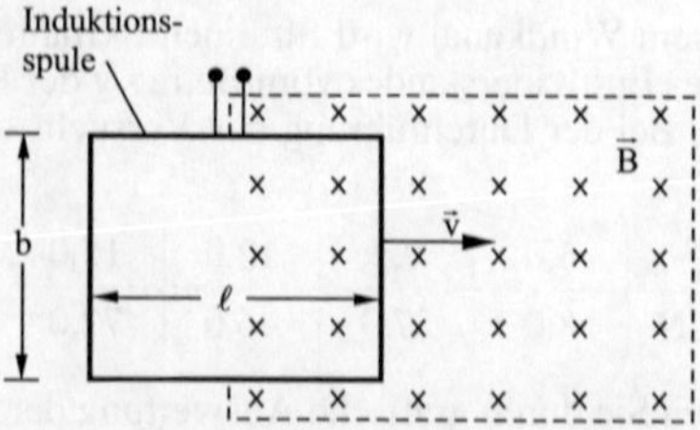

1.1.0 Der Schlitten mit der Induktionsspule wird mit einer konstanten Geschwindigkeit $\vec{v}$ in ein homogenes Magnetfeld mit der zeitlich konstanten Flussdichte $\vec{B}$ hinein bewegt. Die Flussdichte $\vec{B}$ hat den Betrag $B = 120$ mT, die Geschwindigkeit $\vec{v}$ den Betrag $v = 3{,}0\,\frac{\text{cm}}{\text{s}}$.

1.1.1 Beim Eintauchen der Spule in das Magnetfeld werden in den rechten Querleitern Elektronen verschoben, sodass zwischen dem oberen und dem unteren Ende **eines** Querleiters eine konstante Induktionsspannung mit dem Betrag U_1 entsteht.
Erläutern Sie, wie es durch die Elektronenverschiebung zu der konstanten Induktionsspannung kommt, und zeigen Sie ausgehend von einem Kraftansatz, dass gilt: $U_1 = b \cdot v \cdot B$ (6 BE)

1.1.2 Berechnen Sie den Betrag U der an den Enden der Spule auftretenden Induktionsspannung. (3 BE)

1.2.0 Die Spule ist, wie in der oben stehenden Skizze dargestellt, zur Hälfte in das Magnetfeld eingetaucht. Der Betrag B der magnetischen Flussdichte $\vec{B}$ wird innerhalb von 2,0 s gleichmäßig von 120 mT auf 0 mT herunter geregelt. Dabei bleibt der Schlitten mit der Spule in Ruhe.

1.2.1 Die nun zwischen den Enden der Spule auftretende Induktionsspannung hat den Betrag U^*. Berechnen Sie U^*. (4 BE)

1.2.2 Die Enden der Spule werden leitend verbunden. Der Versuch aus 1.2.0 wird wiederholt. Dabei kann man beobachten, dass der Schlitten mit der kurzgeschlossenen Induktionsspule aus der Ruhe heraus nach rechts beschleunigt wird.
Geben Sie für diese Beobachtung eine ausführliche Erklärung. (5 BE)

2.0 Ein Körper, der sich mit einer Geschwindigkeit $\vec{v}$ relativ zum Medium Luft bewegt, erfährt einen Luftwiderstand $\vec{F}_W$. Der Betrag F_W der Kraft $\vec{F}_W$ ist auch vom Betrag v dieser Geschwindigkeit $\vec{v}$ abhängig. Die weiteren Größen, die Einfluss auf den Luftwiderstand haben, sollen in den folgenden Aufgaben konstant sein.

2.1.0 In einem Windkanal wird für einen Skifahrer die Abhängigkeit des Betrags F_W des Luftwiderstandes vom Betrag v der Relativgeschwindigkeit $\vec{v}$ untersucht. Bei der Durchführung des Versuchs erhält man folgende Messergebnisse:

v in $\frac{m}{s}$	5,0	9,2	12,0	15,0
F_W in N	8,0	27,0	46,0	72,0

2.1.1 Weisen Sie durch grafische Auswertung der Messreihe nach, dass gilt

$$F_W = k \cdot v^2,$$

wobei k konstant, d. h. unabhängig von v ist. (5 BE)

2.1.2 Bestimmen Sie die Konstante k mithilfe des Diagramms von Teilaufgabe 2.1.1. (3 BE)

2.2.0

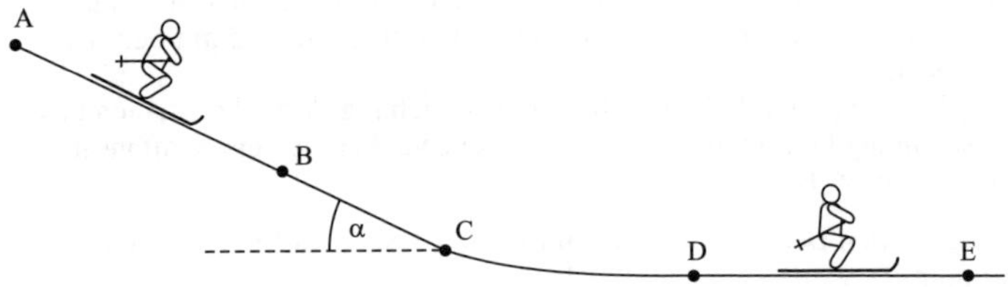

In einem Test soll die Reibungszahl μ für die Gleitreibung zwischen Ski und Schnee bestimmt werden. Dabei fährt ein Sportler bei Windstille auf Skiern ohne Stockeinsatz einen Hang hinab (siehe oben stehende Skizze). Im Punkt A startet der Skifahrer aus der Ruhe heraus. Die Strecke [AC] ist um den Winkel α gegen die Horizontale geneigt. Bei der Bewegung von A nach E ist die Gleitreibungszahl μ für die Reibung zwischen den Skiern und der Unterlage konstant; der Skifahrer erreicht Geschwindigkeiten, bei denen der Luftwiderstand nicht mehr vernachlässigt werden kann. Der Skifahrer hat zusammen mit den Skiern die Masse m.

2.2.1 Zeichnen Sie einen Kräfteplan, der alle Kräfte enthält, die bei der Bewegung von A nach C auf den Skifahrer wirken. (5 BE)

2.2.2 Bei der Bewegung von A nach B wächst der Betrag v der Geschwindigkeit des Skifahrers an. Weisen Sie mithilfe des Kräfteplans von Teilaufgabe 2.2.1 und des Ergebnisses von 2.1.1 nach, dass für den Betrag a der bei der Bewegung von A nach B auftretenden Beschleunigung gilt:

$$a = g \cdot \sin\alpha - \mu \cdot g \cdot \cos\alpha - \frac{k}{m} \cdot v^2$$ (3 BE)

2.3.0 Für die folgenden Teilaufgaben gilt:

$$m = 71\,\text{kg},\ \ \alpha = 8{,}0°\ \text{ und }\ k = 0{,}32\,\frac{\text{N}\cdot\text{s}^2}{\text{m}^2}$$

Bei der Bewegung auf der Strecke [BC] bleibt die Geschwindigkeit des Skifahrers konstant und hat den Betrag $v_B = 14\,\frac{\text{m}}{\text{s}}$.

2.3.1 Berechnen Sie mithilfe der Daten aus 2.3.0 und des Ergebnisses von Teilaufgabe 2.2.2 die Reibungszahl μ.
[Ergebnis: $\mu = 0{,}050$] (4 BE)

2.3.2 Berechnen Sie den Betrag der Anfangsbeschleunigung $\vec{a}_0$, mit der die Abfahrt des Skifahrers im Punkt A beginnt. (2 BE)

2.3.3 Der Skifahrer fährt im Punkt A zum Zeitpunkt $t_A = 0$ s los und passiert die Punkte B und C zu den Zeitpunkten t_B und t_C.
v sei der Betrag der Geschwindigkeit $\vec{v}$ des Skifahrers zu einem Zeitpunkt t mit $0\text{ s} \leq t \leq t_C$.
Skizzieren Sie für $0\text{ s} \leq t \leq t_C$ qualitativ das t-v-Diagramm für die Bewegung des Skifahrers und begründen Sie den Verlauf des Graphen im t-v-Diagramm. (6 BE)

2.3.4 Den Punkt D erreicht der Skifahrer mit einer Geschwindigkeit vom Betrag $v_D = 3{,}6\,\frac{\text{m}}{\text{s}}$.
Die Strecke zwischen den Punkten D und E verläuft horizontal. Auf dieser Strecke lässt der Skifahrer die Skier weiterhin auf dem Schnee gleiten und hält nur durch Stockschub (Schubkraft) mit den Armen die Geschwindigkeit aufrecht.
Bestätigen Sie, dass die in horizontaler Richtung ausgeübte Schubkraft den mittleren Betrag $F_S = 39$ N hat, und berechnen Sie die mittlere Leistung $\overline{P}$, die der Skifahrer durch Stockschub abgibt. (4 BE)

(50 BE)

Tipps und Hinweise zu Aufgabe I

Tipps zu Teilaufgabe 1.1

1.1.1: Welche Kräfte wirken auf Ladungen im Magnetfeld und im elektrischen Feld? Bringen Sie diese Kräfte in eine geeignete Beziehung zueinander.

1.1.2: Die Spule hat nicht nur **einen** Querleiter!

Tipps zu Teilaufgabe 1.2

1.2.1: Wenden Sie das Induktionsgesetz an.

1.2.2: Was bewirkt der geschlossene Stromkreis? Denken Sie an die Lenz'sche Regel.

Tipps zu Teilaufgabe 2.1

2.1.1: Ein grafischer Nachweis gelingt nur, wenn die Punkte auf einer Geraden liegen. Wie muss deshalb das Koordinatensystem angelegt werden?

2.1.2: Welche Bedeutung hat die Konstante k für die Grafik?

Tipps zu Teilaufgabe 2.2

2.2.1: Welche Kräfte ruft die Gewichtskraft hervor? Welche Wirkung haben Luftwiderstand und Reibung?

2.2.2: Es tritt eine Beschleunigung auf. Welche Kräfte spielen dabei eine Rolle?

Tipps zu Teilaufgabe 2.3

2.3.1: Wie groß ist die Beschleunigung, wenn die Geschwindigkeit konstant ist?

2.3.2: Beachten Sie, dass der Fahrer aus der Ruhe heraus startet.

2.3.3: Der Luftwiderstand nimmt mit der Geschwindigkeit zu. Welche Bedeutung hat dies für die Beschleunigung und damit für die Geschwindigkeitszunahme?

2.3.4: Das gleiche Problem wie in Teilaufgabe 2.2.2, die Schubkraft ersetzt den Hangabtrieb. Welche Bedeutung hat es, dass hier die Geschwindigkeit konstant ist?
Leistung ist Arbeit pro Zeit. Durch eine geeignete Umformung lässt sie sich durch bekannte Größen ausdrücken.

Lösung zu Aufgabe I

1.1.1 Bei der Bewegung eines Querleiters im Magnetfeld wirkt auf die Leiterelektronen die **Lorentzkraft**

$$\vec{F}_L = -e \cdot \vec{v} \times \vec{B},$$

wobei e der Betrag der Elementarladung ist. Nach der Dreifingerregel der rechten Hand werden die Elektronen an das untere Ende des Querleiters verschoben, am oberen Ende dagegen herrscht Mangel an den negativ geladenen Elektronen.
Zwischen dem oberen und unteren Ende des Querleiters entsteht damit ein elektrisches Feld, dessen Feldstärke $\vec{E}$ von oben nach unten gerichtet ist. Die entstehende **elektrische Kraft** $\vec{F}_e = -e \cdot \vec{E}$ wirkt der Lorentzkraft entgegen, also im Querleiter nach oben. Der Betrag $F_L = e \cdot v \cdot B$ der Lorentzkraft ist konstant, der Betrag $F_e = e \cdot E$ der elektrischen Kraft wächst mit zunehmender Größe der Ladungsverschiebung an. Der Vorgang endet, wenn beide **Kräfte im Gleichgewicht** sind, wenn also für die Beträge gilt:

$$F_e = F_L$$

$$e \cdot E = e \cdot v \cdot B$$

$$e \cdot \frac{U_1}{b} = e \cdot v \cdot B$$

Für die **Spannung U_1** erhält man damit:

$$U_1 = \underline{\underline{b \cdot v \cdot B}}$$

Alle Größen auf der rechten Seite sind konstant, damit ist auch **U_1 konstant**.

1.1.2 Die Spule hat N = 200 Windungen, d. h. 200 Querleiter, die in Reihe liegen. Damit erhält man für den **Betrag U der Induktionsspannung**:

$$U = N \cdot U_1 = N \cdot b \cdot v \cdot B$$

$$= 200 \cdot 6{,}0 \cdot 10^{-2}\,\text{m} \cdot 3{,}0 \cdot 10^{-2}\,\frac{\text{m}}{\text{s}} \cdot 120 \cdot 10^{-3}\,\frac{\text{Vs}}{\text{m}^2} = \underline{\underline{43\,\text{mV}}}$$

1.2.1 Nach dem Induktionsgesetz gilt für den **Betrag U* der induzierten Spannung**, wobei A die vom Feld durchsetzte Fläche der Spule ist:

$$U^* = |-N \cdot \dot{\Phi}| = \left|-N \cdot \frac{\Delta\Phi}{\Delta t}\right| = \left|-N \cdot A \cdot \frac{\Delta B}{\Delta t}\right| = \left|-N \cdot \frac{\ell}{2} \cdot b \cdot \frac{\Delta B}{\Delta t}\right|$$

$$= \left|-200 \cdot 4{,}0 \cdot 10^{-2}\,\text{m} \cdot 6{,}0 \cdot 10^{-2}\,\text{m} \cdot \frac{-0{,}120\,\frac{\text{Vs}}{\text{m}^2}}{2{,}0\,\text{s}}\right| = \underline{\underline{29\,\text{mV}}}$$

1.2.2 Nach der **Lenz'schen Regel** erzeugt der entstehende Strom ein Feld, das seiner Entstehungsursache entgegen wirkt. Die Entstehungsursache ist hier die Abnahme des äußeren Feldes. Der Strom erzeugt deshalb in der Spule ein Feld, das dem äußeren Feld gleichgerichtet ist (die Abnahme des äußeren Feldes wird gehemmt). Dazu muss der **Strom** in der Spule **im Uhrzeigersinn** fließen (bezogen auf die Skizze von 1.0), in den rechten Querleitern also von oben nach unten.
Auf diese Querleiter wirkt die Kraft $\vec{F} = N \cdot I \cdot \vec{b} \times \vec{B}$, wobei $\vec{b}$ in die technische Stromrichtung zeigt. Die **Kraft $\vec{F}$** ist **nach rechts** gerichtet, sie beschleunigt die Spule in diese Richtung. Die ebenfalls vorhandenen Kräfte auf die anderen im Feld befindlichen Spulenteile heben sich gegenseitig auf.

Der Betrag $F = N \cdot I \cdot b \cdot B$ der beschleunigenden Kraft ist nicht konstant, weil B nicht konstant ist. Es entsteht keine gleichmäßig beschleunigte Bewegung; der Betrag der Beschleunigung ist zu Beginn am größten und nimmt auf null ab.

2.1.1 Zum Nachweis muss F_W in Abhängigkeit von v^2 dargestellt werden. Für die Grafik erstellt man folgende Wertetabelle:

v^2 in $\frac{m^2}{s^2}$	25	85	144	225
F_W in N	8,0	27,0	46,0	72,0

v^2-F_W-Diagramm

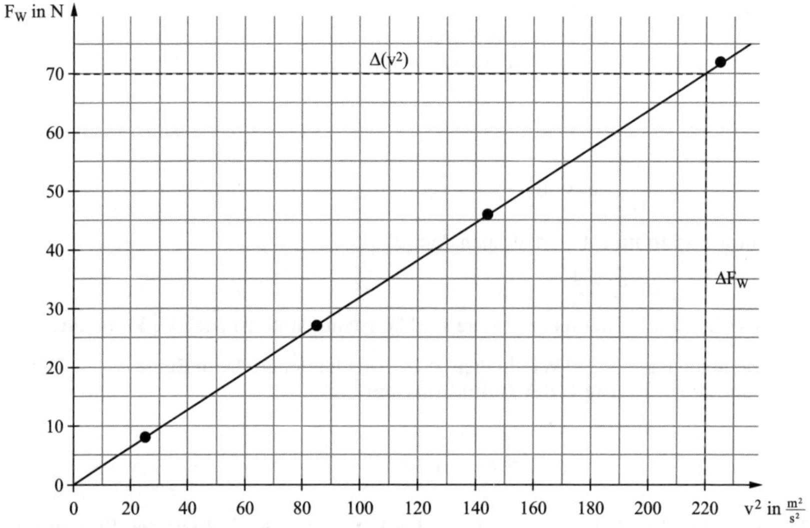

Im Rahmen der Mess- und Zeichengenauigkeit liegen die Punkte auf einer **Ursprungsgeraden.** Damit gilt

$$F_W \sim v^2 \quad \text{bzw.} \quad \underline{\underline{F_W = k \cdot v^2}},$$

wobei k eine Konstante ist (der Steigungsfaktor der Geraden).

2.1.2 Für zwei beliebige Punkte auf der Geraden gilt:

$$k = \frac{\Delta F_W}{\Delta\left(v^2\right)}$$

Aus der Grafik von 2.1.1 entnimmt man z. B. $\Delta F_W = 70\ \text{N}$ und $\Delta\left(v^2\right) = 220\ \frac{m^2}{s^2}$ und erhält für die **Konstante k**:

$$k = \frac{70\ \text{N}}{220\ \frac{m^2}{s^2}} = \underline{\underline{0{,}32\ \frac{N \cdot s^2}{m^2}}}$$

2.2.1 Das Bild rechts zeigt den **Kräfteplan**. Sämtliche Kraftvektoren greifen am Schwerpunkt des Skifahrers an. Dabei bezeichnen

$\vec{F}_G$: Gewichtskraft des Fahrers. Sie wird ersetzt durch die Komponenten $\vec{F}_H$ (Hangabtriebskraft) und $\vec{F}_N$ (Normalkraft).

$\vec{F}_U$: Kraft der Unterlage auf den Fahrer. Es ist $\vec{F}_U = -\vec{F}_N$.

$\vec{F}_R + \vec{F}_W$: Summe der Gleitreibungskraft $\vec{F}_R$ und des Luftwiderstands $\vec{F}_W$.

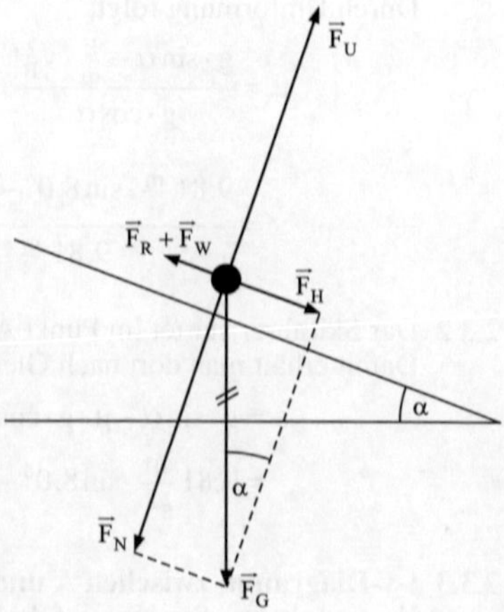

2.2.2 Für die beschleunigende Kraft $\vec{F}_a$ zwischen A und B gilt

$$\vec{F}_a = \vec{F}_H + \vec{F}_R + \vec{F}_W \qquad \text{(G0a)}$$

und für die Beträge:

$$F_a = F_H - (F_R + F_W) \qquad \text{(G0b)}$$

Mit

$$F_a = m \cdot a$$

$$F_H = F_G \cdot \sin\alpha = m \cdot g \cdot \sin\alpha$$

$$F_R = \mu \cdot F_N = \mu \cdot F_G \cdot \cos\alpha = \mu \cdot m \cdot g \cdot \cos\alpha$$

$$F_W = k \cdot v^2$$

folgt für die **Beschleunigung**:

$$m \cdot a = m \cdot g \cdot \sin\alpha - \mu \cdot m \cdot g \cdot \cos\alpha - k \cdot v^2 \qquad \text{(G1)}$$

$$\Rightarrow \quad a = g \cdot \sin\alpha - \mu \cdot g \cdot \cos\alpha - \frac{k}{m} \cdot v^2 \qquad \text{(G2)}$$

2.3.1 **Reibungszahl μ**

Bei der beschleunigten Bewegung zwischen den Punkten A und B bleiben die Beträge der Hangabtriebskraft $\vec{F}_H$ und der Reibungskraft $\vec{F}_R$ konstant, während der Betrag $F_W = k \cdot v^2$ des Luftwiderstands $\vec{F}_W$ mit dem Betrag v der Geschwindigkeit $\vec{v}$ zunimmt. Der Betrag der Beschleunigung wird daher gemäß Gleichung G2 während des Durchlaufens der Strecke [AB] kleiner, bis er für einen bestimmten, maximalen Wert v_{max} der Geschwindigkeit null wird. Der Skifahrer wird dann nicht mehr beschleunigt und durchfährt die Strecke [BC] mit der konstanten Geschwindigkeit $v_{max} = v_B = 14\,\frac{m}{s}$.

Bei der gleichförmigen Bewegung des Skifahrers mit v_B = konst. gilt a = 0. Gleichung G2 lautet dann:

$$0 = g \cdot \sin\alpha - \mu \cdot g \cdot \cos\alpha - \frac{k}{m} \cdot v_B^2$$

Durch Umformung folgt:

$$\mu = \frac{g \cdot \sin\alpha - \frac{k}{m} \cdot v_B^2}{g \cdot \cos\alpha}$$

$$= \frac{9{,}81\,\frac{m}{s^2} \cdot \sin 8{,}0° - \frac{0{,}32\,\frac{Ns^2}{m^2}}{71\,kg} \cdot \left(14\,\frac{m}{s}\right)^2}{9{,}81\,\frac{m}{s^2} \cdot \cos 8{,}0°} = \underline{\underline{0{,}050}}$$

2.3.2 Der Skifahrer startet im Punkt A aus der Ruhe heraus, d. h. es gilt $v(0\,s) = v_0 = 0\,\frac{m}{s}$. Damit erhält man dort nach Gleichung G2 für den Betrag der **Anfangsbeschleunigung**:

$$a = g \cdot \sin\alpha - \mu \cdot g \cdot \cos\alpha$$

$$= 9{,}81\,\frac{m}{s^2} \cdot \sin 8{,}0° - 0{,}050 \cdot 9{,}81\,\frac{m}{s^2} \cdot \cos 8{,}0° = \underline{\underline{0{,}88\,\frac{m}{s^2}}}$$

2.3.3 **t-v-Diagramm zwischen A und C**

Kurz nach dem Start nimmt der Betrag v der Geschwindigkeit praktisch linear zu, weil der Luftwiderstand noch vernachlässigbar ist und die Beschleunigung deshalb als konstant gelten kann. Mit der Zunahme von v kann der Luftwiderstand nicht mehr vernachlässigt werden, der Betrag a der Beschleunigung nimmt ab; damit wächst v langsamer an.
Im Punkt B zum Zeitpunkt t_B hat der Betrag der Beschleunigung auf $a_B = 0$ abgenommen, die Geschwindigkeit bleibt im Intervall $[t_B;\, t_C]$ konstant $v = v_B$ (vgl. Vorbemerkung zu Teilaufgabe 2.3.1).

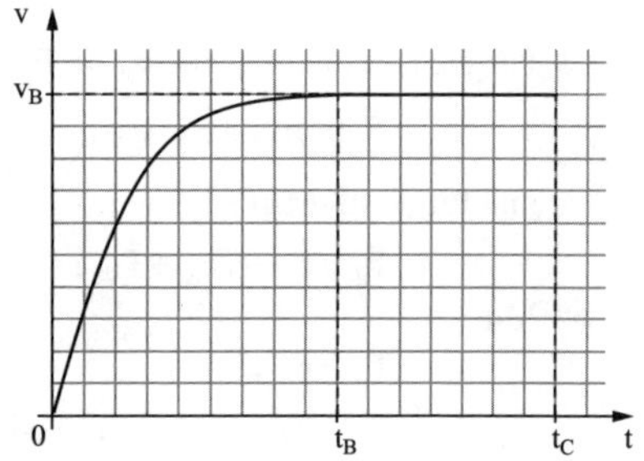

2.3.4 Die Gleichungen G0 aus Teilaufgabe 2.2.2 gelten auch hier mit der kleinen Änderung, dass die Hangabtriebskraft $\vec{F}_H$ durch die Schubkraft $\vec{F}_S$ zu ersetzen ist, also:

$$\vec{F}_a = \vec{F}_S + \vec{F}_R + \vec{F}_W$$

$$F_a = F_S - (F_R + F_W)$$

Da der Betrag v_D der Geschwindigkeit konstant bleibt, gilt $F_a = 0$, sodass für den Betrag der im Mittel ausgeübten **Schubkraft** folgt:

$$F_S = F_R + F_W = \mu \cdot m \cdot g + k \cdot v_D^2$$

$$= 0{,}050 \cdot 71\,kg \cdot 9{,}81\,\frac{m}{s^2} + 0{,}32\,\frac{Ns^2}{m^2} \cdot \left(3{,}6\,\frac{m}{s}\right)^2 = \underline{\underline{39\,N}}$$

Auf der Strecke $\Delta s = [DE]$ wird die Arbeit $W = F_S \cdot \Delta s$ in der Zeit Δt verrichtet. Für die **mittlere Leistung $\overline{P}$** gilt dann:

$$\overline{P} = \frac{W}{\Delta t} = \frac{F_S \cdot \Delta s}{\Delta t} = F_S \cdot v_D = 39\,N \cdot 3{,}6\,\frac{m}{s} = \underline{\underline{0{,}14\,kW}}$$

Berufliche Oberschulen Bayern – Physik 12. Klasse
Fachabiturprüfung 2011 – Aufgabe II

1.0 Ein Satellit bewegt sich antriebslos auf einer Kreisbahn mit dem Radius R um die Erde. Für einen Umlauf benötigt der Satellit die Zeit T. Die Erde hat den Äquatorradius $r_E = 6{,}368 \cdot 10^6$ m und die Masse $m_E = 5{,}977 \cdot 10^{24}$ kg. Die Gravitationskonstante hat den Wert $G = 6{,}673 \cdot 10^{-11} \frac{m^3}{kg \cdot s^2}$.

1.1 Leiten Sie aus dem Gravitationsgesetz eine Formel her, mit der die Umlaufdauer T aus der Gravitationskonstante G, der Masse m_E und dem Bahnradius R berechnet werden kann. (4 BE)

1.2.1 Erläutern Sie, was man unter einem Synchronsatelliten der Erde versteht, und geben Sie an, welche Bedingungen die Bewegung eines antriebslos fliegenden Satelliten erfüllen muss, damit dieser sich als Synchronsatellit um die Erde bewegt. (4 BE)

1.2.2 Ein Synchronsatellit umkreist die Erde in der Höhe h über der Erdoberfläche und besitzt dabei eine Bahngeschwindigkeit mit dem Betrag v.
Berechnen Sie h und v. (6 BE)

1.3.0 Die Erde besitzt nur einen natürlichen Satelliten, nämlich den Mond (Erdmond). Für die folgenden Aufgaben soll die Umlaufbahn, auf der sich der Mond um die Erde bewegt, eine Kreisbahn sein, deren Mittelpunkt der Massenmittelpunkt der Erde ist. Für einen Umlauf auf dieser Kreisbahn benötigt der Mond die Zeit $T_M = 27{,}32$ d. Die Erde bewegt sich auf einer Kreisbahn mit dem Radius $R_E = 149{,}6 \cdot 10^9$ m um die Sonne und benötigt für einen Umlauf die Zeit $T_E = 365{,}25$ d.

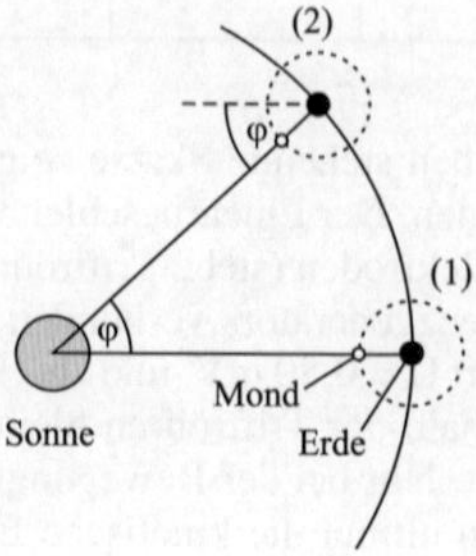

1.3.1 Berechnen Sie für die Bewegung des Mondes um die Erde die Winkelgeschwindigkeit ω_M und den Radius R_M der Umlaufbahn. (4 BE)

1.3.2 Die Skizze unter 1.3.0 zeigt die Konstellationen von Sonne, Erde und Mond für zwei aufeinander folgende Neumondphasen (1) und (2). Bei der in der Skizze dargestellten Sicht sind der Umlaufsinn der Erde und der Umlaufsinn des Mondes entgegen dem Uhrzeigersinn gerichtet.
Berechnen Sie die Zeit t_N, die zwischen diesen beiden Neumondphasen vergeht. (5 BE)

2.0 Zwischen den Platten P_0 und P_1 eines Kondensators liegt die Spannung $U_B = 0{,}80$ MV. Durch ein kleines Loch in der Platte P_0 treten Protonen mit der Geschwindigkeit $\vec{v}_0$, die den Betrag $v_0 = 4{,}8 \cdot 10^6 \, \frac{m}{s}$ hat, in das homogene elektrische Feld des Plattenkondensators ein. Bei der ungestörten Bewegung (Vakuum) durch das elektrische Feld nimmt die kinetische Energie eines Protons um ΔE_{kin} zu. Ein Proton besitzt die Masse $m_P = 1{,}67 \cdot 10^{-27}$ kg und trägt die Ladung $q_P = 1{,}60 \cdot 10^{-19}$ C. Die auf die Protonen wirkenden Gravitationskräfte können vernachlässigt werden.

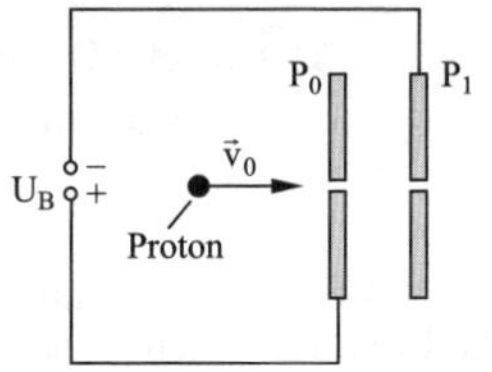

2.1 Berechnen Sie die kinetische Energie $E_{kin,0}$, die ein Proton beim Eintritt in das elektrische Feld besitzt.
[mögliches Ergebnis: $E_{kin,0} = 0{,}12$ MeV] (2 BE)

2.2 Erläutern Sie den Zusammenhang zwischen U_B und ΔE_{kin} und geben Sie diesen Zusammenhang in Form einer Gleichung an. (3 BE)

2.3.0

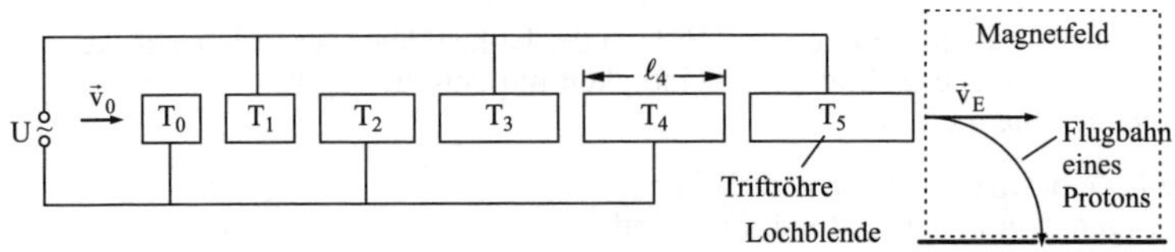

Die oben stehende Skizze zeigt das Schema eines Linearbeschleunigers für Protonen. Der Linearbeschleuniger besteht aus einer Reihe von röhrenförmigen Elektroden (siehe Triftröhren T_0, T_1, …), die mit den Polen eines Hochfrequenzgenerators verbunden sind, dessen Wechselspannung U den Scheitelwert $\hat{U} = 0{,}80$ mV und die Frequenz $f = 50$ MHz hat. Bei der Bewegung innerhalb der Triftröhren bleibt die kinetische Energie der Protonen unverändert. Nur bei der Bewegung in den schmalen Spalten zwischen den Triftröhren nimmt die kinetische Energie der Protonen zu (siehe auch 2.0). Die Laufzeit der Protonen in einem Spalt zwischen zwei Triftröhren ist gegenüber der Laufzeit in einer Triftröhre vernachlässigbar klein.
Ein Proton fliegt durch die Triftröhre T_0 mit der konstanten Geschwindigkeit $\vec{v}_0$, die den Betrag $v_0 = 4{,}8 \cdot 10^6 \, \frac{m}{s}$ hat. Mit dieser Geschwindigkeit $\vec{v}_0$ verlässt das Proton die Triftröhre T_0, und zwar unmittelbar bevor die Wechselspannung U ihren Scheitelwert $\hat{U}$ erreicht, sodass das Proton im Spalt zwischen den Triftröhren T_0 und T_1 eine Beschleunigungsspannung durchläuft, die praktisch den Betrag $\hat{U} = 0{,}80$ MV hat.

2.3.1 Erläutern Sie qualitativ, warum bei richtiger Abstimmung der Längen der Triftröhren T_1, T_2, T_3 und T_4 das Proton in jedem der Spalte zwischen zwei aufeinander folgenden Triftröhren eine Beschleunigungsspannung durchläuft, deren Betrag praktisch gleich dem Scheitelwert $\hat{U} = 0{,}80$ MV der Wechselspannung ist. (4 BE)

2.3.2 In der Triftröhre T_4 besitzt das Proton die Geschwindigkeit $\vec{v}_4$ mit dem Betrag v_4. Berechnen Sie v_4 und die Länge ℓ_4, die man für eine optimale Abstimmung (siehe 2.3.1) für die Triftröhre T_4 wählen muss.
[Teilergebnis: $v_4 = 2{,}5 \cdot 10^7 \, \frac{m}{s}$] (6 BE)

2.4.0 Da die Protonenquelle Protonen unterschiedlicher Geschwindigkeiten liefert und nicht alle Protonen optimal beschleunigt werden, sind die Geschwindigkeiten der Protonen beim Verlassen der Triftröhre T_5 nicht gleich groß. Mithilfe eines Magnetfeldes und einer Lochblende (siehe Skizze unter 2.3.0) lassen sich Protonen herausfiltern, deren Geschwindigkeit einen bestimmten Betrag v_E hat.

2.4.1 Geben Sie an, welche Eigenschaften das Magnetfeld haben muss, damit die Protonen sich im Magnetfeld auf einem Kreisbogen nach unten bewegen. (3 BE)

2.4.2 Der Betrag der magnetischen Flussdichte $\vec{B}$ wird auf den Wert $B = 700\ \text{mT}$ eingestellt. Berechnen Sie den Betrag v_E der Geschwindigkeit $\vec{v}_E$ derjenigen Protonen, die sich im Magnetfeld auf einem Viertelkreis mit dem Radius $r = 40\ \text{cm}$ bewegen und durch die Blende gelangen. (5 BE)

2.4.3 Was geschieht mit Protonen, deren Geschwindigkeit beim Eintritt in das Magnetfeld größer oder kleiner als v_E ist? Begründen Sie ihre Antwort. (4 BE)

(50 BE)

Tipps und Hinweise zu Aufgabe II

Tipp zu Teilaufgabe 1.1

- Welche Bedeutung hat die Gravitationskraft für die Bewegung auf der Kreisbahn?

Tipps zu Teilaufgabe 1.2

- **1.2.1:** Welche Bedeutung hat das Wort „synchron“? Wie müssen die Bahnparameter (Lage der Bahn, Umlaufdauer, Umlaufrichtung) beschaffen sein?
- **1.2.2:** Verwenden Sie die hergeleitete Beziehung. Vorsicht! Die Höhe h ist nicht der Bahnradius.

Tipps zu Teilaufgabe 1.3

- **1.3.1:** Die in Teilaufgabe 1.2.2 verwendete Beziehung gilt mit den entsprechenden Daten auch hier.
- **1.3.2:** In der Zeit t_N bewegt sich die Erde um den Winkel φ, der Mond macht zusätzlich eine volle Umdrehung. Drücken Sie die zurückgelegten Winkel durch die Winkelgeschwindigkeiten und die Zeit t_N aus. Das gibt eine Beziehung für t_N.

Tipp zu Teilaufgabe 2.1

- Verwenden Sie eventuell die Formelsammlung.

Tipp zu Teilaufgabe 2.2

- Das Feld verrichtet am Elektron Arbeit und erhöht damit seine kinetische Energie.

Tipps zu Teilaufgabe 2.3

- **2.3.1:** An den Röhren liegt eine Wechselspannung konstanter Periode!
  Überlegen Sie, welche Zeit ein Proton jeweils für das Durchlaufen einer Röhre brauchen darf, damit es rechtzeitig an deren Ende zur weiteren Beschleunigung ankommt. Weshalb muss die Röhrenlänge zunehmen?
  Fertigen Sie eventuell eine Skizze an mit verschiedenen Spannungszuständen der Röhren zu entsprechenden Zeiten.
- **2.3.2:** Das Proton nimmt in 4 Zwischenräumen kinetische Energie auf.

Tipps zu Teilaufgabe 2.4

- **2.4.1:** Denken Sie an grundsätzliche Eigenschaften, an Richtung und Orientierung.
- **2.4.2:** Die Lorentzkraft ist die für die Kreisbahn notwendige Zentralkraft.
- **2.4.3:** Drücken Sie den Radius r in Abhängigkeit von v_E aus, indem Sie die Gleichung aus 2.4.2 umformen. Damit lassen sich die gewünschten Aussagen machen und begründen.

Lösung zu Aufgabe II

1.1 Die Gravitationskraft $\vec{F}_{Grav}$ ist die für eine auf einer Kreisbahn mit dem Radius R umlaufende Masse m notwendige Zentralkraft $\vec{F}_Z$. Für die Beträge dieser Kräfte gilt:

$$F_{Grav} = F_Z$$

$$G \cdot \frac{m \cdot m_E}{R^2} = m \cdot R \cdot \frac{4\pi^2}{T^2}$$

Durch Umstellen und Radizieren erhält man die gesuchte **Formel für die Umlaufdauer**:

$$T^2 = \frac{4\pi^2 \cdot R^3}{G \cdot m_E}$$

$$\Rightarrow \quad T = 2\pi \cdot \sqrt{\frac{R^3}{G \cdot m_E}} \qquad \text{(G1)}$$

1.2.1 Ein **Synchronsatellit** ist ein Satellit, der die Erde so umkreist, dass er von der Erde aus betrachtet seine Position nicht verändert.
Für einen Synchronsatelliten müssen folgende Bedingungen erfüllt sein:

- Die Umlaufbahn liegt in der Äquatorebene.
- Die Umlaufdauer des Satelliten und die Zeit für eine vollständige Umdrehung der Erde stimmen überein (siehe Bemerkung unten)
- Die Umlaufsrichtung stimmt mit der Drehrichtung der Erdrotation überein.

Wie lange dauert eine **vollständige Umdrehung** der Erde? Betrachten Sie hierzu die Skizze rechts: Auf dem Weg von 1 nach 2 macht die Erde eine vollständige Umdrehung. Damit die Sonne von der Erde aus wieder an der gleichen Position erscheint, muss sich die Erde noch einen kleinen Winkel (ca. 1°) weiter drehen; während dieser zusätzlichen Drehung bewegt sie sich weiter von 2 nach 3. Von 1 nach 3 braucht die Erde 24 Stunden, das ist der mittlere Sonnentag. Für die Eigenrotation um 1° benötigt die Erde ca. 4 Minuten, d. h. für eine vollständige Umdrehung (von 1 nach 2) braucht die Erde nur etwa 23 Stunden und 56 Minuten, das sind annähernd 23,93 h. In der folgenden Aufgabe ist deshalb die Umlaufdauer nur mit drei signifikanten Stellen angegeben.

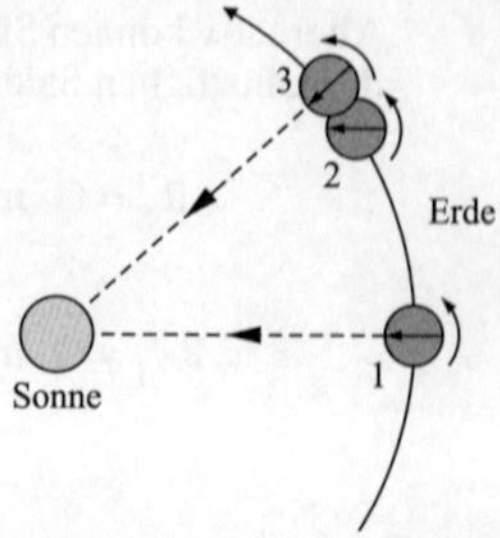

1.2.2 Aus der Gleichung G1 ergibt sich mit $T = T_S = 24{,}0$ h für den Radius $R_S = r_E + h$ der Synchronbahn:

$$R_S^3 = G \cdot m_E \cdot \frac{T_S^2}{4\pi^2}$$

$$\Rightarrow \quad R_S = \sqrt[3]{G \cdot m_E \cdot \frac{T_S^2}{4\pi^2}} \qquad \text{(G2)}$$

$$= \sqrt[3]{6{,}673 \cdot 10^{-11}\,\frac{m^3}{kg \cdot s^2} \cdot 5{,}977 \cdot 10^{24}\,kg \cdot \left(\frac{24{,}0 \cdot 3600\,s}{2\pi}\right)^2}$$

$$= 42{,}25 \cdot 10^3\,km$$

Der Satellit fliegt somit in einer **Höhe**

$$h = R_S - r_E = 42{,}25 \cdot 10^3\ \text{km} - 6{,}368 \cdot 10^3\ \text{km} = \underline{\underline{35{,}9 \cdot 10^3\ \text{km}}}$$

über der Erdoberfläche, seine **Bahngeschwindigkeit** beträgt

$$v = \frac{2\pi \cdot R_S}{T_S} = \frac{2\pi \cdot 42{,}25 \cdot 10^6\ \text{m}}{24{,}0 \cdot 3600\ \text{s}} = \underline{\underline{3{,}07\ \frac{\text{km}}{\text{s}}}}.$$

1.3.1 Für die **Winkelgeschwindigkeit ω_M** des Mondumlaufs gilt:

$$\omega_M = \frac{2\pi}{T_M} = \frac{2\pi}{27{,}32 \cdot 24{,}00 \cdot 3600\ \text{s}} = \underline{\underline{2{,}662 \cdot 10^{-6}\ \frac{1}{\text{s}}}}$$

Mithilfe von Gleichung G2 lässt sich damit der **Bahnradius R_M** berechnen:

$$R_M = \sqrt[3]{G \cdot m_E \cdot \frac{T_M^2}{4\pi^2}} = \sqrt[3]{G \cdot m_E \cdot \frac{1}{\omega_M^2}}$$

$$= \sqrt[3]{6{,}673 \cdot 10^{-11}\ \frac{\text{m}^3}{\text{kg} \cdot \text{s}^2} \cdot 5{,}977 \cdot 10^{24}\ \text{kg} \cdot \left(\frac{1\ \text{s}}{2{,}662 \cdot 10^{-6}}\right)^2}$$

$$= \underline{\underline{3{,}832 \cdot 10^8\ \text{m}}}$$

Alternativ können Sie R_M auch unter Verwendung des in 1.2.2 ermittelten Bahnradius R_S des künstlichen Satelliten berechnen:

$$\left.\begin{aligned} R_S^3 &= G \cdot m_E \cdot \frac{T_S^2}{4\pi^2} \\ R_M^3 &= G \cdot m_E \cdot \frac{T_M^2}{4\pi^2} \end{aligned}\right\} \Rightarrow \frac{R_S^3}{R_M^3} = \frac{T_S^2}{T_M^2} \Rightarrow R_M = \sqrt[3]{\left(\frac{T_M}{T_S}\right)^2} \cdot R_S$$

$$= \sqrt[3]{\left(\frac{27{,}32\ \text{d}}{1\ \text{d}}\right)^2} \cdot 42{,}25 \cdot 10^3\ \text{km}$$

$$= (27{,}32)^{\frac{2}{3}} \cdot 42{,}25 \cdot 10^3\ \text{km}$$

$$= \underline{\underline{3{,}832 \cdot 10^5\ \text{km}}}$$

1.3.2 Während die Erde sich um den Winkel φ weiter bewegt, macht der Mond zusätzlich eine volle Umrundung der Erde, er bewegt sich also um den Winkel $\varphi + 2\pi$. Damit gilt:

$$\omega_M \cdot t_N = \varphi + 2\pi \qquad (1)$$

$$\omega_E \cdot t_N = \varphi \qquad (2)$$

(1) – (2) liefert:

$$\omega_M \cdot t_N - \omega_E \cdot t_N = 2\pi$$

$$\Rightarrow\ t_N = \frac{2\pi}{\omega_M - \omega_E} \qquad (3)$$

ω_M ist aus 1.3.1 bekannt, ω_E kann ebenso zu

$$\frac{2\pi}{T_E} = \frac{2\pi}{365{,}25 \cdot 24{,}00 \cdot 3600\ \text{s}} = 1{,}991 \cdot 10^{-7}\ \frac{1}{\text{s}}$$

bestimmt werden, sodass man für die **Zeit t_N zwischen den Neumondphasen** erhält:

$$t_N = \frac{2\pi}{2{,}662 \cdot 10^{-6}\ \frac{1}{\text{s}} - 1{,}991 \cdot 10^{-7}\ \frac{1}{\text{s}}} = 2{,}551 \cdot 10^6\ \text{s} = \underline{\underline{29{,}53\ \text{d}}}$$

Auch hier können Sie alternativ über die Umlaufzeiten anstatt über die Winkelgeschwindigkeiten rechnen und ersparen sich so die Umrechnung der Zeiteinheiten. Mit $\omega_M = \frac{2\pi}{T_M}$ und $\omega_E = \frac{2\pi}{T_E}$ ergibt sich eingesetzt in (3):

$$t_N = \frac{2\pi}{\frac{2\pi}{T_M} - \frac{2\pi}{T_E}} = \frac{T_E \cdot T_M}{T_E - T_M} = \frac{365{,}25\ \text{d} \cdot 27{,}32\ \text{d}}{365{,}25\ \text{d} - 27{,}32\ \text{d}} = \underline{\underline{29{,}53\ \text{d}}}$$

2.1 Das Proton hat die **kinetische Energie**

$$E_{kin,0} = \frac{1}{2} m_P \cdot v_0^2$$

$$= \frac{1}{2} \cdot 1{,}67 \cdot 10^{-27}\ \text{kg} \cdot \left(4{,}8 \cdot 10^6\ \frac{\text{m}}{\text{s}}\right)^2 = 1{,}9 \cdot 10^{-14}\ \text{J} = \underline{\underline{0{,}12\ \text{MeV}}}.$$

2.2 Die elektrische Feldkraft $\vec{F}_{el}$ verrichtet am Proton die Arbeit W_{el}. Um diesen Betrag nimmt die kinetische Energie des Protons zu. Ist $\vec{E}$ die elektrische Feldstärke und d der Plattenabstand, so gilt für den **Zusammenhang zwischen ΔE_{kin} und U_B**:

$$\Delta E_{kin} = W_{el} = F_{el} \cdot d = q_p \cdot E \cdot d = q_p \cdot \frac{U_B}{d} \cdot d = \underline{\underline{q_p \cdot U_B}}$$

2.3.1 Die kinetische Energie des Protons nimmt immer dann zu, wenn die Röhre links des Spalts auf positivem Potenzial und die Röhre rechts des Spalts auf negativem Potenzial liegt. Wählt man den Spalt klein genug, kann man erreichen, dass praktisch die maximal mögliche Spannung, die Scheitelspannung $\hat{U}$, anliegt.
Im Spalt zwischen T_0 und T_1 wird das Proton positiv beschleunigt, wenn T_0 positiv und T_1 negativ ist. Damit dies auch im folgenden Spalt geschieht, muss T_1 positiv und T_2 negativ sein und die Spannung ihren maximalen Wert haben. Das ist nach exakt einer halben Periode der Fall. Die Länge der Röhre T_1 muss also so abgestimmt sein, dass das Proton zur richtigen Zeit den Spalt zwischen T_1 und T_2 erreicht. Weil die Geschwindigkeit des Protons von Spalt zu Spalt zunimmt und die Laufzeit in einer Röhre stets die halbe Periodendauer der Wechselspannung ist, müssen die **Längen der Röhren** entsprechend **immer größer** gewählt werden.

In der folgenden Skizze ist Weg eines Protons (•) sowie die erforderliche Polung und Längenzunahme der Röhren veranschaulicht:

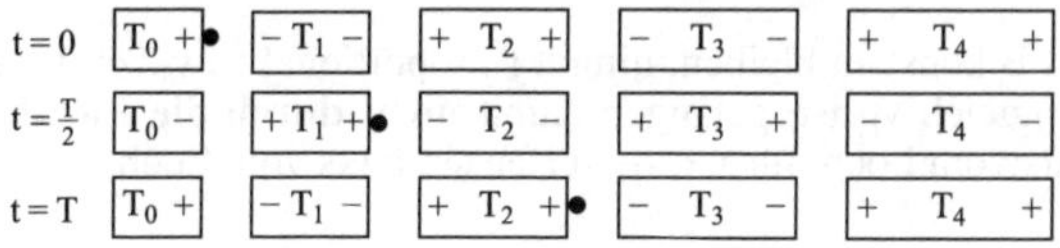

2.3.2 Bis das Proton in die Röhre T_4 gelangt, nimmt es in 4 Spalten kinetische Energie auf. Die Anfangsenergie $E_{kin,0}$ ist aus 2.1 bekannt. Dann gilt:

$$E_{kin,4} = E_{kin,0} + 4 \cdot \Delta E_{kin}$$

$$\frac{1}{2} m_p \cdot v_4^2 = E_{kin,0} + 4q_p \cdot \hat{U}$$

$$\Rightarrow \quad v_4 = \sqrt{\frac{2 \cdot (E_{kin,0} + 4q_p \cdot \hat{U})}{m_p}}$$

$$= \sqrt{\frac{2 \cdot (1{,}9 \cdot 10^{-14}\,\text{J} + 4 \cdot 1{,}60 \cdot 10^{-19}\,\text{As} \cdot 0{,}80 \cdot 10^6\,\text{V})}{1{,}67 \cdot 10^{-27}\,\text{kg}}} = 2{,}5 \cdot 10^7\,\frac{\text{m}}{\text{s}}$$

Das Proton durchläuft die Röhre T_4 mit der Geschwindigkeit v_4 in einer halben Periodendauer, also in der Zeit $t = \frac{1}{2} \cdot \frac{1}{f}$. Damit erhält man für die **erforderliche Länge ℓ_4** der Röhre T_4:

$$\ell_4 = v_4 \cdot t = 2{,}5 \cdot 10^7\,\frac{\text{m}}{\text{s}} \cdot \frac{1}{2} \cdot \frac{1}{50 \cdot 10^6\,\frac{1}{\text{s}}} = \underline{\underline{25\,\text{cm}}}$$

2.4.1 Es ist ein **zeitlich konstantes und homogenes** Magnetfeld notwendig, dessen Flussdichte $\vec{B}$ **senkrecht zur Geschwindigkeit** $\vec{v}_E$ gerichtet ist.
Damit Protonen auf einen Kreisbogen nach unten gelenkt werden, muss $\vec{B}$ **aus der Zeichenebene heraus** orientiert sein.

2.4.2 Die auf die Protonen im Magnetfeld wirkende Lorentzkraft $\vec{F}_L$ ist die für die Bewegung auf der Kreisbahn notwendige Zentralkraft $\vec{F}_Z$. Durch Gleichsetzen der Beträge dieser Kräfte und anschließender Termumformung lässt sich die nötige **Geschwindigkeit** berechnen:

$$F_Z = F_L$$

$$m_p \cdot \frac{v_E^2}{r} = q_p \cdot v_E \cdot B$$

$$\Rightarrow \quad v_E = \frac{r \cdot q_p \cdot B}{m_p} \qquad \text{(G2)}$$

$$= \frac{0{,}40\,\text{m} \cdot 1{,}60 \cdot 10^{-19}\,\text{As} \cdot 0{,}700\,\frac{\text{Vs}}{\text{m}^2}}{1{,}67 \cdot 10^{-27}\,\text{kg}} = \underline{\underline{2{,}7 \cdot 10^7\,\frac{\text{m}}{\text{s}}}}$$

2.4.3 Aus Gleichung G2 erhält man durch Umformung:

$$r = \frac{m_p}{q_p \cdot B} \cdot v_E$$

Da die Größen m_p, q_p und B konstant bleiben, nimmt r proportional zu v_E zu. Protonen, deren Geschwindigkeit ungleich v_E ist, gelangen damit **nicht durch die Lochblende**: Für $v > v_E$ treffen sie rechts vom Loch, für $v < v_E$ treffen sie links vom Loch auf.

1.0

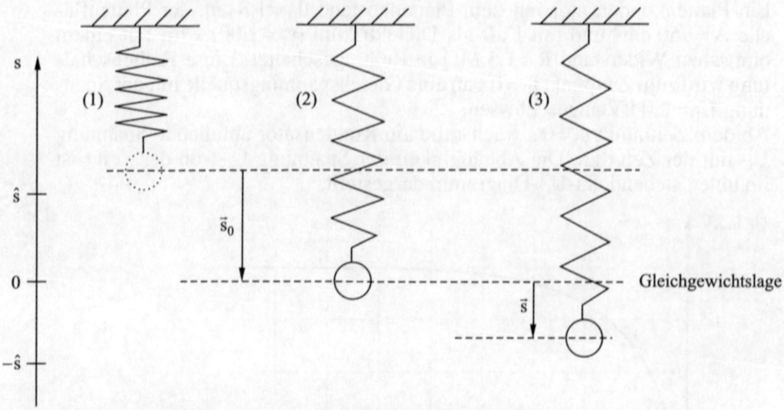

Am unteren Ende einer vertikal aufgehängten Schraubenfeder mit der Federkonstanten D wird ein Körper befestigt, dessen Masse m so groß ist, dass die Masse der Feder vernachlässigt werden kann. Der Körper und die Schraubenfeder bilden zusammen ein Feder-Schwere-Pendel. Durch die Gewichtskraft $\vec{F}_G$ des Pendelkörpers wird die Feder um s_0 vorgedehnt (siehe die in der Skizze eingezeichnete Vordehnung $\vec{s}_0$).
Wird das Pendel in vertikaler Richtung ausgelenkt und dann losgelassen, so schwingt der Pendelkörper längs einer vertikalen Achse auf und ab. Für die bei der Schwingung auftretenden Dehnungen der Feder gilt das Hooke'sche Gesetz. Dämpfungsverluste sind vernachlässigbar klein.

1.1 Weisen Sie anhand eines geeigneten Kräfteplans nach, dass das Federpendel harmonisch schwingt. (7 BE)

1.2.0 Der Pendelkörper hat die Masse $m = 120$ g. Das Federpendel wird zu einer freien Schwingung mit der Amplitude $\hat{s} = 5{,}0$ cm angeregt. Die Abhängigkeit der Elongation s von der Zeit t wird für $t \geq 0$ s durch die folgende Gleichung beschrieben:

$$s(t) = -5{,}0\,\text{cm} \cdot \cos\left(2{,}50\pi \cdot \frac{1}{\text{s}} \cdot t\right)$$

1.2.1 Berechnen Sie die Federkonstante D. (4 BE)

1.2.2 Die kinetische Energie E_{kin} des Pendelkörpers ändert sich während der Schwingung ständig.
Ermitteln Sie eine Gleichung mit eingesetzten Werten, die für $t \geq 0$ s die Abhängigkeit der kinetischen Energie E_{kin} von der Zeit t beschreibt. (3 BE)

1.2.3 Im oberen Umkehrpunkt der Schwingung erfährt der Pendelkörper die Beschleunigung $\vec{a}_0$ mit dem Betrag a_0.
Berechnen Sie a_0 und geben Sie die Richtung von $\vec{a}_0$ an. (4 BE)

1.2.4 Nennen Sie die drei mechanischen Energieformen, die bei der Schwingung des Federpendels eine Rolle spielen, und erläutern Sie die Energieumwandlungen, die bei der Bewegung des Pendelkörpers vom oberen Umkehrpunkt bis zum unteren Umkehrpunkt stattfinden. (4 BE)

2.0 Ein Plattenkondensator mit dem Plattenabstand $d_0 = 1{,}8$ cm, der Plattenfläche $A = 750\ cm^2$ und mit Luft als Dielektrikum ($\varepsilon_r = 1{,}00$) wird mit einem ohmschen Widerstand $R = 1{,}5\ M\Omega$ in Reihe geschaltet. Diese Reihenschaltung wird zum Zeitpunkt $t_0 = 0$ s an eine Gleichspannungsquelle mit der Spannung $U_0 = 2{,}0$ kV angeschlossen.
Ab dem Zeitpunkt $t_0 = 0$ s wächst die am Kondensator abfallende Spannung U_C mit der Zeit t an. Die Abhängigkeit der Spannung U_C von der Zeit t ist im unten stehenden t-U_C-Diagramm dargestellt.

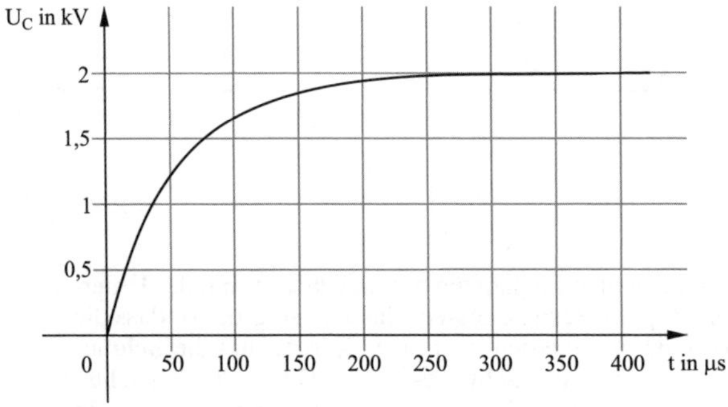

2.1.0 Die Stärke I des Ladestroms nimmt mit der Zeit t exponentiell ab.

2.1.1 Berechnen Sie den Anfangswert I(0 s) der Stromstärke I und ermitteln Sie mithilfe des t-U_C-Diagramms die Stromstärke I(75 µs).
[Teilergebnis: I(75 µs) = 0,33 mA] (5 BE)

2.1.2 Skizzieren Sie das t-I-Diagramm für $0\ s \leq t \leq 400\ \mu s$.
Verwenden Sie dabei die Ergebnisse von 2.1.1. (3 BE)

2.2.0 Der Ladevorgang ist beendet. Der Kondensator trägt nun die Ladung Q_0.
Zwischen den Platten des Kondensators herrscht ein homogenes elektrisches Feld, in dem die Energie W_0 gespeichert ist.

2.2.1 Berechnen Sie Q_0 und W_0.
Kennzeichnen Sie die Ladung Q_0 im Diagramm von Teilaufgabe 2.1.2. (5 BE)

2.2.2 Es soll experimentell bestätigt werden, dass das elektrische Feld zwischen den geladenen Kondensatorplatten homogen ist.
Beschreiben Sie einen dafür geeigneten Versuch. (6 BE)

2.3.0 Der Kondensator ist auf die Spannung $U_0 = 2{,}0$ kV aufgeladen und wird nun von der Spannungsquelle getrennt. Dann wird der Plattenabstand d variiert.

2.3.1 Untersuchen Sie durch allgemeine Rechnung, ob und gegebenenfalls wie die Kapazität C des Kondensators, die Spannung U_C zwischen den Kondensatorplatten und der Energieinhalt W_{el} des elektrischen Feldes vom Plattenabstand d abhängig sind. (5 BE)

2.3.2 Der Plattenabstand d wird von $d_0 = 1{,}8$ cm auf $d_1 = 2{,}5$ cm vergrößert. Berechnen Sie die Arbeit W, die beim Vergrößern des Plattenabstandes gegen die Anziehungskräfte der beiden ungleichnamig geladenen Kondensatorplatten verrichtet wird. (4 BE)

(50 BE)

Tipps und Hinweise zu Aufgabe III

Tipp zu Teilaufgabe 1.1

Welche Kräfte treten auf? Zu zeigen ist, dass die resultierende beschleunigende Kraft (Rückstellkraft) proportional zu Dehnung ist.

Tipps zu Teilaufgabe 1.2

1.2.1: Der Schwingungsgleichung entnimmt man die Kreisfrequenz ω. Aus der Gleichung für die Schwingungsdauer (siehe Formelsammlung) lässt sich dann die Federkonstante (Richtgröße) bestimmen.

1.2.2: Die Geschwindigkeit v(t) erhält man durch die Ableitung von s(t).

1.2.3: Die Beschleunigung a(t) ist die Ableitung von v(t).
Oder: Wenn die beschleunigende Kraft proportional zur Dehnung ist, dann ist es auch die Beschleunigung (siehe 1.1).

1.2.4: Überlegen Sie, welche Energieformen in welchen Abschnitten der Bewegung auftreten und wie sie sich ändern.

Tipps zu Teilaufgabe 2.1

2.1.1: Die Anfangsstromstärke wird durch den ohmschen Widerstand bestimmt. Für I(75 μs) entnehmen Sie dem Diagramm die entsprechende Spannung. Vorsicht! Das Diagramm zeigt die am Kondensator abfallende Spannung.

2.1.2: Beachten Sie: Ist der Kondensator vollständig geladen, fließt kein Strom mehr.

Tipps zu Teilaufgabe 2.2

2.2.1: Benützen Sie die Formelsammlung.
Kennzeichnung der Ladung: Die Ladung ist allgemein $\int I\,dt$.

2.2.2: Erinnern Sie sich an den Versuch zur Influenz, die Messung der Ladung und die sich daraus ergebende Feldstärke. Genügt **eine** Messung? Wie sieht das Gesamtergebnis aus?

Tipps zu Teilaufgabe 2.3

2.3.1: Drücken Sie die gesuchten Größen in Abhängigkeit des Abstand d aus und interpretieren Sie die Ergebnisse. Geeignete Beziehungen finden Sie in der Formelsammlung.

2.3.2: Die verrichtete Arbeit verändert den Energieinhalt des Kondensators.

Lösung zu Aufgabe III

1.1 **Kräfteplan**

Die Abbildung rechts zeigt die Feder in Position (3), ergänzt um die am Pendelkörper angreifenden Kraftvektoren.

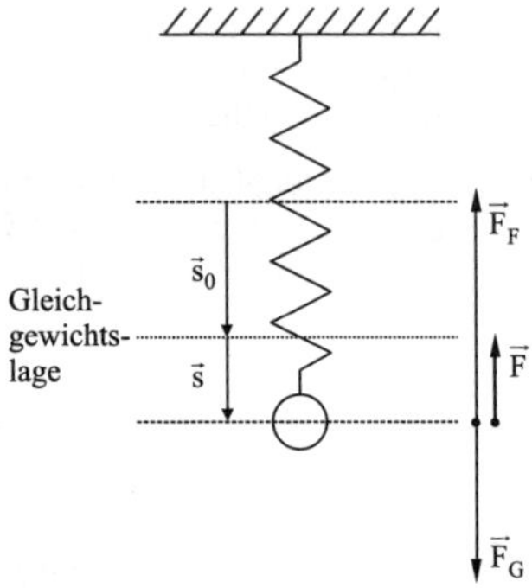

$\vec{s}_0$: Vordehnung der Feder bis zur Gleichgewichtslage

$\vec{s}$: Auslenkung aus der Gleichgewichtslage

$\vec{F}_G$: Gewichtskraft des Körpers

$\vec{F}_F$: Kraft der Feder auf den Körper

$\vec{F}$: Rückstellkraft = resultierende Kraft aus $\vec{F}_F$ und $\vec{F}_G$

Für die Rückstellkraft $\vec{F}$ gilt:

$$\vec{F} = \vec{F}_G + \vec{F}_F$$

Die Vordehnung $\vec{s}_0$ wird durch die Gewichtskraft $\vec{F}_G$ hervorgerufen, es ist also:

$$\vec{F}_G = D \cdot \vec{s}_0$$

Die Kraft $\vec{F}_F$, welche die Feder auf den Pendelkörper ausübt, ist nach dem Hooke'schen Gesetz proportional zur gesamten Dehnung der Schraubenfeder, wobei $\vec{F}_F$ entgegen der Dehnung orientiert ist. Damit gilt:

$$\vec{F}_F = -D \cdot (\vec{s}_0 + \vec{s})$$

Für die Rückstellkraft $\vec{F}$ ergibt sich damit:

$$\vec{F} = D \cdot \vec{s}_0 - D \cdot (\vec{s}_0 + \vec{s}) = -D \cdot \vec{s} \qquad \text{(G1)}$$

Es gilt ein **lineares Kraftgesetz**, das Federpendel schwingt **harmonisch**.

1.2.1 Für die Periodendauer einer harmonischen Schwingung gilt allgemein (siehe Formelsammlung):

$$T = 2\pi \cdot \sqrt{\frac{m}{D}}$$

Durch Quadrieren und Umstellen erhält man:

$$D = \frac{4\pi^2}{T^2} \cdot m = \omega^2 \cdot m$$

Der Schwingungsleichung entnimmt man $\omega = 2{,}50\pi \cdot \frac{1}{s}$, sodass die **Federkonstante** berechnet werden kann:

$$D = \left(2{,}50\pi \frac{1}{s}\right)^2 \cdot 0{,}120\,\text{kg} = \underline{\underline{7{,}40\,\frac{N}{m}}}$$

Einheitenkontrolle:

$$[D] = 1\,\frac{kg}{s^2} = 1\,\frac{kg \cdot m}{m \cdot s^2} = 1\,\frac{N}{m}$$

1.2.2 Die **kinetische Energie** hängt über

$$E_{kin}(t) = \frac{1}{2} m \cdot (v(t))^2$$

von der Momentangeschwindigkeit v(t) ab. Deren Zeitabhängigkeit lässt sich aus der gegebenen Elongationsfunktion s(t) durch Ableiten nach der Zeit bestimmen:

$$v(t) = \dot{s}(t) = -2{,}50\pi \cdot \left(-5{,}0 \cdot 10^{-2}\,\frac{m}{s} \cdot \sin\left(2{,}50\pi\,\frac{1}{s} \cdot t\right)\right)$$

$$= 0{,}125\pi\,\frac{m}{s} \cdot \sin\left(2{,}50\pi\,\frac{1}{s} \cdot t\right)$$

Daraus folgt:

$$E_{kin}(t) = \frac{1}{2} \cdot 0{,}120\,kg \cdot \left(0{,}125\pi\,\frac{m}{s} \cdot \sin\left(2{,}50\pi\,\frac{1}{s} \cdot t\right)\right)^2$$

$$\underline{\underline{= 9{,}3\,mJ \cdot \sin^2\left(2{,}50\pi\,\frac{1}{s} \cdot t\right)}}$$

1.2.3 Die Rückstellkraft ist die beschleunigende Kraft. Nach Gleichung G1 gilt deshalb:

$$m \cdot \vec{a} = -D \cdot \vec{s}$$

$$\Rightarrow \quad \vec{a} = -\frac{D}{m} \cdot \vec{s}$$

Die Beschleunigung $\vec{a}$ ist der Auslenkung $\vec{s}$ immer entgegen gerichtet, am oberen Umkehrpunkt ist $\vec{a}$ **nach unten** gerichtet. Für den Betrag von $\vec{a}$ gilt stets:

$$|\vec{a}| = \frac{D}{m} \cdot |\vec{s}\,|$$

$$\Rightarrow \quad a_0 = \frac{D}{m} \cdot s_0 = \frac{7{,}40\,\frac{N}{m}}{0{,}120\,kg} \cdot 5{,}0 \cdot 10^{-2}\,m = \underline{\underline{3{,}1\,\frac{m}{s^2}}}$$

Alternativ können Sie a_0 über die Zeitableitung der Momentangeschwindigkeit berechnen. In den Umkehrpunkten ist der Betrag der Beschleunigung maximal und damit gleich der Amplitude der a(t)-Schwingung:

$$a(t) = \dot{v}(t) = 0{,}125\pi\,\frac{m}{s} \cdot 2{,}50\pi\,\frac{1}{s} \cdot \cos\left(2{,}50\pi\,\frac{1}{s} \cdot t\right) = \underbrace{3{,}1\,\frac{m}{s^2}}_{= a_0} \cdot \cos\left(2{,}50\pi \cdot \frac{1}{s} \cdot t\right)$$

1.2.4 Bei der Schwingung eines Feder-Schwere-Pendels sind die **Spannenergie** der Feder, die **potenzielle Energie** im Gravitationsfeld der Erde und die **kinetische Energie** des schwingenden Körpers beteiligt. Es lassen sich folgende Aussagen treffen:

- An den Umkehrpunkten ist die kinetische Energie jeweils null.
- Unabhängig von der Lage des Bezugsniveaus nehmen bei der Bewegung des Körpers vom oberen zum unteren Umkehrpunkt die potenzielle Energie ab und die Spannenergie der Feder zu.
- Bis zur Gleichgewichtslage nimmt auch die kinetische Energie des Körpers auf Kosten der potenziellen Energie zu. Die abnehmende potenzielle Energie fließt also sowohl in die Spannenergie der Feder als auch in die kinetische Energie des Pendelkörpers (siehe Anmerkung unten).

- Unterhalb der Gleichgewichtslage fließt die abnehmende potenzielle Energie weiter in die Zunahme der Spannenergie, diese wird dann aber zusätzlich durch die abnehmende kinetische Energie aufgebaut.
- Im unteren Umkehrpunkt (kinetische Energie null) ist der Zuwachs der Spannenergie der Feder gleich der Abnahme der potenziellen Energie.

Dass bei der Bewegung vom oberen zum unteren Umkehrpunkt nur ein Teil der potenziellen Energie in kinetische Energie umgewandelt wird, lässt sich an einem Zahlenbeispiel belegen: Beim Durchgang durch die Gleichgewichtslage hat der schwingende Körper die Geschwindigkeit $\vec{v}_0$ vom Betrag $v_0 = 0{,}125\pi\,\frac{m}{s} = 0{,}39\,\frac{m}{s}$ (Teilaufgabe 1.2.2). Würde der Körper aus dem oberen Umkehrpunkt frei fallen, wäre er beim Durchfallen der Gleichgewichtslage deutlich schneller:

$$m \cdot g \cdot s_0 = \frac{1}{2} m \cdot v_{frei}^2 \quad \Rightarrow \quad v_{frei} = \sqrt{2g \cdot s_0} = \sqrt{2 \cdot 9{,}81\,\frac{m}{s^2} \cdot 0{,}050\,m} = 0{,}99\,\frac{m}{s}$$

2.1.1 Die **Anfangsstromstärke** I(0 s) wird allein durch den ohmschen Widerstand bestimmt:

$$I(0\,s) = \frac{U_0}{R} = \frac{2{,}0 \cdot 10^3\,V}{1{,}5 \cdot 10^6\,\frac{V}{A}} = \underline{\underline{1{,}3\,mA}}$$

Dem Diagramm entnimmt man, dass zur Zeit t = 75 µs am Kondensator 1,5 kV abfallen. Wegen der Reihenschaltung fallen am Widerstand R dann noch 0,50 kV ab und es folgt:

$$I(75\,\mu s) = \frac{0{,}50 \cdot 10^3\,V}{1{,}5 \cdot 10^6\,\frac{V}{A}} = \underline{\underline{0{,}33\,mA}}$$

Wenn Sie I(0 s) und I(75 µs) vergleichen, werden Sie feststellen, dass die Stromstärke auf ein Viertel des Anfangswerts abgefallen ist. Da Sie zudem wissen, dass die Stromstärke exponentiell abnimmt (siehe Aufgabenstellung), kennen Sie damit die Halbwertszeit $T_H = 37{,}5$ µs. Die Kenntnis von T_H erleichtert Ihnen das in der folgenden Teilaufgabe geforderte Zeichnen des t-I-Diagramms deutlich, weil Sie, ausgehend von I(0 s), leicht weitere Punkte des Graphen konstruieren können.

2.1.2 **t-I-Diagramm**

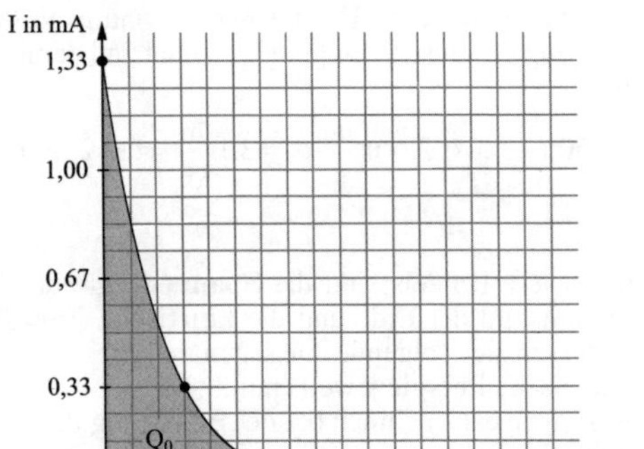

2.2.1 Die **Ladung Q_0** wird durch die grau getönte Fläche in obigem Diagramm beschrieben. Für Q_0 gilt:

$$Q_0 = C \cdot U_0 = \varepsilon_0 \cdot \frac{A}{d_0} \cdot U_0$$

$$= 8{,}85 \cdot 10^{-12} \frac{As}{Vm} \frac{750 \cdot 10^{-4}\ m^2}{1{,}8 \cdot 10^{-2}\ m} \cdot 2{,}0 \cdot 10^3\ V = \underline{\underline{74 \cdot 10^{-9}\ As}}$$

Die im Kondensator gespeicherte **Feldenergie W_0** beträgt:

$$W_0 = \frac{1}{2} Q_0 \cdot U_0$$

$$= \frac{1}{2} \cdot 74 \cdot 10^{-9}\ As \cdot 2{,}0 \cdot 10^3\ V = \underline{\underline{74 \cdot 10^{-6}\ J}}$$

2.2.2 Um die Homogenität eines elektrischen Feldes nachzuweisen, muss geprüft werden ob, die elektrische Feldstärke $\vec{E}$ im gesamten Feldbereich in Betrag und Richtung konstant ist. Dazu dient der folgende **Versuch**:

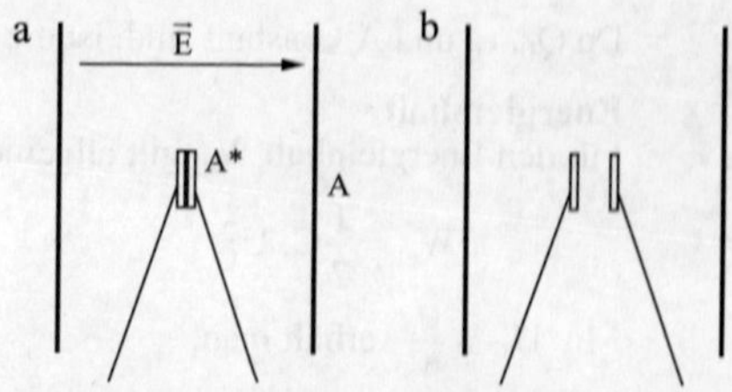

In das elektrische Feld des Kondensators bringt man zwei Metallplättchen (Influenzplattenpaar) an isolierenden Stäben. Die Metallplättchen berühren sich mit ihrer gesamten Fläche A*, sind ungeladen und parallel zu den Kondensatorplatten ausgerichtet. Durch die elektrische Feldkraft $\vec{F}_e$ werden die Ladungen auf den Plättchen getrennt – das rechte Plättchen trägt dann die positiven, das linke die negativen Ladungen (Bild a). Noch im Feld werden die Plättchen getrennt und so aus dem Feld geführt. Sie tragen beide entgegengesetzte, gleich große Ladungen (Bild b).

Die Ladung Q_i eines Plättchens wird mit einem ladungsempfindlichen Messverstärker gemessen. Der Betrag E der elektrischen Feldstärke $\vec{E}$ lässt sich dann bei bekannter Fläche A* über die Flächenladungsdichte

$$\sigma = \frac{Q_i}{A^*}$$

berechnen, denn es gilt:

$$E = \frac{\sigma}{\varepsilon_0} = \frac{Q_i}{\varepsilon_0 \cdot A^*} \quad \text{(G2)}$$

Dieser Versuch wird mehrmals wiederholt, wobei die Influenzplättchen an verschiedene Stellen zwischen den Kondensatorplatten gebracht und dort getrennt werden. (Es genügt, die Ladung Q_i zu messen; die Feldstärke muss bei diesem Versuch nicht berechnet werden, weil sie nach G2 bei konstanter Fläche A* direkt proportional zu Q_i ist).

Ergebnis: Man misst in allen Fällen die gleiche Ladung Q_i, der Betrag E der elektrischen Feldstärke $\vec{E}$ ist an allen Orten zwischen den Kondensatorplatten gleich groß. Da Richtung und Orientierung des Feldes sich nicht ändern – $\vec{E}$ ist stets senkrecht zu den Platten gerichtet und zeigt von der positiv geladenen Platte zur negativ geladenen Platte –, ist damit die **Homogenität des elektrischen Feldes in einem Plattenkondensator** experimentell nachgewiesen.

2.3.1 **Kapazität**

Für die Kapazität C eines Plattenkondensator gilt allgemein ($\varepsilon_r = 1{,}00$):

$$C = \varepsilon_0 \cdot \frac{A}{d} \Rightarrow \underline{\underline{C \sim \frac{1}{d}}}$$

Bei konstanter Fläche A ist die **Kapazität C indirekt proportional zu d**: Je größer d wird, umso kleiner wird die Kapazität.

Spannung

Ist der Kondensator von der Spannungsquelle getrennt, kann sich seine Ladung Q_0 nicht mehr verändern, Q_0 bleibt konstant. Für die Spannung U_C gilt hier deshalb:

$$U_C = \frac{Q_0}{C} = \frac{Q_0}{\varepsilon_0 \cdot \frac{A}{d}} = \frac{Q_0}{\varepsilon_0 \cdot A} \cdot d \Rightarrow \underline{\underline{U_C \sim d}}$$

Da Q_0, ε_0 und A konstant sind, ist die **Spannung U_C direkt proportional zu d.**

Energieinhalt

Für den Energieinhalt W_{el} gilt allgemein:

$$W_{el} = \frac{1}{2} C \cdot U_C^2$$

Mit $U_C = \frac{Q_0}{C}$ erhält man:

$$W_{el} = \frac{1}{2} Q_0 \cdot U_C = \frac{1}{2} \cdot \frac{Q_0^2}{\varepsilon_0 \cdot A} \cdot d \Rightarrow \underline{\underline{W_{el} \sim d}}$$

Ebenso wie die Spannung ist **der Energieinhalt W_{el} direkt proportional zu d.**

2.3.2 Die beim Vergrößern des Plattenabstands von d_0 auf d_1 **verrichtete Arbeit W** ist die Differenz zwischen den Energieinhalten $W_{el,1}$ und $W_{el,0}$:

$$W = W_{el,1} - W_{el,0} = \frac{1}{2} \cdot \frac{Q_0^2}{\varepsilon_0 \cdot A} \cdot (d_1 - d_0)$$

$$= \frac{(74 \cdot 10^{-9}\ \text{As})^2}{2 \cdot 8{,}85 \cdot 10^{-12}\ \frac{\text{As}}{\text{Vm}} \cdot 750 \cdot 10^{-4}\ \text{m}^2} \cdot (2{,}5 - 1{,}8) \cdot 10^{-2}\ \text{m} = \underline{\underline{29 \cdot 10^{-6}\ \text{J}}}$$

Berufliche Oberschulen Bayern – Physik 12. Klasse
Fachabiturprüfung 2012 – Aufgabe I

1.0

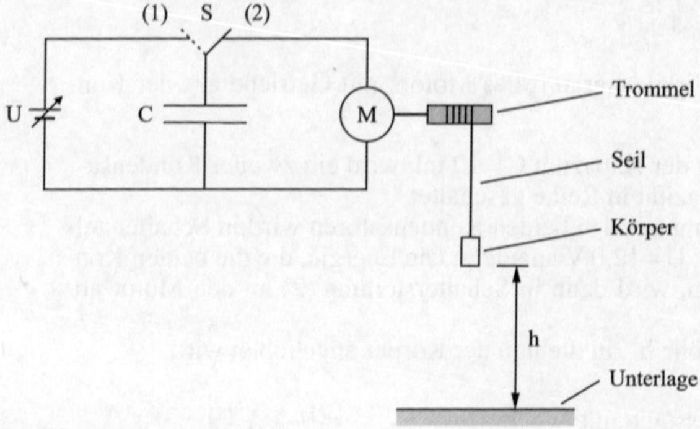

Ein Kondensator mit der Kapazität C = 10 mF dient als Energiespeicher, mit dem ein Elektromotor M betrieben werden kann. Siehe oben stehende Skizze.
In Schalterstellung (1) wird der Kondensator durch eine Gleichspannungsquelle auf die Spannung U aufgeladen. Dabei nimmt der Kondensator die Ladung Q auf, im Kondensator wird die elektrische Energie W_{el} gespeichert. Wird der Schalter S in die Stellung (2) umgelegt, so wird dem Elektromotor die Energie W_{el} zugeführt. Über ein Getriebe versetzt der Motor eine Trommel in Drehung. Dadurch wird ein Seil auf die Trommel aufgewickelt und ein am unteren Ende des Seils befestigter Körper von der Unterlage aus in die Höhe h angehoben.
Der Körper besitzt die Masse m = 100 g. Der Motor mit Getriebe hat den Wirkungsgrad η.

1.1 Der Kondensator wird auf die Spannung U = 12,0 V aufgeladen.
Berechnen Sie die Ladung Q und die elektrische Energie W_{el}, die der Kondensator aufnimmt. (4 BE)

1.2 Die Höhe h, in die der Motor den Körper anheben kann, ist abhängig von der Spannung U, auf die der Kondensator aufgeladen wurde.
Weisen Sie durch allgemeine Rechnung nach, dass gilt

$$h = \frac{\eta \cdot C \cdot U^2}{2m \cdot g},$$

wobei g der Betrag der Fallbeschleunigung $\vec{g}$ ist. (3 BE)

1.3.0 Der Zusammenhang zwischen h und U wird experimentell untersucht.
Man erhält folgende Messergebnisse:

U in V	4,00	7,50	10,0	12,0
h in cm	7,4	26,0	46,4	66,8

1.3.1 Untersuchen Sie durch grafische Auswertung der Messreihe, wie h von U abhängt. (5 BE)

1.3.2 Geben Sie den Zusammenhang zwischen h und U in Form einer Gleichung an und bestimmen Sie die in der Gleichung auftretende Konstante k aus dem Diagramm von 1.3.1.
[Ergebnis: $k = 4{,}6 \cdot 10^{-3} \frac{m}{V^2}$] (3 BE)

1.3.3 Berechnen Sie den Wirkungsgrad η des Motors mit Getriebe aus der Konstanten k. (4 BE)

1.4 Zum Kondensator mit der Kapazität $C = 10$ mF wird ein zweiter Kondensator mit derselben Kapazität in Reihe geschaltet.
An die Reihenschaltung aus den beiden Kondensatoren wird in Schalterstellung (1) die Spannung $U = 12{,}0$ V angelegt. Die Energie, die die beiden Kondensatoren aufnehmen, wird dann in Schalterstellung (2) an den Motor abgegeben.
Bestimmen Sie die Höhe h^*, in die nun der Körper angehoben wird. (3 BE)

2.0 Eine flache Induktionsspule mit der Windungszahl $N = 150$ hat einen rechteckigen Querschnitt mit der Breite $b = 5{,}0$ cm und der Höhe $h = 6{,}0$ cm.
Diese Spule steht senkrecht über einer Horizontalebene H, die ein homogenes Magnetfeld nach oben begrenzt (siehe nebenstehende Skizze).
Die magnetische Flussdichte $\vec{B}$ ist zeitlich konstant und hat den Betrag $B = 240$ mT.
Bei den folgenden Induktionsversuchen ist die Querschnittsfläche der Spule stets senkrecht zu den Magnetfeldlinien ausgerichtet.

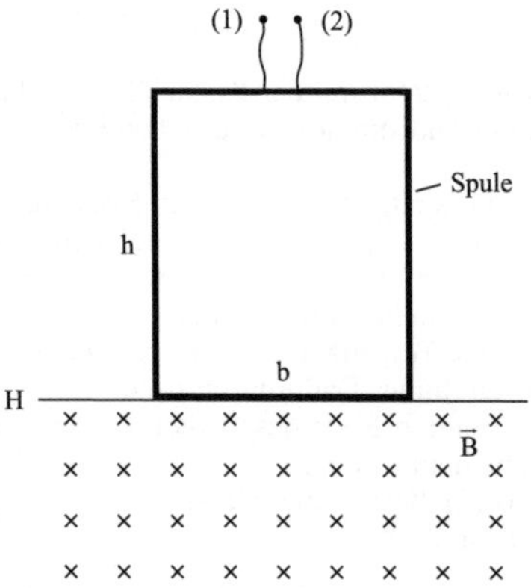

2.1.0 Die Spule wird mit der konstanten Geschwindigkeit $\vec{v}$, die den Betrag $v = 1{,}5 \frac{cm}{s}$ hat, vertikal nach unten in das Magnetfeld hineinbewegt.
Zum Zeitpunkt $t_0 = 0$ s treten die unteren Querleiter der Spule in das Magnetfeld ein. Zum Zeitpunkt $t = 6{,}0$ s haben die unteren Querleiter der Spule das Magnetfeld noch nicht verlassen.

2.1.1 Φ_{max} ist der Maximalwert des magnetischen Flusses Φ bei der Abwärtsbewegung der Spule.
Berechnen Sie Φ_{max} und zeichnen Sie das t-Φ-Diagramm für $0\,s \leq t \leq 6{,}0\,s$. (5 BE)

2.1.2 Die zwischen den Spulenenden (1) und (2) auftretende Induktionsspannung $U_{i,1}$ hat den Betrag U_1.
Stellen Sie den zeitlichen Verlauf von U_1 für $0\,s \leq t \leq 6{,}0\,s$ grafisch dar. (4 BE)

2.2.0 Die Spule befindet sich wieder, wie in 2.0 beschrieben, über der Horizontalebene H. Ab dem Zeitpunkt $t_0 = 0$ s lässt man nun die Spule aus der Ruhe heraus frei fallen. Zum Zeitpunkt t_v ist die Spule soeben vollständig in das Magnetfeld eingetaucht.

2.2.1 Beim Eintauchen der Spule in das Magnetfeld wirken auf ein Elektron in einem unteren Querleiter zusätzlich zur Gewichtskraft zwei weitere Kräfte. Nennen Sie diese beiden Kräfte und geben Sie deren Richtungen an. (2 BE)

2.2.2 Zeigen Sie ausgehend von einem Kraftansatz, dass für den Betrag U_2 der während der Eintauchphase zwischen den Spulenenden (1) und (2) auftretenden Induktionsspannung $U_{i,2}$ gilt

$$U_2 = N \cdot B \cdot b \cdot v_F,$$

wobei v_F der Betrag der momentanen Fallgeschwindigkeit $\vec{v}_F$ ist. (5 BE)

2.2.3 Im Zeitintervall [t_v; 0,14 s] befindet sich die Spule vollständig im Magnetfeld.
Berechnen Sie den Zeitpunkt t_v und zeichnen Sie das t-U_2-Diagramm zu dem unter 2.2.0 beschriebenen Induktionsversuch für $0\,s \leq t \leq 0{,}14\,s$.
[Maßstab für die t-Achse: $0{,}02\,s \mathrel{\hat{=}} 1\,cm$] (6 BE)

2.3.0 Die Enden (1) und (2) der Spule werden leitend verbunden. Die kurzgeschlossene Spule hat den ohmschen Widerstand R. Man lässt die kurzgeschlossene Spule noch einmal in das Magnetfeld hineinfallen.

2.3.1 Während die Spule in das Magnetfeld eintaucht, fließt durch die Spule ein Induktionsstrom.
Geben Sie den Umlaufsinn des Induktionsstromes an.
Begründen Sie Ihre Antwort. (2 BE)

2.3.2 Begründen Sie, dass die Beschleunigung der kurzgeschlossenen Spule beim Eintauchen in das Magnetfeld nicht konstant ist. (4 BE)

(50 BE)

Tipps und Hinweise zu Aufgabe I

Tipp zu Teilaufgabe 1.1

Verwenden Sie gegebenenfalls die Formelsammlung.

Tipp zu Teilaufgabe 1.2

Das Verhältnis Hubarbeit zur elektrischen Energie ist der Wirkungsgrad.

Tipps zu Teilaufgabe 1.3

1.3.1: Nur wenn der Graph eine Gerade ist, lässt sich ein Ergebnis formulieren. Welcher Zusammenhang zwischen der Spannung und der Höhe ist offensichtlich bzw. lässt sich vermuten?

1.3.2: Wählen Sie für die Bestimmung von k ein geeignetes Steigungsdreieck (leicht ablesbare Wertepaare).

1.3.3: Der Vergleich der Ergebnisse aus den Teilaufgaben 1.2 und 1.3.2 liefert eine Beziehung für den Wirkungsgrad.

Tipp zu Teilaufgabe 1.4

Wie wirkt sich ein zweiter, in Reihe geschalteter Kondensator auf die Gesamtkapazität aus?

Tipp zu Teilaufgabe 2.1

Für den maximalen Fluss muss die eingetauchte Fläche maximal sein. Wie lange dauert es bis zu diesem Zustand?

Tipps zu Teilaufgabe 2.2

Eine Induktionsspannung entsteht nur, wenn der Fluss sich ändert. In welchem Zeitintervall ist dies der Fall? Wenden sie das Induktionsgesetz an.

2.2.1: Es werden geladene Teilchen im Magnetfeld bewegt. Welche Kraft wirkt, welche entsteht dadurch?

2.2.2: Die beiden Kräfte sind im Gleichgewicht. Daraus ergibt sich eine Beziehung für die Induktionsspannung.

2.2.3: Die Spule durchfällt die Höhe h frei bis zum vollständigen Eintauchen. Aus den Beziehungen für den freien Fall ergibt sich die Zeit t_v und die Eintauchgeschwindigkeit. Nach der Beziehung von Teilaufgabe 2.2.2 lässt sich dann das Diagramm zeichnen.

Tipps zu Teilaufgabe 2.3

2.3.1: Beziehen Sie sich auf die Ergebnisse von Teilaufgabe 2.2.1.

2.3.2: Durch den Induktionsstrom wirkt auf die unteren Querleiter eine zusätzliche Kraft nach oben. Zeigen Sie, dass deren Betrag nicht konstant ist. Welche Konsequenz hat dies für die Gesamtkraft und damit für die Beschleunigung?

Lösung zu Aufgabe I

1.1 Für die **Ladung** gilt:

$$Q = C \cdot U = 10 \cdot 10^{-3} \frac{Vs}{A} \cdot 12{,}0\ V = \underline{\underline{0{,}12\ As}}$$

Für die **elektrische Energie** gilt:

$$W_{el} = \frac{1}{2} C \cdot U^2 = \frac{1}{2} Q \cdot U = \frac{1}{2} \cdot 0{,}12\ As \cdot 12{,}0\ V = \underline{\underline{0{,}72\ J}}$$

1.2 Der Wirkungsgrad ist definiert als das Verhältnis von Nutzenergie zur eingesetzten Energie, also hier:

$$\eta = \frac{W_{mech}}{W_{el}} \quad \Rightarrow \quad W_{mech} = \eta \cdot W_{el}$$

Mit $W_{mech} = m \cdot g \cdot h$ und $W_{el} = \frac{1}{2} C \cdot U^2$ erhält man für die erreichbare **Höhe**:

$$m \cdot g \cdot h = \eta \cdot \frac{1}{2} C \cdot U^2 \quad \Rightarrow \quad h = \frac{\eta \cdot \frac{1}{2} C \cdot U^2}{m \cdot g} = \underline{\underline{\frac{\eta \cdot C \cdot U^2}{2m \cdot g}}}$$

1.3.1 Nach Teilaufgabe 1.2 ist h von U^2 abhängig, es ist also ein **U^2-h-Diagramm** zu zeichnen.

Gäbe es diese Information nicht, könnten Sie diesen Zusammenhang z. B. aufgrund der ersten und der vierten Messung vermuten: Die dreifache Spannung ergibt in etwa die neunfache Höhe.

Die Tabelle wird entsprechend ergänzt:

U^2 in V^2	16,0	56,3	100	144
h in cm	7,4	26,0	46,4	66,8

Geeignete Maßstäbe für die Achsen sind z. B.:
U^2-Achse: $20\ V^2 \mathrel{\hat{=}} 1\ cm$
h-Achse: $10\ cm \mathrel{\hat{=}} 1\ cm$

Die Messpunkte liegen im Rahmen der Messgenauigkeit auf einer **Ursprungsgeraden**, es gilt also:

$$\underline{\underline{h \sim U^2}}$$

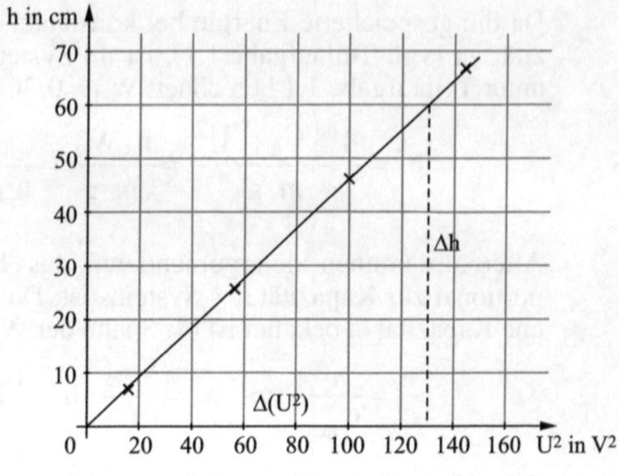

1.3.2 Die Ursprungsgerade hat hier die Gleichung $h = k \cdot U^2$, wobei k die **Proportionalitätskonstante** ist. Für sie gilt:

$$k = \frac{h}{U^2} \quad \text{bzw.} \quad k = \frac{\Delta h}{\Delta(U^2)}$$

Aus der Grafik in Teilaufgabe 1.3.1 entnimmt man leicht abzulesende Werte und erhält:

$$k = \frac{0{,}60\ m}{130\ V^2} = \underline{\underline{4{,}6 \cdot 10^{-3} \frac{m}{V^2}}}$$

1.3.3 Nach Teilaufgabe 1.2 gilt für die Höhe h:

$$h = \frac{\eta \cdot C \cdot U^2}{2m \cdot g} = \frac{\eta \cdot C}{2m \cdot g} \cdot U^2$$

Andererseits gilt nach Teilaufgabe 1.3.2 aber auch:

$$h = k \cdot U^2$$

Durch Vergleich beider Beziehungen erhält man:

$$k = \frac{\eta \cdot C}{2m \cdot g}$$

Daraus erhält man durch Umstellen den **Wirkungsgrad**:

$$\eta = \frac{2m \cdot g \cdot k}{C} = \frac{2 \cdot 0{,}100\ \text{kg} \cdot 9{,}81\ \frac{\text{m}}{\text{s}^2} \cdot 4{,}6 \cdot 10^{-3}\ \frac{\text{m}}{\text{V}^2}}{10 \cdot 10^{-3}\ \frac{\text{As}}{\text{V}}} = \underline{\underline{0{,}90}}$$

Einheitenkontrolle:

$$1\ \frac{\text{kg} \cdot \frac{\text{m}^2}{\text{s}^2 \cdot \text{V}^2}}{\frac{\text{As}}{\text{V}}} = 1\ \frac{\text{kg} \cdot \frac{\text{m}^2}{\text{s}^2}}{\text{As} \cdot \text{V}} = 1\ \frac{\text{J}}{\text{J}} = 1$$

1.4 Für die Gesamtkapazität C_{ges} bei der Reihenschaltung von zwei Kondensatoren gleicher Kapazität gilt:

$$\frac{1}{C_{ges}} = \frac{1}{C} + \frac{1}{C} \quad \Rightarrow \quad C_{ges} = \frac{1}{2}C$$

Da die gespeicherte Energie bei konstanter Spannung U proportional zur Gesamtkapazität ist (vgl. Teilaufgabe 1.1), ist im System nur halb so viel Energie gespeichert wie unter Teilaufgabe 1.1 berechnet: $W_{el}^* = 0{,}36\ \text{J}$. Nach Teilaufgabe 1.2 gilt deshalb für h^*:

$$h^* = \frac{\eta \cdot \frac{1}{2} C_{ges} \cdot U^2}{m \cdot g} = \frac{\eta \cdot W_{el}^*}{m \cdot g} = \frac{0{,}90 \cdot 0{,}36\ \text{J}}{0{,}100\ \text{kg} \cdot 9{,}81\ \frac{\text{m}}{\text{s}^2}} = \underline{\underline{33\ \text{cm}}}$$

Alternativ können Sie argumentieren, dass bei konstanter Spannung U die Höhe h proportional zur Kapazität des Systems ist. Da für U = 12,0 V die Höhe für die ursprüngliche Kapazität C bekannt ist (4. Spalte der Wertetabelle), folgt:

$$\frac{h}{C} = \frac{h^*}{C_{ges}} \quad \Rightarrow \quad h^* = \frac{C_{ges}}{C} \cdot h = \frac{1}{2} h = \frac{1}{2} \cdot 66{,}8\ \text{cm} = \underline{\underline{33{,}4\ \text{cm}}}$$

2.1.1 Der **magnetische Fluss** wird **maximal**, wenn die gesamte Spulenfläche in das Feld eingetaucht ist:

$$\Phi_{max} = B \cdot A_{max} = B \cdot b \cdot h = 0{,}240\ \frac{\text{Vs}}{\text{m}^2} \cdot 0{,}050\ \text{m} \cdot 0{,}060\ \text{m} = \underline{\underline{7{,}2 \cdot 10^{-4}\ \text{Vs}}}$$

Bei der gegebenen Eintauchgeschwindigkeit $v = 1{,}5\ \frac{\text{cm}}{\text{s}}$ ist die Spule nach

$$t_{ein} = \frac{h}{v} = \frac{6{,}0\ \text{cm}}{1{,}5\ \frac{\text{cm}}{\text{s}}} = 4{,}0\ \text{s}$$

vollständig eingetaucht.

Damit ergibt sich folgendes **t-Φ-Diagramm**:

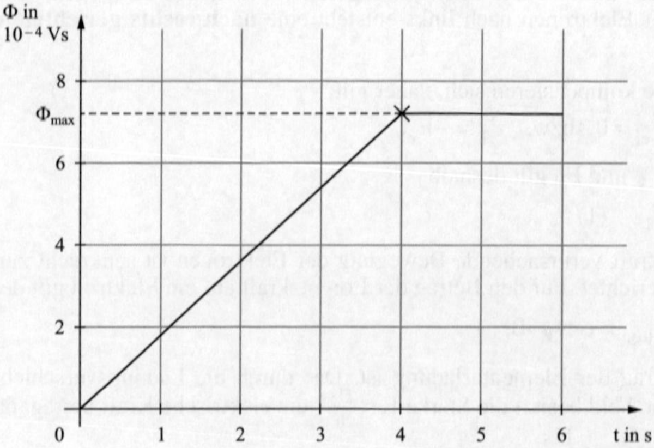

Der magnetische Fluss nimmt linear mit der Zeit zu, bis er seinen Maximalwert erreicht. Bezeichnet s(t) die Eintauchtiefe als Funktion der Zeit mit $s_{max} = s(t_{ein}) = h$, folgt:

$$\Phi(t) = B \cdot A(t) = B \cdot b \cdot s(t) = B \cdot b \cdot v \cdot t \quad \text{für } 0\,s \le t \le t_{ein}$$

$$\Phi(t) = \Phi_{max} \quad \text{für } t_{ein} \le t \le 6{,}0\,s$$

2.1.2 t-U_1-Diagramm

Für die Eintauchphase im Zeitintervall [0 s; 4,0 s] ist U_1 wegen der konstanten Geschwindigkeit konstant. Es gilt:

$$U_1 = \left| -N \cdot \frac{\Delta\Phi}{\Delta t} \right| = N \cdot \frac{\Phi_{max}}{t_{ein}} = 150 \cdot \frac{7{,}2 \cdot 10^{-4}\,Vs}{4{,}0\,s} = 27\,mV$$

Alternativ können Sie auch von der Funktion Φ(t) ausgehen:

$$U_1 = \left| -N \cdot \frac{\Delta\Phi}{\Delta t} \right| = N \cdot \frac{B \cdot b \cdot v \cdot \Delta t}{\Delta t} = N \cdot B \cdot b \cdot v$$

$$= 150 \cdot 0{,}240\,\frac{Vs}{m^2} \cdot 0{,}050\,m \cdot 0{,}015\,\frac{m}{s} = 27\,mV$$

Im Zeitintervall]4,0 s; 6,0 s] ändert sich der magnetische Fluss nicht, $U_1 = 0$ V.

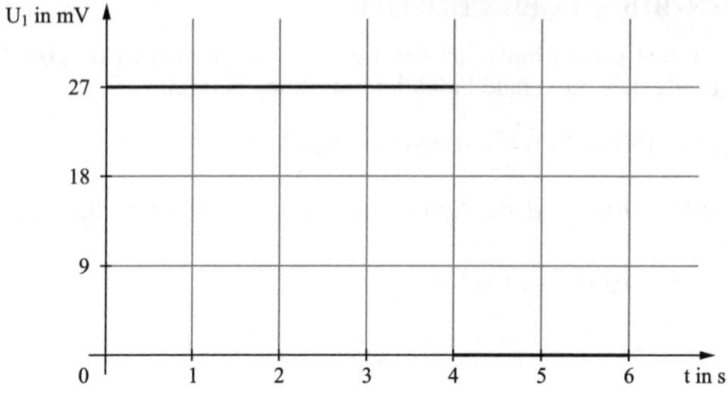

2.2.1 Im unteren Querleiter wirkt auf die Elektronen die **Lorentzkraft** $\vec{F}_L$; sie ist gemäß der Dreifingerregel der linken Hand **nach links gerichtet** (negative Ladungen). Durch die Verschiebung der Elektronen nach links entsteht eine **nach rechts gerichtete elektrische Kraft** $\vec{F}_{el}$.

2.2.2 Die beiden Kräfte kompensieren sich, daher gilt:

$$\vec{F}_L + \vec{F}_{el} = \vec{0} \quad \text{bzw.} \quad \vec{F}_L = -\vec{F}_{el}$$

Für die Beträge F_L und F_{el} gilt deshalb:

$$F_L = F_{el} \qquad (1)$$

Die die Lorentzkraft verursachende Bewegung der Elektronen ist senkrecht zum magnetischen Feld gerichtet. Für den Betrag der Lorentzkraft auf ein Elektron gilt deshalb

$$F_{L,\,\text{Elektron}} = e \cdot v_F \cdot B,$$

wobei e der Betrag der Elementarladung ist. Das durch die Ladungsverschiebung erzeugte elektrische Feld besitzt die Stärke $E = \frac{U_2}{b}$, die elektrische Kraft beträgt daher

$$F_{el} = e \cdot E = e \cdot \frac{U_2}{b}.$$

Für N Windungen erhält man damit aus Gleichung (1) für die **induzierte Spannung**:

$$N \cdot e \cdot v_F \cdot B = e \cdot \frac{U_2}{b}$$

$$\Rightarrow \quad U_2 = \underline{\underline{N \cdot B \cdot b \cdot v_F}}$$

2.2.3 Die Spule fällt frei nach unten. Zum Zeitpunkt $t = t_v$ hat die Spule die Höhe $h = 6{,}0$ cm durchfallen, es gilt also für die **Eintauchzeit**:

$$h = \frac{1}{2} g \cdot t_v^2$$

$$\Rightarrow \quad t_v = \sqrt{\frac{2h}{g}} = \sqrt{\frac{2 \cdot 0{,}060\ \text{m}}{9{,}81\ \frac{\text{m}}{\text{s}^2}}} = \underline{\underline{0{,}11\ \text{s}}}$$

Im freien Fall gilt für den Betrag v_F der Geschwindigkeit

$$v_F = g \cdot t$$

und damit für die Spannung U_2 während der Eintauchphase:

$$U_2(t) = N \cdot B \cdot b \cdot g \cdot t \qquad (0\ \text{s} \le t \le 0{,}11\ \text{s})$$

Die Spannung U_2 nimmt proportional zur Zeit t zu, der t-U_2-Graph ist für [0 s; 0,11 s] eine **Ursprungsgerade**. Die maximale Induktionsspannung beträgt:

$$U_2(0{,}11\ \text{s}) = 150 \cdot 0{,}240\ \frac{\text{Vs}}{\text{m}^2} \cdot 0{,}050\ \text{m} \cdot 9{,}81\ \frac{\text{m}}{\text{s}^2} \cdot 0{,}11\ \text{s} = 1{,}9\ \text{V}$$

Im Zeitintervall [0,11 s; 0,14 s] ist die Spule vollständig eingetaucht, die Induktionsspannung ist null:

$$U_2(t) = 0\ \text{V} \qquad (0{,}11\ \text{s} \le t \le 0{,}14\ \text{s})$$

Damit ergibt sich folgendes **t-U_2-Diagramm**:

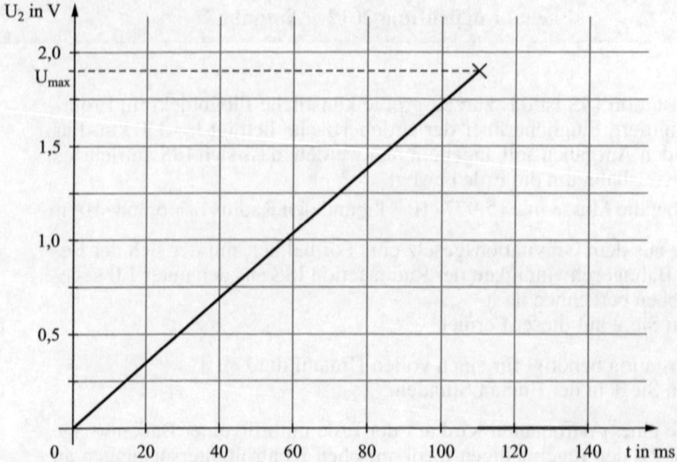

2.3.1 Die Lorentzkraft bewegt die negativ geladenen **Elektronen** im unteren Querleiter nach links, in der Spule bewegen sie sich demzufolge **im Uhrzeigersinn** (technische Stromrichtung: gegen den Uhrzeigersinn).

2.3.2 Wenn die Spule fällt, wirkt auf sie die konstante Gewichtskraft $\vec{F}_G$. Zusätzlich wirkt auf die N unteren Querleiter, die vom selben Induktionsstrom I durchflossen werden, eine nach oben gerichtete Kraft $\vec{F}_{oben}$ (Dreifingerregel: rechte Hand für die technische Stromrichtung, linke Hand für Elektronenbewegung). Für den Betrag F_{oben} gilt:

$$F_{oben} = N \cdot B \cdot b \cdot I$$

Mit $I = \frac{U_2}{R} = \frac{N \cdot B \cdot b \cdot v_F}{R}$ erhält man:

$$F_{oben} = N \cdot B \cdot b \cdot \frac{N \cdot B \cdot b \cdot v_F}{R} = \frac{N^2 \cdot B^2 \cdot b^2}{R} \cdot v_F$$

Die Betrag v_F der Momentangeschwindigkeit und damit F_{oben} nehmen zeitlich zu. Wenn aber $\vec{F}_{oben}$ nicht konstant ist, sind auch die beschleunigende Kraft $\vec{F}_a = \vec{F}_G + \vec{F}_{oben}$ und daher die **Beschleunigung**

$$\vec{a} = \frac{1}{m} \cdot \vec{F}_a$$

nicht konstant.

Könnte die Spule fallen, ohne jemals vollständig ins Feld einzutauchen, geht F_a gegen null, d. h., im Grenzfall gilt:

$$F_{oben} = F_G \quad \Leftrightarrow \quad \frac{N^2 \cdot B^2 \cdot b^2}{R} \cdot v_{F,\,grenz} = m \cdot g \quad \Rightarrow \quad v_{F,\,grenz} = \frac{m \cdot g \cdot R}{N^2 \cdot B^2 \cdot b^2}$$

Sind alle Daten bekannt (hier fehlt ein Wert für den ohmschen Widerstand R), kann die Grenzgeschwindigkeit $v_{F,\,grenz}$ berechnet werden. v_F nähert sich dieser asymptotisch.

Berufliche Oberschulen Bayern – Physik 12. Klasse
Fachabiturprüfung 2012 – Aufgabe II

1.0 Die Raumstation ISS ist das zurzeit größte künstliche Flugobjekt im Erdorbit. Ihre mittlere Flughöhe über der Erdoberfläche beträgt $h = 350$ km. Für die folgenden Aufgaben soll angenommen werden, dass sich ISS antriebslos auf einer Kreisbahn um die Erde bewegt.

Die Erde hat die Masse $m_E = 5{,}977 \cdot 10^{24}$ kg und den Radius $r_E = 6{,}368 \cdot 10^6$ m.

1.1 Leiten Sie aus dem Gravitationsgesetz eine Formel her, mit der sich der Betrag v der Bahngeschwindigkeit der Raumstation ISS aus den unter 1.0 gegebenen Größen berechnen lässt.
Berechnen Sie v mit dieser Formel. (5 BE)

1.2 Die Raumstation benötigt für einen vollen Umlauf die Zeit T.
Berechnen Sie T in der Einheit Stunden. (3 BE)

1.3 Die Masse eines Astronauten wird auf der Erde mithilfe einer Balkenwaage gemessen. Zu den regelmäßigen medizinischen Kontrolluntersuchungen an Bord der Raumstation gehört es auch, dass immer wieder die Masse des Astronauten bestimmt wird.
Erläutern Sie, warum an Bord der Raumstation die Masse des Astronauten nicht mit einer Balkenwaage bestimmt werden kann. (4 BE)

1.4.0 Die untenstehende Skizze zeigt eine Anordnung („Astronautenwaage"), mit der die Masse m eines Astronauten an Bord der Raumstation bestimmt werden kann. Der Astronaut nimmt auf einem Sitz Platz, der zwischen zwei Schraubenfedern mit der Federkonstanten $D_0 = 3{,}8 \cdot 10^2 \ \frac{\text{N}}{\text{m}}$ eingespannt ist.

Jede der beiden Federn ist um 60 cm vorgedehnt. Der Astronaut, der Sitz und die beiden Federn bilden ein schwingungsfähiges System. Ein Kollege lenkt den Sitz mit dem Astronauten um $A = 46$ cm aus und lässt dann den Sitz zum Zeitpunkt $t_0 = 0$ s aus der Ruhe heraus los. Der Sitz mit dem Astronauten schwingt nun harmonisch mit der Periodendauer $T = 2{,}0$ s um die Ruhelage O hin und her. Die Reibung in den Rollenlagern und die Reibung zwischen den Rollen und den Führungsschienen sind vernachlässigbar klein. Die potenzielle Energie des schwingungsfähigen Systems sei dann gleich null, wenn sich der Sitz mit dem Astronauten in der Ruhelage O befindet.

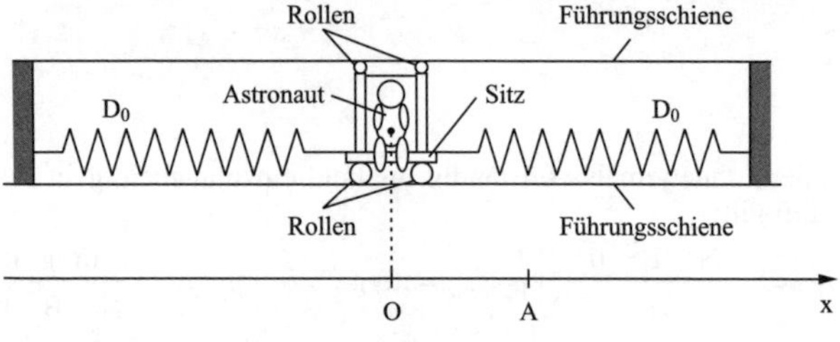

1.4.1 Berechnen Sie anhand eines Kräfteplans den Betrag F der Kraft $\vec{F}$, die der Kollege ausüben muss, um dem Sitz mit dem Astronauten die Elongation $A = 46$ cm zu erteilen. (5 BE)

1.4.2 Das unter 1.4.0 beschriebene schwingungsfähige System hat die Richtgröße $D = 7{,}6 \cdot 10^2 \frac{N}{m}$. Der Sitz selbst besitzt die Masse $m_S = 10$ kg. Berechnen Sie die Masse m des Astronauten. (4 BE)

1.4.3 Berechnen Sie die Schwingungsenergie E_S des Systems. [Ergebnis: $E_S = 80$ J] (3 BE)

1.4.4 Die kinetische Energie E_{kin} und die potenzielle Energie E_{pot} des schwingungsfähigen Systems sind abhängig von der Zeit t. Stellen Sie diese Abhängigkeiten für $0\,s \leq t \leq 2{,}0\,s$ in einem t-E-Diagramm dar. (5 BE)

2.0

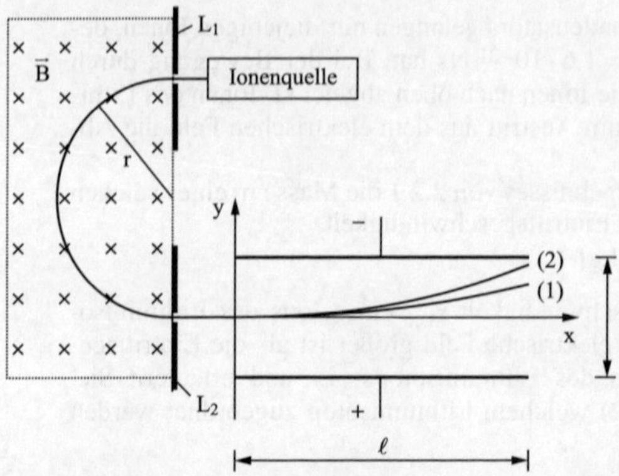

Aus einer Ionenquelle treten einfach positiv geladene Ionen der Lithiumisotope $^6_3$Li und $^7_3$Li mit unterschiedlich großen Geschwindigkeiten aus. Diese Ionen treten durch eine Lochblende L_1 in ein homogenes Magnetfeld mit der zeitlich konstanten Flussdichte $\vec{B}$ ein. In diesem Magnetfeld werden die Ionen so abgelenkt, dass sie einen Halbkreis durchlaufen. Ionen, die durch die Lochblende L_2 gelangen, treten mittig zu den Platten und senkrecht zu den Feldlinien in das homogene elektrische Feld eines Plattenkondensators ein und bewegen sich in diesem Feld auf der Bahn (1) oder auf der Bahn (2). Die gesamte Anordnung befindet sich im Vakuum. Die Masse eines $^7_3Li^+$-Ions ist größer als die Masse eines $^6_3Li^+$-Ions. Die auf die Ionen wirkenden Gravitationskräfte können vernachlässigt werden.

2.1.0 Nur Ionen, deren Impuls einen bestimmten Betrag p hat, passieren die Lochblende L_2. B sei der Betrag der magnetischen Flussdichte $\vec{B}$ und r der Radius des Halbkreises, auf dem sich Ionen bewegen, deren Impuls den Betrag p hat.

2.1.1 Nennen Sie die Kraft, die ein Ion im Magnetfeld auf einen Halbkreis lenkt, und bestätigen Sie, dass gilt:

$$p = e \cdot B \cdot r$$ (4 BE)

2.1.2 Berechnen Sie p für $B = 170$ mT und $r = 6{,}0$ cm. (2 BE)

2.2.0 Die Platten des Kondensators sind quadratisch und haben die Seitenlänge $\ell = 8{,}0$ cm; der Plattenabstand beträgt $d = 2{,}0$ cm. Am Kondensator liegt die Spannung $U = 70$ V an.
Ein Ion habe beim Eintritt in das elektrische Feld die Geschwindigkeit $\vec{v}_0$ mit dem Betrag v_0.

2.2.1 Zeigen Sie, dass sich die Flugbahn dieses Ions bezüglich des in der Skizze von 2.0 angegebenen x-y-Koordinatensystems durch folgende Gleichung beschreiben lässt:

$$y = \frac{e \cdot U}{2m \cdot d \cdot v_0^2} \cdot x^2 \quad \text{für } 0 \le x \le \ell$$

(5 BE)

2.2.2 In das elektrische Feld des Kondensators gelangen nur diejenigen Ionen, deren Impuls $\vec{p}_0$ den Betrag $p_0 = 1{,}6 \cdot 10^{-21}$ Ns hat. Bei der Bewegung durch das elektrische Feld werden die Ionen nach oben abgelenkt. Ionen des Lithiumisotops ^7_3Li erfahren bis zum Austritt aus dem elektrischen Feld die Ablenkung $s = 8{,}0$ mm.
Berechnen Sie mithilfe des Ergebnisses von 2.2.1 die Masse m eines solchen Ions und den Betrag v_0 seiner Eintrittsgeschwindigkeit.
[Teilergebnis: $m = 1{,}1 \cdot 10^{-26}$ kg] (6 BE)

2.2.3 Begründen Sie, dass die Geschwindigkeit $\vec{v}_{0,6}$ eines Ions des Lithiumisotops ^6_3Li beim Eintritt in das elektrische Feld größer ist als die Eintrittsgeschwindigkeit $\vec{v}_{0,7}$ eines Ions des Lithiumisotops ^7_3Li, und erläutern Sie, welche der Bahnen (1) und (2) welchem Lithiumisotop zugeordnet werden muss. (4 BE)

(50 BE)

Tipps und Hinweise zu Aufgabe II

Tipp zu Teilaufgabe 1.1

Die Gravitationskraft wirkt als Zentralkraft.

Tipp zu Teilaufgabe 1.2

Weg und Geschwindigkeit sind bekannt.

Tipp zu Teilaufgabe 1.3

Welche Größe wird mit der Balkenwaage primär gemessen bzw. verglichen und daraus auf die Masse geschlossen? Weshalb gibt es diese Größe an Bord der Raumstation nicht?

Tipps zu Teilaufgabe 1.4

1.4.1: Der Sitz ist in Ruhe, wenn er ausgelenkt und vom Kollegen gehalten wird. Was lässt sich dann über die wirkenden Kräfte (Federn, Kollege) aussagen?
Aus der sich ergebenden Beziehung kann F berechnet werden.

1.4.2: Verwenden Sie gegebenenfalls die Formelsammlung. Es schwingen der Sitz und der Astronaut.

1.4.3: Da die kinetische Energie zum Zeitpunkt des Loslassens null ist, ist die Gesamtenergie nach dem Energieerhaltungssatz …

1.4.4: Stellen Sie E_{pot} oder E_{kin} als Funktion der Zeit dar. Bedenken Sie hierzu, dass die Schwingungsenergie quadratisch von der Auslenkung abhängt, und berücksichtigen Sie die Startbedingungen (Startwerte $E_{pot}(0\,s)$ und $E_{kin}(0\,s)$).
Erstellen Sie eine kleine Wertetabelle (es genügt eine Viertelschwingung).
Stellen Sie Ihren Taschenrechner auf Bogenmaß um.
Beachten Sie, dass E_{pot} und E_{kin} nicht negativ werden und zweimal in einer Periode ihre Maximalwerte erreichen.

Tipps zu Teilaufgabe 2.1

2.1.1: Die Lorentzkraft wirkt als Zentralkraft.

2.1.2: Setzen Sie die bekannten Daten in die gegebene Beziehung ein.

Tipps zu Teilaufgabe 2.2

2.2.1: Die Bewegung auf der Bahn setzt sich aus einer Bewegung in x-Richtung und einer Bewegung in y-Richtung zusammen.
In y-Richtung wirkt die elektrische Feldkraft auf die Ionen.

2.2.2: Setzen Sie $x = \ell$ und $y = s$ in die gegebene Beziehung ein.
Mit dem bekannten Impuls erhält man die zweite notwendige Gleichung.

2.2.3: Überlegen Sie: Wodurch unterscheiden sich die Lithiumionen?
Setzen Sie für $x = \ell$ und $y = s$ den Impuls p_0 in die gegebene Beziehung so ein, dass die Masse oder die Geschwindigkeit nicht mehr vorkommt.
Interpretieren Sie diese Beziehung.

Lösung zu Aufgabe II

1.1 Die Gravitationskraft $\vec{F}_{Grav}$ ist die für eine Kreisbahn um die Erde notwendige Zentralkraft $\vec{F}_Z$. Durch Gleichsetzen der Beträge lässt sich daher die **Bahngeschwindigkeit** berechnen (m: Masse der ISS; m_E: Erdmasse; r: Bahnradius):

$$F_Z = F_{Grav}$$

$$\frac{m \cdot v^2}{r} = G \cdot \frac{m_E \cdot m}{r^2}$$

$$\Rightarrow \quad v^2 = G \cdot \frac{m_E}{r}$$

$$= G \cdot \frac{m_E}{r_E + h}$$

$$\Rightarrow \quad \underline{\underline{v = \sqrt{G \cdot \frac{m_E}{r_E + h}}}}$$

Einsetzen der Zahlenwerte liefert:

$$v = \sqrt{6{,}673 \cdot 10^{-11} \frac{m^3}{kg \cdot s^2} \cdot \frac{5{,}977 \cdot 10^{24}\ kg}{(6{,}368 \cdot 10^6\ m + 350 \cdot 10^3\ m)}}$$

$$\underline{\underline{= 7{,}71 \cdot 10^3 \frac{m}{s} = 7{,}71 \frac{km}{s}}}$$

1.2 Für die **Umlaufdauer** auf der Kreisbahn gilt:

$$T = \frac{2r \cdot \pi}{v} = \frac{2\pi \cdot (r_E + h)}{v}$$

$$= \frac{2\pi \cdot (6{,}368 \cdot 10^6\ m + 350 \cdot 10^3\ m)}{7{,}71 \cdot 10^3 \frac{m}{s}} = 5{,}47 \cdot 10^3\ s = \underline{\underline{1{,}52\ h}}$$

1.3 Bei der **Balkenwaage** wird die Masse eines Körpers über die an ihm angreifende Gravitationskraft bestimmt (Gewichtskraft). Auf der einen Waagschale befindet sich die zu bestimmende Masse, auf der anderen Waagschale eine Vergleichsmasse. Die Waage ist im Gleichgewicht, wenn auf beide Waagschalen die gleiche Kraft wirkt, also die Massen gleich sind.
Auf einer antriebslos durchlaufenen Kreisbahn wirkt die Gravitationskraft ausschließlich als notwendige Zentralkraft für diese Kreisbahn, auf die Waagschalen werden **keine weiteren Kräfte** ausgeübt; es wirkt keine Gewichtskraft. Eine Massebestimmung wie auf der Erde ist damit in der Raumstation nicht möglich.

1.4.1 Die Abbildung rechts zeigt den **Kräfteplan**. Auf den Astronauten wirken die Federkräfte $\vec{F}_\ell$ der linken Feder, $\vec{F}_r$ der rechten Feder und die Kraft $\vec{F}$ des Kollegen.

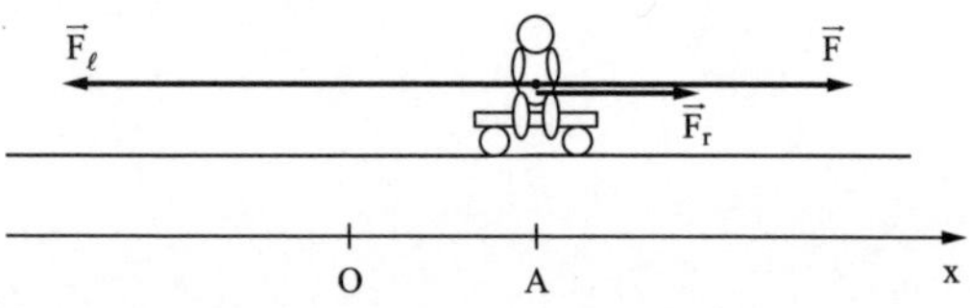

Beachten Sie, dass die Federn um je 60 cm vorgedehnt sind. Die rechte Feder wird deshalb durch die Auslenkung des Sitzes nach rechts um die Strecke 46 cm nicht gestaucht, sondern nur entspannt; die zugehörige Federkraft $\vec{F}_r$ zeigt nach rechts.

Ist der Sitz ausgelenkt, so kompensieren sich die angreifenden Kräfte:

$$\vec{F}_\ell + \vec{F}_r + \vec{F} = \vec{0}$$

Berücksichtigt man die Kraftrichtungen durch den Einheitsvektor $\vec{e}_x$, der in die positive x-Richtung zeigt, erhält man

$$-F_\ell \cdot \vec{e}_x + F_r \cdot \vec{e}_x + F \cdot \vec{e}_x = \vec{0} \quad \text{bzw.} \quad F_\ell \cdot \vec{e}_x = (F_r + F) \cdot \vec{e}_x$$

und somit für die Beträge ($|\vec{e}_x| = 1$):

$$F_\ell = F_r + F$$

Ist s_0 die Vordehnung, so folgt für die **Kraft**, die der Kollege ausüben muss:

$$\begin{aligned} F &= F_\ell - F_r \\ &= D_0 \cdot (s_0 + A) - D_0 \cdot (s_0 - A) \\ &= 2D_0 \cdot A \\ &= 2 \cdot 3{,}8 \cdot 10^2 \, \frac{N}{m} \cdot 0{,}46 \text{ m} = \underline{\underline{3{,}5 \cdot 10^2 \text{ N}}} \end{aligned}$$

1.4.2 Für die Schwingungsdauer T einer harmonischen Schwingung gilt allgemein:

$$T = 2\pi \cdot \sqrt{\frac{m_{ges}}{D}} \quad \Rightarrow \quad m_{ges} = \frac{D \cdot T^2}{4\pi^2}$$

Mit $m_{ges} = m + m_S$ erhält man für die **Masse des Astronauten**:

$$m = \frac{D \cdot T^2}{4\pi^2} - m_S$$

$$= \frac{7{,}6 \cdot 10^2 \, \frac{N}{m} \cdot (2{,}0 \text{ s})^2}{4\pi^2} - 10 \text{ kg} = \underline{\underline{67 \text{ kg}}}$$

1.4.3 Die **Schwingungsenergie** E_S ist gleich der maximalen potenziellen Energie $E_{pot}(t_0)$ beim Loslassen zum Zeitpunkt $t_0 = 0$ s:

$$E_S = \frac{1}{2} D \cdot A^2 = \frac{1}{2} \cdot 7{,}6 \cdot 10^2 \, \frac{N}{m} \cdot (0{,}46 \text{ m})^2 = \underline{\underline{80 \text{ J}}}$$

1.4.4 Es gilt für die potenzielle Energie mit der Startbedingung $E_{pot}(0 \text{ s}) = E_{pot,\,max} = E_S$:

$$E_{pot}(t) = 80 \text{ J} \cdot \cos^2\left(\frac{2\pi}{T} \cdot t\right) = 80 \text{ J} \cdot \cos^2\left(\pi \frac{1}{s} \cdot t\right)$$

Die kinetische Energie ist jeweils durch die Differenz zur Gesamtenergie E_S gegeben.

Wertetabelle (wegen der Periodizität der Energiefunktionen nur für $0 \text{ s} \le t \le 0{,}5 \text{ s}$)

t in s	0	0,125	0,25	0,375	0,5
E_{pot} in J	80	68,3	40	11,7	0
$E_{kin} = 80 \text{ J} - E_{pot}$	0	11,7	40	68,3	80

t-E-Diagramm

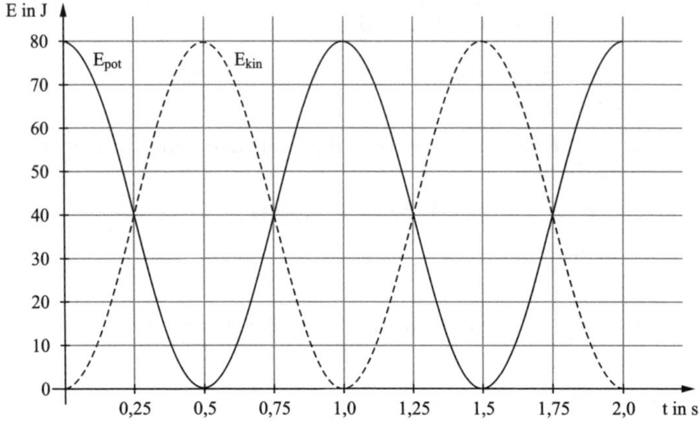

2.1.1 Die für die Bewegung der Ionen mit der positiven Ladung e auf der Kreisbahn notwendige Zentralkraft $\vec{F}_Z$ ist die **Lorentzkraft** $\vec{F}_L = e \cdot \vec{v} \times \vec{B}$.

Da stets $\vec{v} \perp \vec{B}$ erfüllt ist, gilt für die Kraftbeträge

$$F_Z = F_L \quad \Leftrightarrow \quad m \cdot \frac{v^2}{r} = e \cdot v \cdot B,$$

sodass man nach Kürzen von v auf beiden Seiten für den **Impulsbetrag** $p = m \cdot v$ erhält:

$$\underline{\underline{p = e \cdot B \cdot r}}$$

2.1.2 Mit den gegebenen Daten berechnet man:

$$p = 1{,}60 \cdot 10^{-19}\ \text{As} \cdot 0{,}170\ \frac{\text{Vs}}{\text{m}^2} \cdot 0{,}060\ \text{m} = \underline{\underline{1{,}6 \cdot 10^{-21}\ \text{Ns}}}$$

Einheitenkontrolle:

$$1\ \frac{\text{As} \cdot \text{Vs} \cdot \text{m}}{\text{m}^2} = 1\ \frac{\text{VAs} \cdot \text{s}}{\text{m}} = 1\ \frac{\text{Js}}{\text{m}} = 1\ \frac{\text{Nm} \cdot \text{s}}{\text{m}} = 1\ \text{Ns}$$

2.2.1 In x-Richtung wirkt keine Kraft auf die Ionen, sie bewegen sich in diese Richtung mit der konstanten Geschwindigkeit $\vec{v}_0$ weiter. Es gilt:

$$x = v_0 \cdot t \qquad (1)$$

In y-Richtung wirkt die konstante elektrische Feldkraft auf die Ionen, sie werden in diese Richtung konstant beschleunigt (Beschleunigung a). Es gilt:

$$y = \frac{1}{2} a \cdot t^2 \qquad (2)$$

Mit $t = \frac{x}{v_0}$ aus (1) wird Gleichung (2) zu:

$$y = \frac{1}{2} a \cdot \left(\frac{x}{v_0}\right)^2 = \frac{a}{2v_0^2} \cdot x^2 \qquad (3)$$

Die beschleunigende Kraft ist die elektrische Kraft im Feld des Plattenkondensators. Mit dem zweiten Newton'schen Gesetz lässt sich die Beschleunigung a ermitteln:

$$m \cdot a = e \cdot \frac{U}{d} \quad \Rightarrow \quad a = \frac{e \cdot U}{d \cdot m}$$

Eingesetzt in Gleichung (3) ergibt sich die gesuchte **Bahngleichung**:

$$\underline{\underline{y = \frac{e \cdot U}{2d \cdot m \cdot v_0^2} \cdot x^2}} \qquad (4)$$

Diese Beziehung gilt nur im elektrischen Feld des Kondensators, also für $0 \leq x \leq \ell$.

2.2.2 Aus Gleichung (4) wird mit $x = \ell$ und $y = s$:

$$s = \frac{e \cdot U}{2d \cdot m \cdot v_0^2} \cdot \ell^2 \qquad (5)$$

Außerdem gilt:

$$p_0 = m \cdot v_0 \qquad (6)$$

Es liegen damit zwei Gleichungen für die zwei gesuchten Größen v_0 und m vor, alle anderen auftretenden Größen sind bekannt. Um das Gleichungssystem zu lösen, gibt es verschiedene gleichwertige Verfahren. Beispielsweise lässt sich m eliminieren, indem man (6) in (5) einsetzt. Durch Umstellen erhält man die **Eintrittsgeschwindigkeit** v_0:

$$s = \frac{e \cdot U}{2d \cdot p_0 \cdot v_0} \cdot \ell^2 \qquad (7)$$

$$\Rightarrow \quad v_0 = \frac{e \cdot U \cdot \ell^2}{2d \cdot p_0 \cdot s}$$

$$= \frac{1{,}60 \cdot 10^{-19}\,\text{As} \cdot 70\,\text{V} \cdot (0{,}080\,\text{m})^2}{2 \cdot 0{,}020\,\text{m} \cdot 1{,}6 \cdot 10^{-21}\,\text{Ns} \cdot 8{,}0 \cdot 10^{-3}\,\text{m}} = \underline{\underline{1{,}4 \cdot 10^5\,\frac{\text{m}}{\text{s}}}}$$

Eingesetzt in (6) ergibt sich für die **Masse** m:

$$m = \frac{p_0}{v_0} = \frac{1{,}6 \cdot 10^{-21}\,\text{Ns}}{1{,}4 \cdot 10^5\,\frac{\text{m}}{\text{s}}} = \underline{\underline{1{,}1 \cdot 10^{-26}\,\text{kg}}}$$

Einheitenkontrolle:

$$1\,\frac{\text{Ns}}{\frac{\text{m}}{\text{s}}} = 1\,\frac{\text{Ns}^2}{\text{m}} = 1\,\frac{\frac{\text{kg} \cdot \text{m}}{\text{s}^2} \cdot \text{s}^2}{\text{m}} = 1\,\text{kg}$$

2.2.3 Nach Teilaufgabe 2.1.0 haben alle Ionen, die in den Kondensator gelangen, den gleichen Impuls $p_0 = m \cdot v_0$. Das Lithiumisotop ${}^7_3\text{Li}$ hat ein Neutron mehr im Kern als das Isotop ${}^6_3\text{Li}$. Die Masse von ${}^7_3\text{Li}$ ist größer als die Masse von ${}^6_3\text{Li}$. Bei gleichem Impuls muss also $v_{0,6}$ größer sein als $v_{0,7}$.
Gleichung (7) entnimmt man, dass bei sonst unveränderten Bedingungen $s \sim \frac{1}{v_0}$ gilt. Daher erfährt ${}^7_3\text{Li}$ mit der kleineren Geschwindigkeit $v_{0,7}$ eine größere Ablenkung als ${}^6_3\text{Li}$ mit der größeren Geschwindigkeit $v_{0,6}$. Daraus folgt:
Die **Bahn (1)** ist die Bahn von $\mathbf{{}^6_3Li}$, die **Bahn (2)** die von $\mathbf{{}^7_3Li}$.

1.0

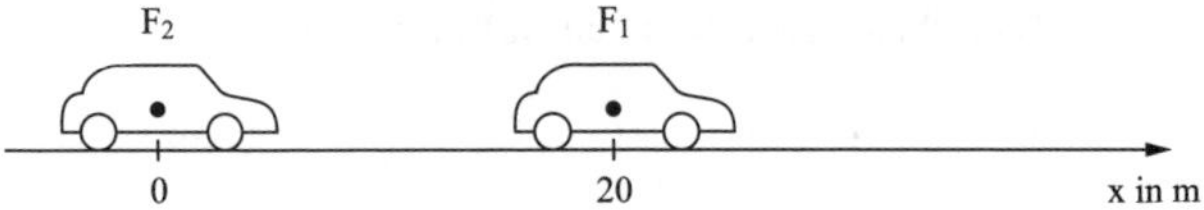

Auf einer geradlinigen und horizontal verlaufenden Straße hat sich bei dichtem Verkehr eine Fahrzeugkolonne gebildet. Die Fahrzeuge bewegen sich mit einer konstanten Geschwindigkeit $\vec{v}_0$, die den Betrag $v_0 = 90{,}0\,\frac{\text{km}}{\text{h}}$ hat.

Zum Zeitpunkt $t_0 = 0\,\text{s}$ befindet sich das Fahrzeug F_1 gerade am Ort mit der x-Koordinate $x_1(0\,\text{s}) = 20\,\text{m}$ und beginnt ab diesem Zeitpunkt zu bremsen. Die dabei auftretende Verzögerung $\vec{a}_1$ ist konstant und hat den Betrag $a_1 = 4{,}00\,\frac{\text{m}}{\text{s}^2}$.

Das Fahrzeug F_2 befindet sich zum Zeitpunkt t_0 am Ort mit der x-Koordinate $x_2(0\,\text{s}) = 0\,\text{m}$. Nach einer Reaktionszeit von einer Sekunde, also ab dem Zeitpunkt $t_R = 1{,}0$ s, betätigt der Fahrer des Fahrzeugs F_2 die Bremsen. Die Verzögerung $\vec{a}_2$ des Fahrzeugs F_2 ist ebenfalls konstant, hat aber den Betrag $a_2 = 5{,}00\,\frac{\text{m}}{\text{s}^2}$.

Die Ortskoordinaten für die beiden Fahrzeuge beziehen sich jeweils auf die Fahrzeugmitte. Die beiden Fahrzeuge sind gleich lang; die Fahrzeuglängen betragen $\ell = 4{,}50\,\text{m}$.

Zwischen den Fahrzeugen F_1 und F_2 kommt es zu keinem Auffahrunfall.

1.1 Das Fahrzeug F_1 kommt zum Zeitpunkt t_1 zum Stillstand, das Fahrzeug F_2 zum Zeitpunkt t_2.
Berechnen Sie die Zeitpunkte t_1 und t_2.
[Teilergebnis: $t_2 = 6{,}0\,\text{s}$] (4 BE)

1.2 v_1 sei der Betrag der Momentangeschwindigkeit $\vec{v}_1$ des Fahrzeugs F_1, v_2 der Betrag der Momentangeschwindigkeit $\vec{v}_2$ des Fahrzeugs F_2.
Stellen Sie in **einem** t-v-Diagramm den zeitlichen Verlauf von v_1 für $0 \leq t \leq t_1$ und den zeitlichen Verlauf von v_2 für $0 \leq t \leq t_2$ dar. (4 BE)

1.3 Zu einem Zeitpunkt t*, zu dem sich die Fahrzeuge F_1 und F_2 noch bewegen, sind die Geschwindigkeiten $\vec{v}_1$ und $\vec{v}_2$ gleich groß.
Berechnen Sie den Zeitpunkt t*.
[Ergebnis: $t^* = 5{,}0\,\text{s}$; siehe auch t-v-Diagramm] (4 BE)

1.4.1 Berechnen Sie den Abstand d der beiden Fahrzeugmitten für den Zeitpunkt t*.
[Ergebnis: $d(t^*) = 10\,\text{m}$] (5 BE)

1.4.2 Bestätigen Sie die unter 1.0 aufgestellte Behauptung, dass das Fahrzeug F_2 nicht auf das Fahrzeug F_1 auffährt. (3 BE)

1.5.0 Am Ende der Fahrzeugkolonne rollt ein Auto A_2 antriebslos und stößt mit der Geschwindigkeit $\vec{v}_A$ zentral auf das vor ihm stehende Auto A_1.
Die Bremsen der beiden Fahrzeuge sind gelöst. Das Auto A_1 hat die Masse $m_1 = 1{,}00$ t, das Auto A_2 die Masse $m_2 = 1{,}25$ t. Reibungskräfte sind zu vernachlässigen.
Die Aufprallgeschwindigkeit $\vec{v}_A$ hat den Betrag $v_A = 4{,}0\,\frac{m}{s}$.
Die Dauer des Stoßes beträgt $\Delta t = 0{,}10$ s. Die Kraft $\vec{F}$, die dabei das Auto A_2 ausübt, hat einen Betrag F, dessen zeitlicher Verlauf im nebenstehenden t-F-Diagramm dargestellt ist.

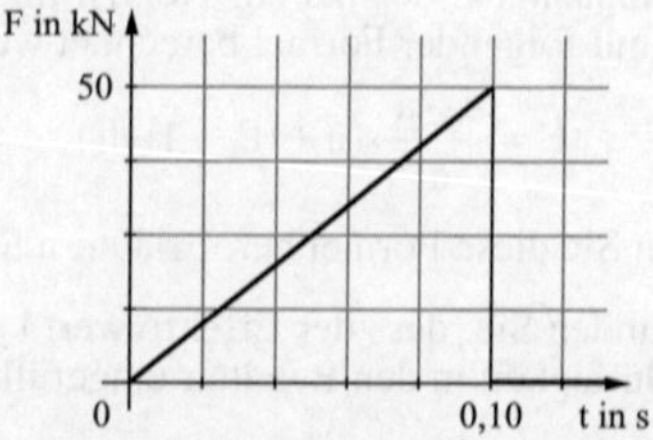

1.5.1 Das Auto A_1 wird durch den Stoß auf die Geschwindigkeit $\vec{u}_1$ beschleunigt. Bestätigen Sie mithilfe des unter 1.5.0 vorgegebenen t-F-Diagramms, dass die Geschwindigkeit $\vec{u}_1$ den Betrag $u_1 = 2{,}5\,\frac{m}{s}$ hat. (4 BE)

1.5.2 Bestimmen Sie den Betrag und die Richtung der Geschwindigkeit $\vec{u}_2$, die das Auto A_2 unmittelbar nach dem Stoß besitzt. (4 BE)

2.0 Ein Kondensator mit der Kapazität C wird an einen Sinusgenerator angeschlossen, der die Wechselspannung $U(t) = \hat{U} \cdot \sin(2\pi \cdot f \cdot t)$ mit dem Scheitelwert $\hat{U}$ und der Frequenz f liefert. Der ohmsche Widerstand des Wechselstromkreises ist vernachlässigbar klein.

2.1 Ermitteln Sie aus der Gleichung $U(t) = \hat{U} \cdot \sin(2\pi \cdot f \cdot t)$ für den zeitlichen Verlauf der Generatorspannung eine Gleichung für den zeitlichen Verlauf der Stromstärke I im Wechselstromkreis. (3 BE)

2.2 Zeigen Sie, dass der Effektivwert I_{eff} der Stromstärke I im Wechselstromkreis direkt proportional zur Kapazität C des Kondensators ist. (3 BE)

2.3.0 Die nebenstehende Skizze zeigt den prinzipiellen Aufbau einer Vorrichtung zur automatischen Füllstandsregelung.
Zur Messung der Füllstandshöhe h einer nicht leitenden Flüssigkeit mit der Dielektrizitätszahl ε_r ($\varepsilon_r > 1$) wird ein Plattenkondensator verwendet.

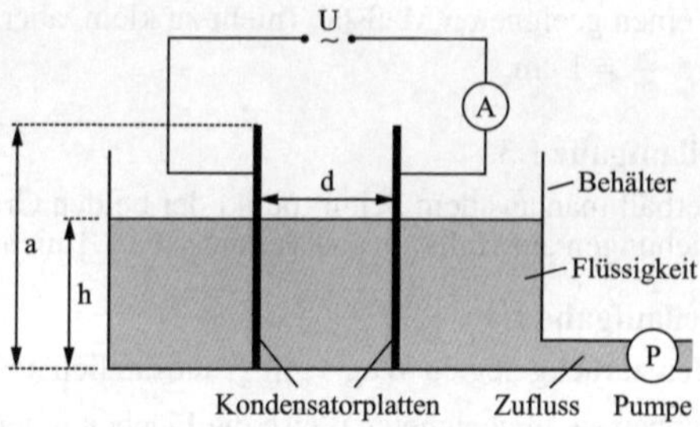

Er besteht aus zwei vertikal aufgestellten quadratischen Metallplatten mit der Seitenlänge $a = 90{,}0$ cm. Der Plattenabstand beträgt $d = 15{,}0$ cm. Der Raum zwischen den Platten ist bis zur Höhe h mit der Flüssigkeit gefüllt.
Am Kondensator liegt eine sinusförmige Wechselspannung U mit dem Effektivwert $U_{eff} = 30{,}0$ V und der Frequenz $f = 200$ kHz.

2.3.1 Berechnen Sie die Kapazität C_0 des Kondensators und den Effektivwert $I_{eff,\,0}$ der Stromstärke I im Wechselstromkreis für den Fall, dass sich keine Flüssigkeit im Behälter befindet.
[Teilergebnis: $C_0 = 47{,}8$ pF] (5 BE)

2.3.2 Die Kapazität C des bis zur Höhe h mit Flüssigkeit gefüllten Kondensators kann mit folgender Formel berechnet werden:

$$C = \frac{\varepsilon_0 \cdot a}{d} \cdot \left(a + (\varepsilon_r - 1) \cdot h\right)$$

Leiten Sie diese Formel her. Erläutern Sie dabei Ihre Ansatzidee. (5 BE)

2.3.3 Begründen Sie, dass der Effektivwert I_{eff} der Stromstärke I anwächst, wenn die Flüssigkeit in den Behälter eingefüllt wird. (3 BE)

2.3.4 Die Pumpe am Zufluss zum Behälter soll abgeschaltet werden, sobald die Füllhöhe h den Wert $h_{max} = 85{,}0$ cm erreicht. Die Dielektrizitätszahl der Flüssigkeit beträgt $\varepsilon_r = 2{,}70$.
Berechnen Sie für diesen Fall den Effektivwert I_{eff} der Stromstärke I. (3 BE)

(50 BE)

Tipps und Hinweise zu Aufgabe III

Tipp zu Teilaufgabe 1.1

Es liegt eine gleichförmig beschleunigte Bewegung mit Anfangsgeschwindigkeit vor. Beachten Sie, dass Fahrzeug F_2 noch eine Sekunde ungebremst weiterfährt.

Tipp zu Teilaufgabe 1.2

Setzen Sie die Erkenntnisse von Teilaufgabe 1.1 grafisch um. Die Graphen verlaufen linear. Wählen Sie einen geeigneten Maßstab (nicht zu klein, aber auch nicht zu groß), z. B.
$1\,\text{s} \mathrel{\hat{=}} 1\,\text{cm}$; $5\,\frac{\text{m}}{\text{s}} \mathrel{\hat{=}} 1\,\text{cm}$.

Tipp zu Teilaufgabe 1.3

Die Zeit t* erhält man aus dem Schnittpunkt der beiden Graphen. Stellen Sie dazu die beiden Geradengleichungen auf (falls sie aus Teilaufgabe 1.1 nicht bereits vorliegen).

Tipps zu Teilaufgabe 1.4

1.4.1: Für den zurückgelegten Weg s gilt grundsätzlich $s = \int v\,dt$.
Berechnen sie in geeigneter Weise die Flächen unter den jeweiligen Graphen von Teilaufgabe 1.3 im Intervall $0 \le t \le t^*$.

1.4.2: Sie kennen aus Teilaufgabe 1.4.1 den Abstand der Fahrzeugmittelpunkte zum Zeitpunkt t*. Wie groß ist der Abstand zwischen den Fahrzeugen? Welches Fahrzeug steht vor welchem? Wie ist der weitere Verlauf bis zum Stillstand?

Tipps zu Teilaufgabe 1.5

1.5.1: Die Fläche unter dem Graphen beschreibt die Impulsänderung.

1.5.2: Wenden Sie den Impulserhaltungssatz an.

Tipp zu Teilaufgabe 2.1

Allgemein gilt: $I(t) = \dot{Q}(t)$
Welcher Zusammenhang besteht zwischen I_{eff} und $\hat{I}$?

Tipp zu Teilaufgabe 2.2

Verwenden Sie Ihr Ergebnis von Teilaufgabe 2.1.

Tipps zu Teilaufgabe 2.3

2.3.1: Verwenden Sie eventuell die Formelsammlung und Ihr Ergebnis von Teilaufgabe 2.2.

2.3.2: Das System besteht aus einer Parallelschaltung zweier Kondensatoren. Bestimmen Sie die Gesamtkapazität.

2.3.3: Argumentieren Sie mit der in Teilaufgabe 2.3.2 gegebenen bzw. hergeleiteten Beziehung und der Aussage von Teilaufgabe 2.2.

2.3.4: Setzen Sie die gegebenen Daten in die relevanten Beziehungen ein.

Lösung zu Aufgabe III

1.1 Umrechnung der Geschwindigkeitseinheiten: $v_0 = 90{,}0\,\frac{km}{h} = 90{,}0 \cdot \frac{10^3\,m}{3{,}60 \cdot 10^3\,s} = 25{,}0\,\frac{m}{s}$

Fahrzeug 1
Der Bremsvorgang beginnt zum Zeitpunkt $t = 0\,s$. Für die Geschwindigkeit v_1 gilt:

$$v_1(t) = 25{,}0\,\frac{m}{s} - 4{,}00\,\frac{m}{s^2} \cdot t \qquad \text{für } 0 \le t \le t_1$$

Für $v_1(t_1) = 0\,\frac{m}{s}$ erhält man den **Zeitpunkt des Stillstands**

$$t_1 = \frac{25{,}0\,\frac{m}{s}}{4{,}00\,\frac{m}{s^2}} = \underline{\underline{6{,}25\,s.}}$$

Fahrzeug 2
Der Bremsvorgang beginnt zum Zeitpunkt $t_R = 1{,}0\,s$. Für die Geschwindigkeit v_2 gilt:

$$v_2(t) = 25{,}0\,\frac{m}{s} - 5{,}00\,\frac{m}{s^2} \cdot (t - 1{,}0\,s) \qquad \text{für } 1{,}0\,s \le t \le t_2$$

Für $v_2(t_2) = 0\,\frac{m}{s}$ erhält man den **Anhaltezeitpunkt**

$$t_2 = \frac{(25{,}0 + 5{,}0)\,\frac{m}{s}}{5{,}00\,\frac{m}{s^2}} = \underline{\underline{6{,}0\,s.}}$$

1.2 **t-v-Diagramm**
v_1 nimmt von $v_0 = 25{,}0\,\frac{m}{s}$ linear ab und wird bei t_1 null.
v_2 bleibt die erste Sekunde konstant bei v_0, nimmt dann linear ab und wird bei t_2 null.

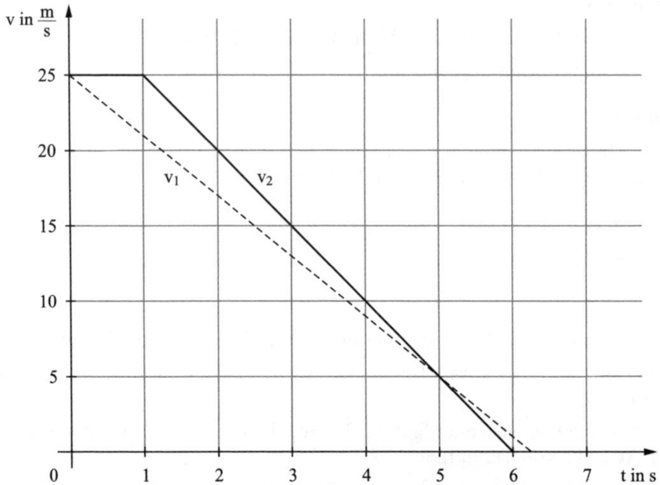

1.3 Der Zeitpunkt t* ergibt sich aus dem Schnittpunkt der beiden Geraden, die den Bremsvorgang beschreiben. Für sie gilt (vgl. Teilaufgabe 1.1):

$$v_1(t) = 25{,}0\,\frac{m}{s} - 4{,}00\,\frac{m}{s^2} \cdot t$$

$$v_2(t) = 25{,}0\,\frac{m}{s} - 5{,}00\,\frac{m}{s^2} \cdot (t - 1{,}0\text{ s})$$

Durch Gleichsetzen $v_1(t^*) = v_2(t^*)$ erhält man den gesuchten **Zeitpunkt t***:

$$25{,}0\,\frac{m}{s} - 4{,}00\,\frac{m}{s^2} \cdot t^* = 25{,}0\,\frac{m}{s} - 5{,}00\,\frac{m}{s^2} \cdot (t^* - 1{,}0\text{ s})$$

$$1{,}0\,\frac{m}{s^2} \cdot t^* = 5{,}0\,\frac{m}{s}$$

$$t^* = \underline{\underline{5{,}0\text{ s}}}$$

1.4.1 Zum Zeitpunkt t* haben beide Fahrzeuge die Geschwindigkeit

$$v(t^*) = v_2(t^*) = v_1(t^*) = 25{,}0\,\frac{m}{s} - 4{,}00\,\frac{m}{s^2} \cdot 5{,}0\text{ s} = 5{,}0\,\frac{m}{s}.$$

Die ab dem Zeitpunkt $t_0 = 0$ s zurückgelegten Wege der beiden Fahrzeuge werden durch die Flächen unter den jeweiligen Graphen des t-v-Diagramms von Teilaufgabe 1.2 für $0\text{ s} \leq t \leq 5{,}0\text{ s}$ beschrieben.

Fahrzeug 1
Die ausschlaggebende Fläche ist ein Trapez, es gilt:

$$s_1 = \frac{(25{,}0 + 5{,}0)\,\frac{m}{s}}{2} \cdot 5{,}0\text{ s} = 75\text{ m}$$

Da das Fahrzeug bei x = 20 m gestartet ist, befindet es sich am Ort $x_1 = 95$ m.

Fahrzeug 2
Die relevante Fläche setzt sich hier aus einem Rechteck und einem Trapez zusammen:

$$s_2 = 25{,}0\,\frac{m}{s} \cdot 1{,}0\,s + \frac{(25{,}0 + 5{,}0)\,\frac{m}{s}}{2} \cdot 4{,}0\,s = 85\,m$$

Da das Fahrzeug bei $x = 0$ m gestartet ist, befindet es sich am Ort $x_2 = 85$ m.

Zum Zeitpunkt t* haben die Fahrzeuge voneinander den **Abstand**

$$d(t^*) = x_1 - x_2 = 95\,m - 85\,m = \underline{\underline{10\,m}}.$$

1.4.2 Wegen $x_2 < x_1$ ist Fahrzeug F_2 zum Zeitpunkt t* immer noch hinter Fahrzeug F_1. Bei einer Fahrzeuglänge $\ell = 4{,}50$ m und dem Abstand $d(t^*) = 10$ m der Fahrzeugmitten haben die Stoßstangen der beiden Fahrzeuge (hintere Stoßstange von F_1, vordere Stoßstange von F_2) zum Zeitpunkt t* bei gleicher Geschwindigkeit den Abstand

$$d_{Stoß} = 10\,m - 4{,}50\,m = 5{,}5\,m.$$

Da der Betrag der Verzögerung von F_2 größer ist als der von F_1, wird dieser Abstand bis zum Stillstand beider Fahrzeuge noch etwas größer. **F_2 fährt nicht auf F_1 auf.**

1.5.1 Die Fläche unter dem t-F-Graphen entspricht der Impulsänderung Δp:

$$\Delta p = \frac{1}{2} \cdot 50 \cdot 10^3\,N \cdot 0{,}10\,s = 2{,}5 \cdot 10^3\,Ns$$

Da A_1 vor dem Stoß steht, folgt für seine **Geschwindigkeit u_1 nach dem Stoß**:

$$\Delta p = m_1 \cdot \Delta v = m_1 \cdot (u_1 - 0) \;\Rightarrow\; m_1 \cdot u_1 = 2{,}5 \cdot 10^3\,Ns$$

$$u_1 = \frac{2{,}5 \cdot 10^3\,Ns}{1{,}00 \cdot 10^3\,kg} = \underline{\underline{2{,}5\,\frac{m}{s}}}$$

1.5.2 Die **Geschwindigkeit u_2 von A_2 nach dem Stoß** folgt aus dem Impulserhaltungssatz:

$$p_{ges,\,vor} = p_{ges,\,nach}$$

$$m_2 \cdot v_A = m_2 \cdot u_2 + m_1 \cdot u_1$$

$$\Rightarrow\; u_2 = \frac{m_2 \cdot v_A - m_1 \cdot u_1}{m_2} = v_A - \frac{m_1}{m_2} \cdot u_1 = 4{,}0\,\frac{m}{s} - \frac{1{,}00\,t}{1{,}25\,t} \cdot 2{,}5\,\frac{m}{s} = \underline{\underline{2{,}0\,\frac{m}{s}}}$$

$\vec{u}_2$ zeigt in **Fahrtrichtung**.

2.1 Da der ohmsche Widerstand im Wechselstromkreis vernachlässigbar klein ist, liegt am Kondensator die volle Generatorspannung $U_C(t) = \hat{U} \cdot \sin(2\pi \cdot f \cdot t)$ an. Damit beträgt die gespeicherte Ladung $Q(t) = C \cdot U_C(t) = C \cdot \hat{U} \cdot \sin(2\pi \cdot f \cdot t)$ und die **Stromstärke**

$$I(t) = \dot{Q}(t) = C \cdot \hat{U} \cdot 2\pi \cdot f \cdot \cos(2\pi \cdot f \cdot t)$$

$$= \underline{\underline{I(t) = \hat{I} \cdot \cos(2\pi \cdot f \cdot t) \quad \text{mit} \quad \hat{I} = C \cdot \hat{U} \cdot 2\pi \cdot f}}$$

2.2 Für den **Effektivwert I_{eff} der Stromstärke** gilt:

$$I_{eff} = \frac{\hat{I}}{\sqrt{2}} = \frac{C \cdot \hat{U} \cdot 2\pi \cdot f}{\sqrt{2}} = \frac{\hat{U} \cdot 2\pi \cdot f}{\sqrt{2}} \cdot C = \underbrace{U_{eff} \cdot 2\pi \cdot f}_{= \text{konst.}} \cdot C \;\Rightarrow\; \underline{\underline{I_{eff} \sim C}}$$

2.3.1 Für die **Kapazität ohne Flüssigkeit** des Kondensators gilt:

$$C_0 = \varepsilon_0 \cdot \frac{A}{d} = 8{,}854 \cdot 10^{-12}\,\frac{\text{As}}{\text{Vm}} \cdot \frac{(0{,}900\text{ m})^2}{0{,}150\text{ m}} = 4{,}78 \cdot 10^{-11}\,\frac{\text{As}}{\text{V}} = \underline{\underline{47{,}8\text{ pF}}}$$

Daraus folgt nach dem Ergebnis von Teilaufgabe 2.2 für die zugehörige **Effektivstromstärke**:

$$I_{eff,0} = U_{eff} \cdot 2\pi \cdot f \cdot C_0$$

$$= 30{,}0\text{ V} \cdot 2\pi \cdot 200 \cdot 10^3\,\frac{1}{\text{s}} \cdot 4{,}78 \cdot 10^{-11}\,\frac{\text{As}}{\text{V}} = \underline{\underline{1{,}80\text{ mA}}}$$

2.3.2 Die Anordnung kann als **Parallelschaltung** zweier Kondensatoren betrachtet werden, nämlich aus dem „unteren" Kondensator mit der Flüssigkeit als Dielektrikum und dem „oberen" Kondensator mit Luft als Dielektrikum. Hierfür gilt:

$$C_{unten} = \varepsilon_0 \cdot \varepsilon_r \cdot \frac{A_{unten}}{d} = \varepsilon_0 \cdot \varepsilon_r \cdot \frac{a \cdot h}{d}$$

$$C_{oben} = \varepsilon_0 \cdot \frac{A_{oben}}{d} = \varepsilon_0 \cdot \frac{a \cdot (a-h)}{d}$$

Die gesuchte **Kapazität C** ist die Gesamtkapazität, also die die Summe der Einzelkapazitäten:

$$C = C_{unten} + C_{oben}$$

$$= \varepsilon_0 \cdot \varepsilon_r \cdot \frac{a \cdot h}{d} + \varepsilon_0 \cdot \frac{a \cdot (a-h)}{d}$$

$$= \varepsilon_0 \cdot \frac{a}{d} \cdot (\varepsilon_r \cdot h + a - h)$$

$$\underline{\underline{= \varepsilon_0 \cdot \frac{a}{d} \cdot \big(a + (\varepsilon_r - 1) \cdot h\big)}} \qquad (*)$$

2.3.3 Wegen $\varepsilon_r > 1$ gilt stets $(\varepsilon_r - 1) > 0$. Die Kapazität C nimmt nach der Beziehung (*) mit wachsender Füllhöhe h zu. Wegen $I_{eff} \sim C$ wächst auch der Effektivwert der Stromstärke mit der Füllhöhe h an.

2.3.4 Für die Kapazität C_{max} bei Erreichen von h_{max} erhält man mit den gegebenen Daten:

$$C_{max} = 8{,}854 \cdot 10^{-12}\,\frac{\text{As}}{\text{Vm}} \cdot \frac{0{,}900\text{ m}}{0{,}150\text{ m}} \cdot \big(0{,}900\text{ m} + (2{,}70 - 1) \cdot 0{,}850\text{ m}\big)$$

$$= 1{,}246 \cdot 10^{-10}\,\frac{\text{As}}{\text{V}}$$

Nach Teilaufgabe 2.2 gilt dann für den **maximalen Effektivwert der Stromstärke**:

$$I_{eff,\,max} = U_{eff} \cdot 2\pi \cdot C_{max}$$

$$= 30{,}0\text{ V} \cdot 2\pi \cdot 200 \cdot 10^3\,\frac{1}{\text{s}} \cdot 1{,}246 \cdot 10^{-10}\,\frac{\text{As}}{\text{V}} = \underline{\underline{4{,}70\text{ mA}}}$$

Berufliche Oberschulen Bayern – Physik 12. Klasse
Fachabiturprüfung 2013 – Aufgabe I

1.0

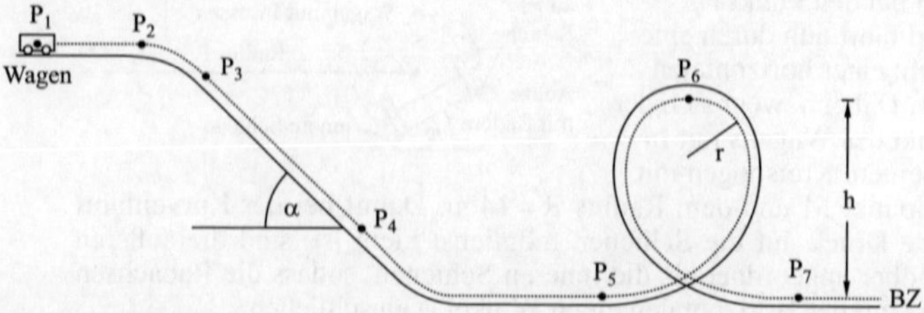

Die oben stehende Abbildung zeigt das Profil einer Achterbahn. Ein Wagen bewegt sich auf Schienen vom Punkt P_1 bis zum Punkt P_7 ohne motorischen Antrieb. Der Wagen und die Insassen haben die Gesamtmasse $m = 950\,kg$. Die punktiert gezeichnete Linie ist die Bahnkurve, auf der sich der Schwerpunkt des Wagens mit Insassen bewegt. Das Bezugsniveau BZ für die potenzielle Energie ist die Horizontalebene durch die Punkte P_5 und P_7. Bei allen Teilaufgaben sind Luftwiderstand und Rotationsenergie der Räder zu vernachlässigen.

1.1 Um den Nervenkitzel für die Fahrgäste zu erhöhen, wird der Wagen kurz vor der steilen Abfahrt bei der Fahrt vom Punkt P_1 bis zum Punkt P_2 von der Geschwindigkeit $\vec{v}_1$ mit dem Betrag $v_1 = 2{,}5\,\frac{m}{s}$ auf die Geschwindigkeit $\vec{v}_2$ mit dem Betrag v_2 abgebremst.
Die Strecke $[P_1P_2]$ hat die Länge $s_{12} = 5{,}0\,m$, die Verzögerung $\vec{a}_v$ den Betrag $a_v = 0{,}60\,\frac{m}{s^2}$.
Berechnen Sie v_2. (3 BE)

1.2 Zwischen P_3 und P_4 ist die Bahn um den Winkel $\alpha = 50°$ gegen die Horizontale geneigt. Die Reibungszahl für die Reibung zwischen den Wagenrädern und den Schienen beträgt $\mu = 0{,}012$.
Berechnen Sie den Betrag a der Beschleunigung $\vec{a}$, die der Wagen auf der Strecke $[P_3P_4]$ erfährt. (4 BE)

1.3.0 Den Punkt P_5 passiert der Wagen mit der Geschwindigkeit $\vec{v}_5$, die den Betrag $v_5 = 27\,\frac{m}{s}$ hat. Der Wagen mit den Fahrgästen besitzt in P_5 die mechanische Gesamtenergie $E_{ges,5}$.
Der Wagen wird nun auf eine vertikale Schleife (Looping) gelenkt.

1.3.1 Auf dem Weg von P_5 zum Punkt P_6 in der Höhe $h = 29\,m$ über dem Bezugsniveau BZ verliert der Wagen durch Reibung 8,0 % der Energie $E_{ges,5}$ und erreicht P_6 mit der Geschwindigkeit $\vec{v}_6$.

Berechnen Sie den Betrag v_6 der Geschwindigkeit $\vec{v}_6$.
[Ergebnis: $v_6 = 10\,\frac{m}{s}$] (4 BE)

1.3.2 Im oberen Teil der Loopingbahn bewegt sich der Schwerpunkt des Wagens auf einem Halbkreis mit dem Radius $r = 6{,}5$ m. Im Punkt P_6 üben die Schienen auf den Wagen die Kraft $\vec{F}_S$ aus.
Berechnen Sie den Betrag F_S der Kraft $\vec{F}_S$. (5 BE)

1.4 Der Wagen hat den Punkt P_7 passiert und fährt nun durch eine Kurve, die in einer horizontalen Ebene liegt. Dabei bewegt sich der Schwerpunkt des Wagens mit Insassen auf einem Kreisbogen mit dem Mittelpunkt M und dem Radius $R = 14$ m. Damit bei der Kurvenfahrt der seitliche Druck auf die Schienen möglichst klein ist, sind die äußeren Schienen höher angeordnet als die inneren Schienen, sodass die Radachsen des Wagens mit der Horizontalen einen Winkel φ einschließen.

Berechnen Sie anhand eines Kräfteplans diesen (Kurvenüberhöhungs-) Winkel φ für eine Bahngeschwindigkeit mit dem Betrag $v = 11\,\frac{m}{s}$. (6 BE)

2.0 Um den ohmschen Widerstand R und die Induktivität L einer Spule zu bestimmen, wird die Spule in einem ersten Versuch an eine Gleichspannungsquelle, in einem zweiten Versuch an eine Wechselspannungsquelle angeschlossen.

2.1.0 Beim ersten Versuch liegt ab dem Zeitpunkt $t_0 = 0$ s die Gleichspannung $U_G = 12$ V an der Spule an. Die Stromstärke I_L im Gleichstromkreis erreicht verzögert den Maximalwert $I_m = 0{,}40$ A.

2.1.1 Stellen Sie in einem t-I_L-Diagramm qualitativ den zeitlichen Verlauf der Stromstärke I_L für $t \geq 0$ s dar und begründen Sie diesen zeitlichen Verlauf der Stromstärke I_L. (7 BE)

2.1.2 Berechnen Sie den ohmschen Widerstand R der Spule. (2 BE)

2.2.0 Beim zweiten Versuch liegt die Wechselspannung $U(t) = \hat{U} \cdot \sin(2\pi \cdot f \cdot t)$ für $t \geq 0$ s an der Spule. Die Frequenz f der Wechselspannung wird so groß gewählt, dass der ohmsche Widerstand R der Spule gegenüber ihrem induktiven Widerstand X_L vernachlässigt werden kann.

2.2.1 Leiten Sie aus der Gleichung $U(t) = \hat{U} \cdot \sin(2\pi \cdot f \cdot t)$ eine Gleichung her, die den zeitlichen Verlauf der Stromstärke I im Wechselstromkreis für $t \geq 0$ s beschreibt. (5 BE)

2.2.2 Für $\hat{U} = 12$ V und $f = 1{,}20$ kHz zeigt ein in den Wechselstromkreis geschaltetes Amperemeter den Effektivwert $I_{eff} = 16$ mA für die Stromstärke I an.
Berechnen Sie die Induktivität L der Spule. (4 BE)

2.3.0 Die Spule aus 2.0 ist zylinderförmig und lang gestreckt. Sie hat die Windungszahl N = 3 000, die Länge $\ell = 20$ cm und einen Querschnitt mit dem Flächeninhalt $A = 12{,}4$ cm². Die Spule wird noch einmal an die Gleichspannungsquelle mit der Spannung $U_G = 12$ V angeschlossen. Die Stromstärke im Gleichstromkreis wächst wieder auf den Wert $I_m = 0{,}40$ A an.

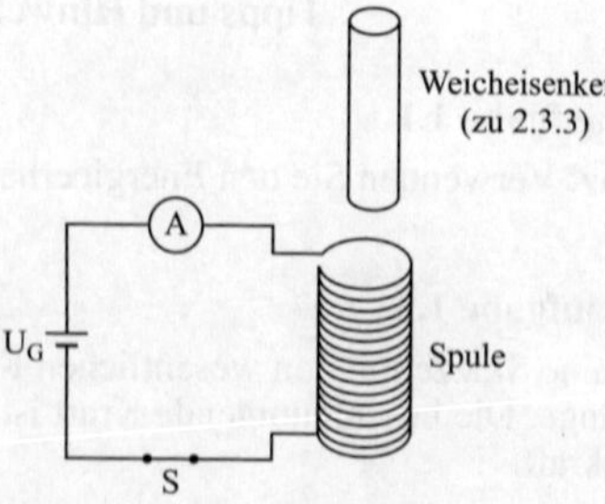

2.3.1 Berechnen Sie die Induktivität L der Spule aus den unter 2.3.0 gegebenen Daten der Spule. (2 BE)

2.3.2 Berechnen Sie den magnetischen Fluss Φ, der die Spule bei der Stromstärke $I_m = 0{,}40$ A durchsetzt. (2 BE)

2.3.3 In einem Experiment lässt man einen Weicheisenkern aus großer Höhe frei durch die Spule fallen. Bei der Abwärtsbewegung nimmt die Geschwindigkeit des Weicheisenkerns ständig zu. Zum Zeitpunkt t_1 befindet sich der Weicheisenkern gerade vollständig in der Spule.
Man beobachtet, dass bei diesem Versuch der Ausschlag am Amperemeter nicht konstant bleibt. Welches der folgenden Diagramme beschreibt den zeitlichen Verlauf der Stromstärke richtig? Begründen Sie ausführlich Ihre Entscheidung.

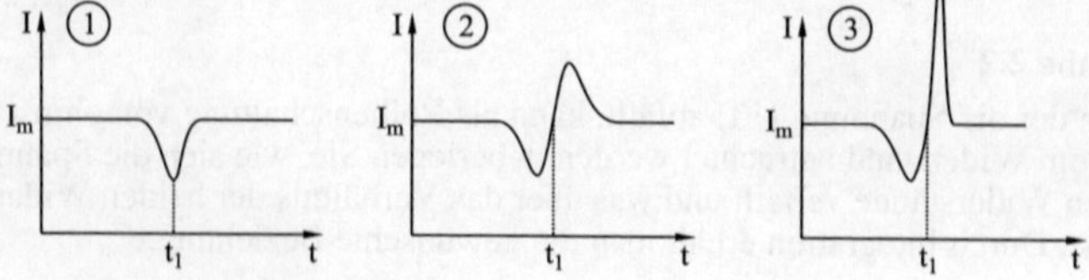

(6 BE)
(50 BE)

Tipps und Hinweise zu Aufgabe I

Tipp zu Teilaufgabe 1.1

Lösungsansatz: Verwenden Sie den Energieerhaltungssatz oder benützen Sie die Formelsammlung.

Tipp zu Teilaufgabe 1.2

Fertigen Sie eine Skizze mit den wesentlichen Kräften an. Aus ihr ergeben sich die nötigen Zusammenhänge. Die beschleunigende Kraft ist die Summe aus der Hangabtriebskraft und der Reibungskraft.

Tipps zu Teilaufgabe 1.3

1.3.1: Energieerhaltungssatz: Vergleichen Sie die Gesamtenergie im Punkt P_5 mit der Gesamtenergie im Punkt P_6.

1.3.2: Betrachten Sie die Kräfte, die im obersten Punkt der Kreisbahn auf den Wagen wirken, und stellen Sie einen geeigneten Zusammenhang her. Auch die Fahrbahn übt auf den Wagen eine Kraft aus.

Tipp zu Teilaufgabe 1.4

Die Zentralkraft muss die Summe der übrigen wirkenden Kräfte sein. Aus der Skizze ergibt sich eine Beziehung für den Winkel.

Tipp zu Teilaufgabe 2.1

Beim Einschalten ändert sich der magnetische Fluss in der Spule. Welche Folgerungen ergeben sich daraus? Wieso ergibt sich ein Maximalwert für die Stromstärke?

Tipps zu Teilaufgabe 2.2

2.2.1: Die Spule, an der die Spannung U(t) abfällt, kann als Reihenschaltung von ohmschem und induktivem Widerstand betrachtet werden. Überlegen Sie, wie sich die Spannung auf die beiden Widerstände verteilt und was über das Verhältnis der beiden Widerstände bekannt ist. Durch Integration erhält man die gewünschte Beziehung.

2.2.2: Siehe Formelsammlung.

Tipps zu Teilaufgabe 2.3

2.3.1: Siehe Formelsammlung.

2.3.2: Siehe Formelsammlung.

2.3.3: Siehe auch 2.1.1. Durch den Eisenkern ändert sich der magnetische Fluss in der Spule. Mit welchen Folgen? Wie ändert sich der Fluss vom Moment des ersten Eintauchens bis zum vollständigen Verlassen der Spule?

Lösung zu Aufgabe I

1.1 Die **Geschwindigkeit v_2** berechnet man mithilfe des Energieerhaltungssatzes:

$$E_{kin,2} = E_{kin,1} - E_{brems}$$

$$\frac{1}{2} m \cdot v_2^2 = \frac{1}{2} m \cdot v_1^2 - m \cdot a_v \cdot s_{12} \quad \Big| \cdot \frac{2}{m}$$

$$v_2^2 = v_1^2 - 2a_v \cdot s_{12}$$

$$v_2 = \sqrt{v_1^2 - 2a_v \cdot s_{12}}$$

$$= \sqrt{\left(2{,}5\,\frac{m}{s}\right)^2 - 2 \cdot 0{,}60\,\frac{m}{s^2} \cdot 5{,}0\text{ m}} = \underline{\underline{0{,}50\,\frac{m}{s}}}$$

1.2 In der Skizze rechts sind die für die Lösung der Aufgabe wesentlichen Kräfte dargestellt.
Die beschleunigende Kraft $\vec{F} = m \cdot \vec{a}$ ist die resultierende Kraft aus der Hangabtriebskraft $\vec{F}_H$ und der Reibungskraft $\vec{F}_R$. Es gilt

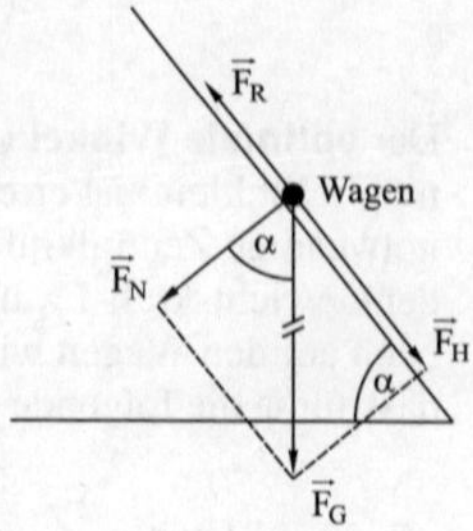

$$m \cdot \vec{a} = \vec{F}_H + \vec{F}_R$$

und für die Beträge:

$$m \cdot a = F_H - F_R \qquad (*)$$

Nach dem Kräfteplan gilt weiter:

$$F_R = \mu \cdot F_N = \mu \cdot F_G \cdot \cos\alpha = \mu \cdot m \cdot g \cdot \cos\alpha$$

$$F_H = F_G \cdot \sin\alpha = m \cdot g \cdot \sin\alpha$$

Eingesetzt in (∗) ergibt sich für die **Beschleunigung**:

$$m \cdot a = m \cdot g \cdot \sin\alpha - \mu \cdot m \cdot g \cdot \cos\alpha$$

$$\Rightarrow \quad a = g \cdot (\sin\alpha - \mu \cdot \cos\alpha)$$

$$= 9{,}81\,\frac{m}{s^2} \cdot (\sin 50° - 0{,}012 \cdot \cos 50°) = \underline{\underline{7{,}4\,\frac{m}{s^2}}}$$

1.3.1 Auf dem Weg von Punkt P_5 zum Punkt P_6 wird kinetische Energie des Wagens zum Teil in potenzielle Energie umgewandelt. Die Gesamtenergie im Punkt P_6 beträgt wegen der 8,0 % Reibungsverluste nur 92 % der Gesamtenergie im Punkt P_5. Die Energiebilanz im Punkt P_6 sieht folglich so aus:

$$0{,}92 \cdot E_{ges,5} = E_{kin,6} + E_{pot,6} \quad \Leftrightarrow \quad 0{,}92 \cdot \frac{1}{2} m \cdot v_5^2 = \frac{1}{2} m \cdot v_6^2 + m \cdot g \cdot h$$

Nach Multiplikation mit $\frac{2}{m}$ und Umstellen erhält man für die **Geschwindigkeit v_6**:

$$v_6^2 = 0{,}92 \cdot v_5^2 - 2g \cdot h$$

$$\Rightarrow \quad v_6 = \sqrt{0{,}92 \cdot \left(27\,\frac{m}{2}\right)^2 - 2 \cdot 9{,}81\,\frac{m}{s^2} \cdot 29\text{ m}} = \underline{\underline{10\,\frac{m}{s}}}$$

1.3.2 Um die Kreisbahn zu durchlaufen, ist eine Zentralkraft $\vec{F}_Z$ erforderlich. Sie wirkt im Punkt P_6 senkrecht nach unten. Erzeugt wird $\vec{F}_Z$ durch die nach unten wirkende Kraft $\vec{F}_S$, welche die Schiene auf den Wagen ausübt, und die stets nach unten wirkende Gewichtskraft $\vec{F}_G$. Für die Beträge dieser Kräfte gilt somit $F_Z = F_S + F_G$, sodass für den Betrag der **Schienenkraft** folgt:

$$
\begin{aligned}
F_S &= F_Z - F_G \\
&= \frac{m \cdot v_6^2}{r} - m \cdot g \\
&= m \cdot \left(\frac{v_6^2}{r} - g \right) \\
&= 950\,\text{kg} \cdot \left(\frac{\left(10\,\frac{\text{m}}{\text{s}}\right)^2}{6{,}5\,\text{m}} - 9{,}81\,\frac{\text{m}}{\text{s}^2} \right) = \underline{\underline{5{,}3 \cdot 10^3\,\text{N}}}
\end{aligned}
$$

1.4 Der **optimale Winkel φ** (seitlicher Druck auf die Schienen möglichst klein) ist erreicht, wenn die für die Kurvenfahrt notwendige Zentralkraft $\vec{F}_Z$ gleich der Resultierenden aus der Gewichtskraft $\vec{F}_G$ und der Kraft $\vec{F}_F$ ist, mit der die Fahrbahn auf den Wagen wirkt. Am Kräfteplan erkennt man, dass für φ die folgende Winkelbeziehung gilt:

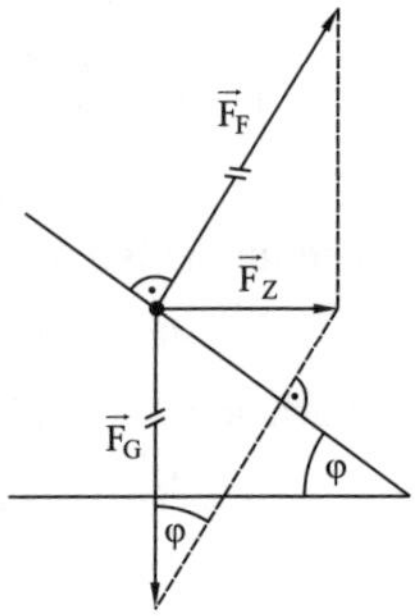

$$
\tan \varphi = \frac{F_Z}{F_G} = \frac{m \cdot \frac{v^2}{R}}{m \cdot g} = \frac{v^2}{R \cdot g}
$$

$$
\Rightarrow \quad \varphi = \arctan\left(\frac{\left(11\,\frac{\text{m}}{\text{s}}\right)^2}{14\,\text{m} \cdot 9{,}81\,\frac{\text{m}}{\text{s}^2}} \right) = \underline{\underline{41°}}
$$

2.1.1 **Zeitlicher Verlauf der Stromstärke im Gleichstromkreis**
Ab dem Zeitpunkt $t_0 = 0\,\text{s}$ liegt die Spannung U_G an der Spule und der Strom I_L beginnt zu fließen. Ein Magnetfeld baut sich auf, der magnetische Fluss Φ in der Spule ändert sich, er nimmt zu. Dadurch entsteht eine Induktionsspannung U_i, die nach der Lenz'schen Regel so gerichtet ist, dass ihre Entstehungsursache gehemmt wird – das ist zunächst die Zunahme des magnetischen Flusses Φ, die wiederum hervorgerufen wird durch den einsetzenden Strom I_L. Die Induktionsspannung U_i ist daher der anliegenden Spannung U_G entgegen gerichtet, wobei zum Zeitpunkt $t_0 = 0\,\text{s}$ gilt:

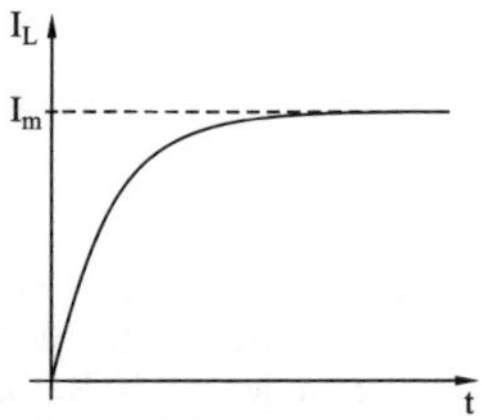

$$U_i(t_0) = -U_G \text{ und damit } I_L(t_0) = 0\,\text{A}$$

Für die Zeit $t > t_0$ wächst der magnetische Fluss immer langsamer, $|U_i|$ wird kleiner und damit die Stromstärke I_L größer, bis sie ihren Maximalwert I_m erreicht. I_m ist die Stromstärke, die durch den ohmschen Widerstand der Spule und der Spannung U_G bestimmt wird.

2.1.2 Für den **ohmschen Widerstand R der Spule** gilt (siehe 2.1.1):

$$R = \frac{U_G}{I_m} = \frac{12\ \text{V}}{0{,}40\ \text{A}} = \underline{\underline{30\ \Omega}}$$

2.2.1 **Gleichung für den zeitlichen Verlauf der Stromstärke im Wechselstromkreis**
Eine Spule kann betrachtet werden als eine Reihenschaltung aus einem ohmschen Widerstand R und der Induktivität L. Liegt an der Spule eine Spannung U(t) an, gilt für diese Reihenschaltung:

$$U(t) = U_R(t) + U_L(t)$$

Ist der ohmsche Widerstand R gegenüber dem induktiven Widerstand X_L vernachlässigbar klein (vgl. Aufgabentext 2.2.0), gilt weiter:

$$U(t) \approx U_L(t) = L \cdot \dot{I}(t)$$

$$\Rightarrow \quad \dot{I}(t) = \frac{U(t)}{L} = \frac{\hat{U}}{L} \cdot \sin(2\pi \cdot f \cdot t)$$

Durch Integration erhält man:

$$I(t) = -\frac{\hat{U}}{L} \cdot \frac{1}{2\pi \cdot f} \cdot \cos(2\pi \cdot f \cdot t) + k$$

Die Integrationskonstante k bedeutet hier einen Gleichstromanteil, der in diesem Fall nicht anliegt, also k = 0 A. Damit lautet die gesuchte Gleichung:

$$\underline{\underline{I(t) = -\frac{\hat{U}}{2\pi \cdot f \cdot L} \cdot \cos(2\pi \cdot f \cdot t)}} \quad (\text{wobei } 2\pi \cdot f \cdot L = X_L)$$

2.2.2 Die **Induktivität L** lässt sich mithilfe des induktiven Widerstands X_L berechnen:

$$\left.\begin{aligned} X_L &= \frac{\hat{U}}{\hat{I}} = \frac{\hat{U}}{I_{eff} \cdot \sqrt{2}} \\ X_L &= 2\pi \cdot f \cdot L \end{aligned}\right\} \Rightarrow \quad 2\pi \cdot f \cdot L = \frac{\hat{U}}{I_{eff} \cdot \sqrt{2}}$$

$$L = \frac{\hat{U}}{I_{eff} \cdot \sqrt{2} \cdot 2\pi \cdot f}$$

$$= \frac{12\ \text{V}}{16 \cdot 10^{-3}\ \text{A} \cdot \sqrt{2} \cdot 2\pi \cdot 1{,}20 \cdot 10^3\ \frac{1}{\text{s}}}$$

$$= 70 \cdot 10^{-3}\ \frac{\text{Vs}}{\text{A}} = \underline{\underline{70\ \text{mH}}}$$

2.3.1 Für die **Induktivität L einer lang gestreckten leeren Spule** gilt allgemein (siehe Formelsammlung):

$$L = \mu_0 \cdot \frac{N^2}{\ell} \cdot A \qquad (1)$$

$$= 4\pi \cdot 10^{-7}\ \frac{\text{Vs}}{\text{Am}} \cdot \frac{3\,000^2}{0{,}20\ \text{m}} \cdot 12{,}4 \cdot 10^{-4}\ \text{m}^2 = 70 \cdot 10^{-3}\ \frac{\text{Vs}}{\text{A}} = \underline{\underline{70\ \text{mH}}}$$

2.3.2 Für die **magnetische Flussdichte Φ im Inneren einer lang gestreckten leeren Spule** gilt allgemein (siehe Formelsammlung):

$$\Phi = B \cdot A = \mu_0 \cdot \frac{N}{\ell} \cdot I_m \cdot A \qquad (2)$$

$$= 4\pi \cdot 10^{-7} \frac{Vs}{Am} \cdot \frac{3\,000}{0{,}20\ m} \cdot 0{,}40\ A \cdot 12{,}4 \cdot 10^{-4}\ m^2 = \underline{\underline{9{,}3 \cdot 10^{-6}\ Vs}}$$

Wenn Sie die Beziehungen (1) und (2) kombinieren, können Sie die Rechnung abkürzen:

$$\Phi = \frac{L}{N} \cdot I_m = \frac{0{,}070\ \frac{Vs}{A}}{3\,000} \cdot 0{,}40\ A = \underline{\underline{9{,}3 \cdot 10^{-6}\ Vs}}$$

2.3.3 Das **Diagramm Nr. 3** beschreibt den zeitlichen Verlauf der Stromstärke richtig.

Begründung: Taucht der Weicheisenkern in die leere Spule ein, so nimmt der magnetische Fluss Φ in der Spule zu, da dessen Permeabilität $\mu_r \gg 1$ ist. In der Spule wird eine Spannung U_i induziert, die nach der Lenz'schen Regel so gerichtet ist, dass ihre Ursache – der zunehmende magnetische Kraftfluss Φ – gehemmt wird. U_i ist der anliegenden Spannung U_G deshalb entgegengerichtet, die Stromstärke I sinkt unter I_m ab.
Zum Zeitpunkt t_1 hat der magnetische Kraftfluss Φ seinen Maximalwert erreicht. Er beginnt für $t > t_1$ abzunehmen. U_i ist jetzt der anliegenden Spannung U_G gleichgerichtet, die Stromstärke I übersteigt den Wert I_m (→ Diagramm Nr. 1 scheidet aus).
Der Weicheisenkern fällt mit zunehmender Geschwindigkeit durch die Spule. Der magnetische Kraftfluss Φ ändert sich beim Austreten aus der Spule ($t > t_1$) betragsmäßig um denselben Wert wie beim Eintritt ($t < t_1$) in die Spule, jedoch in einem kürzeren Zeitintervall. Die Stromstärke I ändert sich deshalb beim Austritt stärker als beim Eintritt, der „Stromimpuls" ist aber kürzer (→ Diagramm Nr. 2 scheidet aus).

Alternative Formulierung
Durch die Induktion wirkt die Spule als zusätzliche Spannungsquelle U_i, die mit U_G in Reihe geschaltet ist. Am ohmschen Widerstand der Spule liegt also die Spannung

$$U = U_G + U_i = U_G - N \cdot \dot{\Phi}$$

an, die den Strom I durch die Spule treibt.
Beim Eintritt des Weicheisenkerns ist $\dot{\Phi}_{ein} > 0$ (der Kraftfluss Φ nimmt zu) und damit ist die Gesamtspannung $U < U_G$, die Stromstärke I sinkt unter den Wert I_m.
Beim Austritt ist $\dot{\Phi}_{aus} < 0$ (der Kraftfluss Φ nimmt ab) und damit die ist Gesamtspannung $U > U_G$, die Stromstärke I übersteigt den Wert I_m.
Wegen der zunehmenden Geschwindigkeit des Weicheisenkern gilt außerdem

$$|\dot{\Phi}_{aus}| > |\dot{\Phi}_{ein}|,$$

der „Spannungsimpuls" $|N \cdot \dot{\Phi}|$ und folglich der damit verbundene „Stromimpuls" ist beim Austritt größer, aber kürzer als beim Eintritt.

Berufliche Oberschulen Bayern – Physik 12. Klasse
Fachabiturprüfung 2013 – Aufgabe II

1.0 In einem U-Rohr mit dem konstanten Querschnitt $A = 0{,}72\ \text{cm}^2$ befindet sich eine Flüssigkeit mit der Dichte $\rho = 0{,}85\ \frac{\text{g}}{\text{cm}^3}$. Die Flüssigkeitssäule hat die mittlere Länge $\ell = 41$ cm. Im linken Schenkel des U-Rohres wird der Druck erhöht, wodurch die Flüssigkeitssäule um $\hat{s} = 5{,}0$ cm ausgelenkt wird. Zum Zeitpunkt $t_0 = 0$ s wird der Überdruck im linken Schenkel des U-Rohres weggenommen und die Flüssigkeitssäule dann sich selbst überlassen. Reibungsverluste sind in den folgenden Aufgaben zu vernachlässigen.

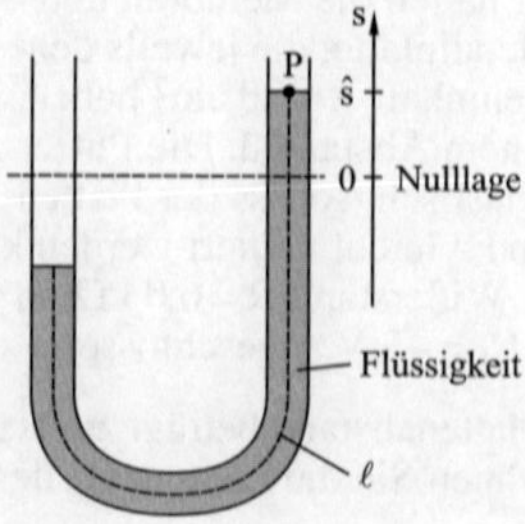

1.1.0 Man beobachtet, dass die Flüssigkeitssäule ab dem Zeitpunkt $t_0 = 0$ s aus der Ruhe heraus beschleunigt wird. Dabei bewegt sich ein Punkt P auf der Oberfläche der Flüssigkeit im rechten Schenkel des U-Rohres zunächst nach unten.

1.1.1 Berechnen Sie den Betrag F_0 der beschleunigenden Kraft für den Zeitpunkt $t_0 = 0$ s.
[Ergebnis: $F_0 = 60$ mN] (4 BE)

1.1.2 Zu Beginn der Bewegung hat die Beschleunigung des Punktes P den Betrag a_0. Berechnen Sie a_0. (4 BE)

1.2.0 Die Flüssigkeitssäule schwingt ab dem Zeitpunkt $t_0 = 0$ s im U-Rohr hin und her. Der Punkt P der Flüssigkeitsoberfläche im rechten Schenkel des U-Rohres schwingt dabei mit der Amplitude $\hat{s} = 5{,}0$ cm harmonisch auf und ab.

1.2.1 Berechnen Sie mithilfe des Ergebnisses von Aufgabe 1.1.1 die Richtgröße D für das schwingungsfähige System „Flüssigkeitssäule im U-Rohr". Erläutern Sie Ihren Lösungsansatz. (4 BE)

1.2.2 Die Schwingung der Flüssigkeitssäule hat die Frequenz $f = 1{,}1$ Hz. Geben Sie die Zeit-Elongation-Gleichung für die harmonische Schwingung des Punktes P mit eingesetzten Daten an. (2 BE)

1.2.3 Geben Sie an, wo sich der Punkt P befindet, wenn der Betrag seiner Beschleunigung maximal ist. Wie groß ist der maximale Betrag a_{max} der Beschleunigung? (2 BE)

1.2.4 Zum Zeitpunkt t_1 besitzt der Punkt P zum ersten Mal eine nach oben gerichtete Geschwindigkeit mit dem Betrag $v_1 = 0{,}25\ \frac{\text{m}}{\text{s}}$. Berechnen Sie t_1. (5 BE)

2.0 In einem Kondensatormikrofon bilden eine leitfähige Membran und eine Metallplatte einen Plattenkondensator mit Luft als Dielektrikum. Zwei isolierende Puffer halten die Membran und die Metallplatte, die jeweils den Flächeninhalt $A = 80\ cm^2$ haben, auf einem Abstand d. Die Puffer sind elastisch, sodass der Plattenabstand d leicht variiert werden kann. Dieser Kondensator ist über den ohmschen Widerstand $R = 6{,}0\ k\Omega$ an eine Gleichspannungsquelle mit der Spannung $U_0 = 45\ V$ angeschlossen.

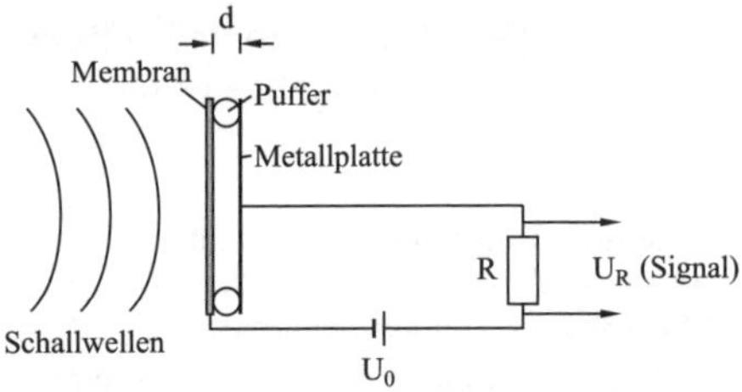

2.1 Der Plattenabstand beträgt zunächst $d_0 = 0{,}35$ mm. Berechnen Sie die Ladung Q_0 des Kondensators. (3 BE)

2.2 Die Reihenschaltung aus Kondensator und ohmschem Widerstand bleibt mit der Spannungsquelle verbunden. Durch Druckschwankungen (Schallwellen) wird die Membran bewegt und somit der Plattenabstand d variiert. Untersuchen Sie durch allgemeine Rechnung, ob und gegebenenfalls wie die Ladung Q des Kondensators vom Plattenabstand d abhängig ist. (3 BE)

2.3.0 Der Abstand zwischen der Membran und der Metallplatte wird vom Wert $d_0 = 0{,}35$ mm ausgehend um $\Delta d = 0{,}020$ mm verkleinert.

2.3.1 Bestätigen Sie, dass bei der Verkleinerung des Plattenabstandes die Ladung $\Delta Q = 0{,}55$ nC zusätzlich von der Gleichspannungsquelle über den Widerstand R auf den Kondensator fließt. (4 BE)

2.3.2 Die Verkleinerung des Plattenabstandes erfolgt in der Zeit $\Delta t = 2{,}2$ ms. Berechnen Sie die mittlere Stärke $\overline{I}$ des Ladestroms und die mittlere Spannung $\overline{U}_R$, die am ohmschen Widerstand R abfällt. (4 BE)

2.4 Eine Schallwelle trifft auf die Membran und regt die Membran zu einer Schwingung mit der Frequenz f an. Erläutern Sie qualitativ den Zusammenhang zwischen der Schwingung der Membran und dem zeitlichen Verlauf der am ohmschen Widerstand R abfallenden Spannung U_R. (4 BE)

2.5.0 Der zeitliche Verlauf der am ohmschen Widerstand R abfallenden Spannung U_R kann mithilfe einer Braun'schen Röhre, in der ein Elektronenstrahl in vertikaler und in horizontaler Richtung abgelenkt wird, dargestellt werden.

2.5.1 Fertigen Sie eine beschriftete Skizze einer solchen Braun'schen Röhre an, die die wesentlichen Bauteile der Braun'schen Röhre enthält. (5 BE)

2.5.2 Erklären Sie die Funktionsweise der Braun'schen Röhre, indem Sie die Funktion der einzelnen Bauteile und deren Zusammenwirken bei der Darstellung des zeitlichen Verlaufs von U_R kurz erläutern. (6 BE)

(50 BE)

Tipps und Hinweise zu Aufgabe II

Tipps zu Teilaufgabe 1.1

1.1.1: Beschleunigende Kraft ist die Gewichtskraft der überstehenden Wassersäule.

1.1.2: Beachten Sie: Beschleunigt wird die ganze Wassersäule im U-Rohr.

Tipps zu Teilaufgabe 1.2

1.2.1: Für eine harmonische Schwingung gilt ein lineares Kraftgesetz.

1.2.2: Beachten Sie: Die Schwingung beginnt bei der maximalen Auslenkung.

1.2.3: Denken Sie an das lineare Kraftgesetz.

1.2.4: Wie erhält man aus der Zeit-Elongation-Gleichung die Zeit-Geschwindigkeit-Gleichung? Beachten Sie, dass die arcsin-Funktion nur für ein beschränktes Intervall definiert ist. Überlegen Sie, in welchem Intervall der gesuchte Zeitpunkt liegen muss.

Tipp zu Teilaufgabe 2.1

Am Kondensator liegt die volle Spannung U_0 an. Warum? Welche Ladung trägt dann der Kondensator?

Tipp zu Teilaufgabe 2.2

Welche Größen bleiben konstant, welche Größe ändert sich? Wie ändert sich damit die Ladung Q?

Tipps zu Teilaufgabe 2.3

2.3.1: Bestimmen Sie die Differenz zweier Ladungen.

2.3.2: Die Stromstärke ist allgemein Ladung pro Zeit. Benützen Sie die Formelsammlung.

Tipp zu Teilaufgabe 2.4

Fassen Sie die bisherigen Ergebnisse zu einer qualitativen Beschreibung zusammen.

Tipp zu Teilaufgabe 2.5

Es werden freie Elektronen erzeugt, beschleunigt, zu einem Strahl gebündelt, vertikal und horizontal abgelenkt, um auf einem Schirm einen Leuchtpunkt zu erzeugen. Bei zeitlich veränderlicher Spannung wird ein Zeit-Spannungsdiagramm dargestellt.

Lösung zu Aufgabe II

1.1.1 Die beschleunigende Kraft $\vec{F}_0$ wird durch das Gewicht der im rechten Schenkel überstehenden Flüssigkeitssäule hervorgerufen (Masse $m_ü$). Die Säule besitzt die Grundfläche A und die Höhe $2\hat{s}$ ($\hat{s}$ ist die maximale Auslenkung bzgl. der Nulllage).

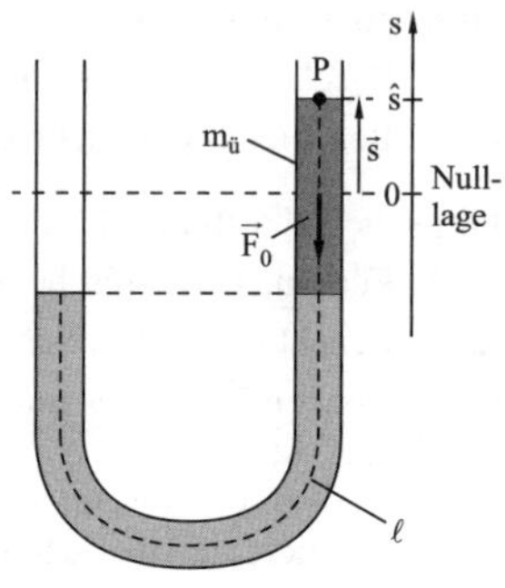

Für den **Betrag der beschleunigenden Kraft** gilt:

$$F_0 = m_ü \cdot g = \rho \cdot V_ü \cdot g = \rho \cdot A \cdot 2\hat{s} \cdot g$$

$$= 0{,}85 \frac{g}{cm^3} \cdot 0{,}72\, cm^2 \cdot 2 \cdot 5{,}0\, cm \cdot 9{,}81 \frac{m}{s^2}$$

$$= 60 \frac{g \cdot m}{s^2} = 60 \cdot 10^{-3} \frac{kg \cdot m}{s^2} = \underline{\underline{0{,}060\, N}}$$

1.1.2 Beschleunigt wird die *ganze* Flüssigkeitssäule mit der Masse $m = \rho \cdot A \cdot \ell$.
Daraus folgt für den **Betrag a_0 der Beschleunigung** zu Beginn der Bewegung:

$$F_0 = m \cdot a_0 = \rho \cdot A \cdot \ell \cdot a_0$$

$$\Rightarrow \quad a_0 = \frac{F_0}{\rho \cdot A \cdot \ell} = \frac{0{,}060\, N}{0{,}85 \cdot 10^{-3} \frac{kg}{cm^3} \cdot 0{,}72\, cm^2 \cdot 41\, cm} = \underline{\underline{2{,}4 \frac{m}{s^2}}}$$

1.2.1 Die Schwingung ist nach Voraussetzung harmonisch, es gilt deshalb ein lineares Kraftgesetz $\vec{F}_R = -D \cdot \vec{s}$ unabhängig vom Schwingungszustand ($\vec{F}_R$: rücktreibende Kraft). Zum Zeitpunkt $t = 0\, s$ ist die Flüssigkeitssäule maximal bzgl. der Nulllage ausgelenkt (Auslenkung $\hat{s}$, rücktreibende Kraft $-F_0$), sodass für die **Richtgröße D** folgt:

$$-F_0 = -D \cdot \hat{s}$$

$$\Rightarrow \quad D = \frac{F_0}{\hat{s}} = \frac{0{,}060\, N}{5{,}0 \cdot 10^{-2}\, m} = \underline{\underline{1{,}2 \frac{N}{m}}}$$

1.2.2 Für die beschriebene Schwingung gilt allgemein (die Schwingung beginnt bei der maximalen Auslenkung):

$$s(t) = \hat{s} \cdot \cos(\omega \cdot t)$$

Mit $\omega = 2\pi \cdot f$ und eingesetzten Daten erhält man die **Zeit-Elongation-Gleichung**:

$$\underline{\underline{s(t) = 5{,}0\, cm \cdot \cos\left(2{,}2\pi \frac{1}{s} \cdot t\right)}}$$

1.2.3 Mit $\vec{F}_R \sim \vec{s}$ gilt auch $\vec{a} \sim \vec{s}$, d. h., der Betrag der Beschleunigung ist im **oberen und unteren Umkehrpunkt** maximal und es gilt:

$$a_{max} = a_0 = \underline{\underline{2{,}4 \frac{m}{s^2}}}$$

1.2.4 Die Geschwindigkeit einer harmonischen Schwingung ergibt sich allgemein aus der ersten Ableitung der Elongation nach der Zeit:

$$v(t) = \dot{s}(t)$$

Für die Schwingung der Säule im U-Rohr folgt daher mit dem Ergebnis aus 1.2.2:

$$v(t) = -5{,}0\,\text{cm} \cdot 2{,}2\pi\,\frac{1}{s} \cdot \sin\left(2{,}2\pi\frac{1}{s} \cdot t\right) = -11\pi\,\frac{\text{cm}}{s} \cdot \sin\left(2{,}2\pi\,\frac{1}{s} \cdot t\right)$$

Um den **Zeitpunkt t_1** zu bestimmen, zu der die Geschwindigkeit den vorgegebenen Wert $v(t_1) = 25\,\frac{\text{cm}}{s}$ besitzt, stellt man diese Gleichung um und wendet die Arkussinusfunktion an. Weil diese definitionsgemäß nur Winkelwerte im Intervall $[-\frac{\pi}{2}; +\frac{\pi}{2}]$ annimmt, entsprechend dem Zeitintervall

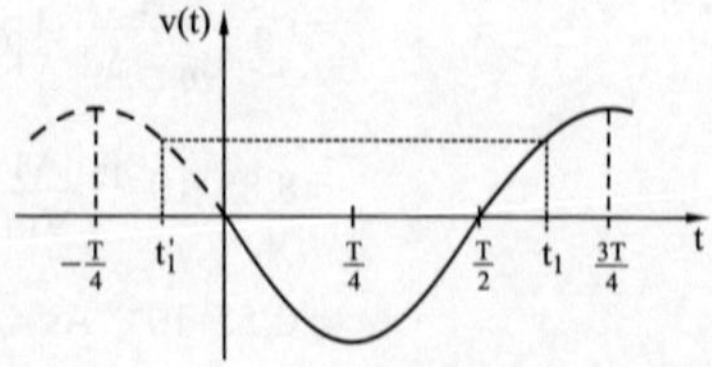

$$I = \left[-\frac{T}{4}; +\frac{T}{4}\right],$$

erhält man zunächst einen Zeitpunkt $t_1' \in I$ (siehe Skizze rechts):

$$2{,}2\pi\,\frac{1}{s} \cdot t_1' = \arcsin\left(-\frac{25\,\frac{\text{cm}}{s}}{11\pi\,\frac{\text{cm}}{s}}\right)$$

$$\Rightarrow\quad t_1' = \frac{\arcsin\left(-\frac{25\,\frac{\text{cm}}{s}}{11\pi\,\frac{\text{cm}}{s}}\right)}{2{,}2\pi\,\frac{1}{s}} = \frac{-0{,}81}{2{,}2\pi}\,s = -0{,}12\,s$$

Die gesuchte Zeit $t_1 > 0$ s liegt aber zwischen $\frac{T}{2}$ und $\frac{3T}{4}$. Sie lässt sich mithilfe der Symmetrieeigenschaften der Sinusfunktion berechnen:

$$t_1 = \frac{T}{2} + |t_1'| = \frac{1}{2f} + |t_1'| = \frac{1}{2 \cdot 1{,}1\,\frac{1}{s}} + 0{,}12\,s = \underline{\underline{0{,}57\,s}}$$

2.1 Der Gleichstromwiderstand des Kondensators ist stets wesentlich größer als der ohmsche Widerstand R. Es liegt deshalb am Kondensator stets die volle Spannung U_0 an. Für die **Ladung Q_0** gilt:

$$Q_0 = C \cdot U_0 = \varepsilon_0 \cdot \frac{A}{d_0} \cdot U_0$$

$$= 8{,}85 \cdot 10^{-12}\,\frac{\text{As}}{\text{Vm}} \cdot \frac{80 \cdot 10^{-4}\,\text{m}^2}{0{,}35 \cdot 10^{-3}\,\text{m}} \cdot 45\,\text{V} = \underline{\underline{9{,}1 \cdot 10^{-9}\,\text{As} = 9{,}1\,\text{nC}}}$$

2.2 Für die Ladung Q des Kondensators gilt allgemein (vgl. 2.1):

$$Q = \varepsilon_0 \cdot \frac{A}{d} \cdot U$$

Die Spannung $U = U_0$, die Fläche A und ε_0 sind konstant, sodass folgt

$$\underline{\underline{Q \sim \frac{1}{d}}}$$

Die Ladung ist **indirekt proportional** zum Plattenabstand.

2.3.1 Da der Plattenabstand verkleinert wird, muss nach 2.2 die Ladung auf dem Kondensator zunehmen. Für die **zusätzlich auf den Kondensator fließende Ladung** gilt:

$$\Delta Q = Q_{neu} - Q_0$$

$$= \varepsilon_0 \cdot \frac{A}{d_0 - \Delta d} \cdot U_0 - Q_0$$

$$= 8{,}85 \cdot 10^{-12} \frac{As}{Vm} \cdot \frac{80 \cdot 10^{-4}\ m^2}{(0{,}35 - 0{,}020) \cdot 10^{-3}\ m} \cdot 45\ V - 9{,}1 \cdot 10^{-9}\ As$$

$$= 0{,}55 \cdot 10^{-9}\ As = \underline{\underline{0{,}55\ nC}}$$

2.3.2 Für die **mittlere Stromstärke $\bar{I}$** gilt:

$$\bar{I} = \frac{\Delta Q}{\Delta t} = \frac{0{,}55 \cdot 10^{-9}\ As}{2{,}2 \cdot 10^{-3}\ s} = \underline{\underline{0{,}25 \cdot 10^{-6}\ A = 0{,}25\ \mu A}}$$

Dieser Strom löst am ohmschen Widerstand R einen Spannungsimpuls aus. Die **mittlere Spannung** $\overline{U}_R$ beträgt:

$$\overline{U}_R = R \cdot \bar{I} = 6{,}0 \cdot 10^3\ \Omega \cdot 0{,}25 \cdot 10^{-6}\ A = \underline{\underline{1{,}5\ mV}}$$

2.4 Durch die mit der Frequenz f schwingende Membran ändert sich der Plattenabstand d des Kondensators mit der gleichen Frequenz. Es fließen Ladungen von der Spannungsquelle auf den Kondensator ($d < d_0$) oder Ladungen vom Kondensator zur Spannungsquelle ($d > d_0$). Im Stromkreis entsteht ein Wechselstrom der Frequenz f und damit am ohmschen Widerstand R eine abgreifbare **Wechselspannung U_R der Frequenz f.**

2.5.1 **Schematischer Aufbau der Braun'sche Röhre**

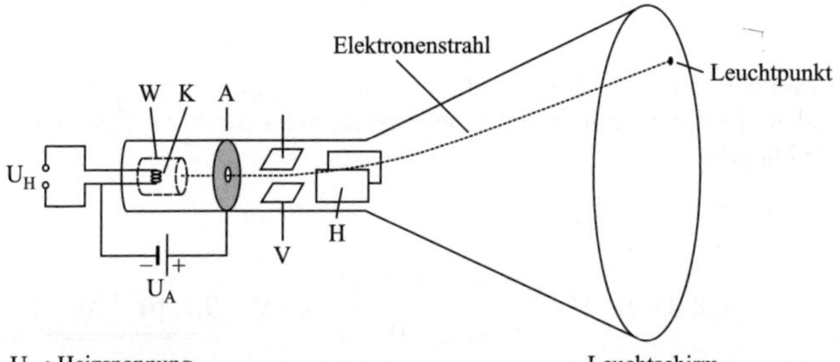

U_H: Heizspannung

U_A: Anodenspannung (Beschleunigungsspannung)

K: Kathode (Glühwendel)

A: Anode (mit Loch)

W: Wehneltzylinder

V: Plattenkondensator zur Vertikalablenkung

H: Plattenkondensator zur Horizontalablenkung

2.5.2 Erzeugung eines Elektronenstrahls

Durch das Heizen der Glühwendel erhalten die im Metall frei beweglichen Elektronen so viel kinetische Energie, dass sie den Metallverband verlassen können. Es entsteht eine Wolke aus freien Elektronen, die im elektrischen Feld zwischen Kathode und Anode zur positiven Anode hin beschleunigt werden. Der Wehneltzylinder liegt auf negativem Potenzial, die ebenfalls negativ geladenen Elektronen werden dadurch zu einem Strahl in der Zylinderachse gebündelt. Durch eine Bohrung in der Anode kann der Elektronenstrahl dieses System verlassen.

Ablenkeinheiten

Die Elektronen gelangen nun in den Kondensator für die Vertikalablenkung. An diesem Kondensator liegt die zu untersuchende Spannung U_R an. Je nach Vorzeichen und Betrag dieser Spannung werden die Elektronen mehr oder weniger stark nach oben bzw. nach unten abgelenkt. Der Leuchtpunkt auf dem Schirm erscheint entsprechend in der Vertikalen verschoben. Liegt eine Wechselspannung an, erscheint auf dem Leuchtschirm eine vertikale Linie.
Um die zeitliche Abhängigkeit der zu untersuchenden Spannung aufzulösen, wird der Elektronenstrahl durch den Horizontalablenkkondensator abgelenkt. Damit sich der Leuchtpunkt mit konstanter Geschwindigkeit in horizontaler Richtung bewegt, liegt an diesem Kondensator eine linear ansteigende Spannung an. Hat der Leuchtpunkt die größte Auslenkung erreicht, springt diese Spannung wieder auf ihren Anfangswert und der Anstieg beginnt von Neuem (Sägezahn- oder Kippspannung). Auf diese Weise wird auf dem Leuchtschirm die zu untersuchende Spannung in einem t-U_R-Diagramm dargestellt.

Glasröhre und Leuchtschirm

Die Systeme zur Erzeugung des Elektronenstrahls und die Ablenkeinheiten befinden sich in einer gasdicht verschlossenen Glasröhre. Damit die Elektronen durch Stöße mit anderen Teilchen keine Energie verlieren, ist die Glasröhre evakuiert.
Der Leuchtschirm ist mit einer Substanz beschichtet, die beim Auftreffen der Elektronen deren kinetische Energie in sichtbares Licht verwandelt. Damit die „ausgedienten" Elektronen den weiteren Verlauf nicht stören, werden sie durch eine Auffängerelektrode eingesammelt, die in der Nähe des Leuchtschirms im Inneren der Glasröhre angebracht ist (nicht eingezeichnet).

Ergänzende Anmerkung zur Vertiefung

Ein wesentliches Merkmal der Braun'schen Röhre ist die **Proportionalität der Auslenkung** des Leuchtpunktes auf dem Schirm **zur angelegten Spannung U** an den Ablenkkondensatoren.

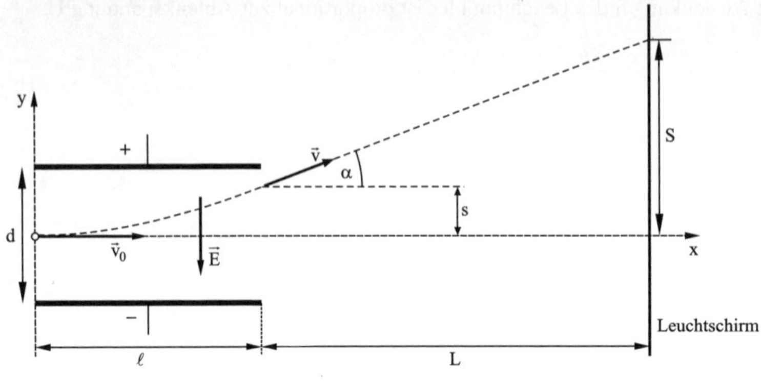

Im elektrischen Feld des Kondensators bewirkt die elektrische Kraft $\vec{F}_{el}$ eine Beschleunigung $\vec{a}$ der Elektronen (Elementarladung e, Masse m) in y-Richtung. In x-Richtung bleibt der Betrag der Geschwindigkeit $\vec{v}_0$ konstant. Damit gilt:

$$x = v_0 \cdot t \qquad (1)$$

$$y = \frac{1}{2} a \cdot t^2 \qquad (2)$$

$$m \cdot a = e \cdot E \qquad (3)$$

Mit $t = \frac{x}{v_0}$ aus (1) und $a = \frac{e \cdot E}{m}$ aus (3) wird (2) zu:

$$y = \frac{e \cdot E}{2m \cdot v_0^2} \cdot x^2$$

Das ist die Gleichung der Bahnkurve (ein Ausschnitt eines Parabelastes), die ein Elektron im Kondensator durchfliegt. Nach dem Verlassen des Kondensators fliegt das Elektron geradlinig weiter. Den Tangens des Ablenkwinkels α erhält man aus der 1. Ableitung der Kurvengleichung an der Stelle $x = \ell$:

$$y' = \frac{e \cdot E}{m \cdot v_0^2} \cdot x \quad \Rightarrow \quad \tan \alpha = \frac{e \cdot E}{m \cdot v_0^2} \cdot \ell$$

Es gilt daher für die Auslenkung S auf dem Leuchtschirm (vgl. Skizze):

$$\begin{aligned} S &= s + L \cdot \tan \alpha \\ &= y(\ell) + L \cdot \tan \alpha \\ &= \frac{e \cdot E}{2m \cdot v_0^2} \cdot \ell^2 + L \cdot \frac{e \cdot E}{m \cdot v_0^2} \cdot \ell \\ &= \frac{e \cdot \ell}{m \cdot v_0^2} \cdot \left(\frac{1}{2} \ell + L \right) \cdot E \qquad (4) \end{aligned}$$

Im Term (4) sind bei konstantem v_0 außer dem Betrag E der elektrischen Feldstärke alle Größen konstant. Bei unveränderlichen Kondensatorabmessungen gilt zudem $E = \frac{U}{d}$, sodass folgt:

$$\underline{\underline{S \sim U}}$$

Die Auslenkung S des Leuchtpunktes ist proportional zur Ablenkspannung U.

Berufliche Oberschulen Bayern – Physik 12. Klasse
Fachabiturprüfung 2013 – Aufgabe III

1.0 In der rechts stehenden Skizze ist ein Fadenstrahlrohr dargestellt, mit dem der Betrag der spezifischen Ladung von Elektronen bestimmt werden kann. Die Elektronen treten aus der Glühkathode K mit vernachlässigbar kleiner Geschwindigkeit aus, durchlaufen die Beschleunigungsspannung U_B und fliegen durch das kleine Loch in der Anode A mit der Geschwindigkeit $\vec{v}_0$. Dann werden die Elektronen in einem Magnetfeld auf eine Kreisbahn mit dem Radius r gelenkt.

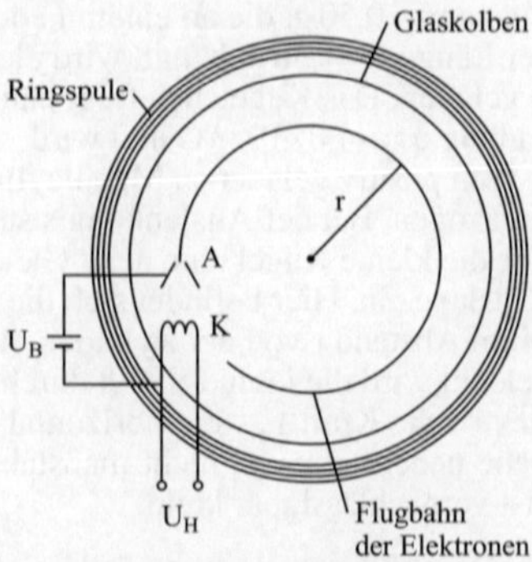

1.1 Geben Sie die Bedingungen an, die das Magnetfeld erfüllen muss, damit sich die Elektronen in diesem Magnetfeld auf einer Kreisbahn bewegen. (2 BE)

1.2 Das Magnetfeld wird mithilfe eines Helmholtzspulenpaares erzeugt. In der oben stehenden Skizze ist eine der Ringspulen des Helmholtzspulenpaares erkennbar.
Geben Sie den technischen Umlaufsinn des Stromes durch die Ringspule an. Begründen Sie Ihre Antwort. (3 BE)

1.3 Erläutern Sie, wie es dazu kommt, dass die Kreisbahn der Elektronen im Fadenstrahlrohr sichtbar wird. (3 BE)

1.4 Leiten Sie eine Gleichung her, die aufzeigt, wie der Betrag v_0 der Geschwindigkeit $\vec{v}_0$ von der Beschleunigungsspannung U_B abhängt.
Erläutern Sie dabei Ihren Lösungsansatz. (4 BE)

1.5 Zeigen Sie, dass für den Radius r der Kreisbahn gilt:

$$r = \sqrt{\frac{2m \cdot U_B}{e}} \cdot \frac{1}{B}$$

Dabei ist m die Masse eines Elektrons, e die Elementarladung und B der Betrag der magnetischen Flussdichte $\vec{B}$. (5 BE)

1.6.0 Die Beschleunigungsspannung beträgt $U_B = 150$ V. Die Stärke des Stroms durch das Helmholtzspulenpaar ist so hoch eingestellt, dass die Flussdichte $\vec{B}$ des magnetischen Feldes den Betrag $B = 0{,}75$ mT hat. In diesem Magnetfeld bewegen sich die Elektronen auf einer Kreisbahn mit dem Radius $r = 5{,}5$ cm.

1.6.1 Berechnen Sie aus den unter 1.6.0 gegebenen Größen den Betrag der spezifischen Ladung eines Elektrons. Führen Sie dabei eine Einheitenumrechnung durch. (5 BE)

1.6.2 Erläutern Sie zwei Möglichkeiten, wie der Radius r der Kreisbahn vergrößert werden kann. (4 BE)

2.0 Ein vertikal aufgestellter Metallzylinder mit dem Radius $R = 6{,}0$ cm trägt die positive Ladung Q. Diese Ladung Q erzeugt in der Umgebung des Metallzylinders ein elektrisches Feld. Eine kleine Kugel mit der Masse $m = 0{,}50$ g, die an einem Faden mit der Länge $\ell = 1{,}36$ m hängt, wird elektrisch geladen. Das Kügelchen trägt dann die Ladung $q = -4{,}0 \cdot 10^{-9}$ C und wird daher vom positiv geladenen Metallzylinder angezogen. Bei der Auslenkung s stellt sich für die kleine Kugel eine neue Gleichgewichtslage ein. Hier befindet sich die Kugel im Abstand r von der Zylinderachse. Ausgelenkt wird die kleine Kugel durch die elektrische Kraft $\vec{F}_{el}$, die horizontal und zur Zylinderachse hin gerichtet ist, siehe nebenstehende, nicht maßstabsgetreue Skizze. Die Masse des Fadens ist vernachlässigbar klein.

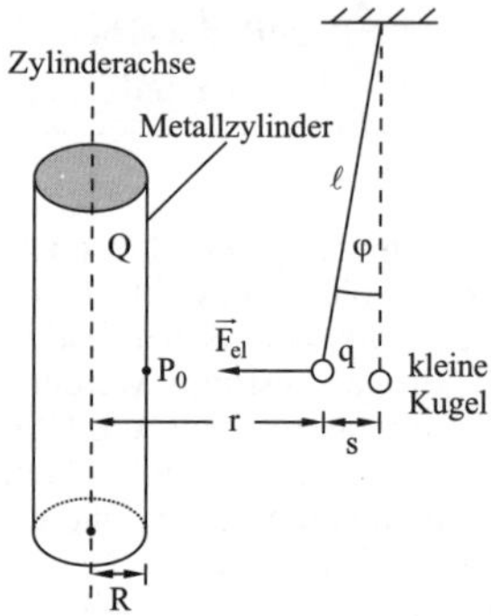

2.1 Bei der Durchführung des unter 2.0 beschriebenen Versuchs werden die Auslenkung s der kleinen Kugel und ihr Abstand r zur Zylinderachse gemessen. Bei einem bestimmten Abstand r erhält man für die Auslenkung den Wert $s = 1{,}0$ cm.
Berechnen Sie mithilfe eines Kräfteplans den Betrag F_{el} der Kraft $\vec{F}_{el}$ und den Betrag E der Feldstärke $\vec{E}$, die von der Ladung Q am Ort des ausgelenkten Kügelchens erzeugt wird.
[Teilergebnis: $F_{el} = 3{,}6 \cdot 10^{-5}$ N] (9 BE)

2.2.0 Der Versuch aus 2.0 wird nun für verschiedene Abstände r durchgeführt und dabei die Abhängigkeit des Betrags E der elektrischen Feldstärke $\vec{E}$ vom Abstand r untersucht. Man erhält folgende Ergebnisse:

Messung Nr.	1	2	3	4
r in cm	7,0	8,0	10,0	14,0
E in $\frac{kV}{m}$	10,3	9,0	7,2	5,1

2.2.1 Bestätigen Sie durch eine grafische Auswertung der Messreihe, dass gilt:

$$E = k \cdot \frac{1}{r},$$

wobei k konstant, d. h. unabhängig von r ist. (5 BE)

2.2.2 Bestimmen Sie die Konstante k aus dem Diagramm von 2.2.1.
[mögliches Ergebnis: $k = 7{,}2 \cdot 10^2$ V] (2 BE)

2.2.3 Der Punkt P_0 liegt auf der Oberfläche des Metallzylinders.
Berechnen Sie den Betrag E_0 der im Punkt P_0 auftretenden elektrischen Feldstärke $\vec{E}_0$. (2 BE)

2.3 Der Metallzylinder (Radius R = 6,0 cm), der immer noch die Ladung Q trägt, ist nun in der Höhe h = 1,8 cm über einer Unterlage horizontal angeordnet. Er kann von der ungeladenen Unterlage negativ geladene PVC-Teilchen nach oben ziehen. Diese Teilchen bleiben dann an dem Metallzylinder haften. Die Kräfte zwischen den geladenen PVC-Teilchen sind zu vernachlässigen.

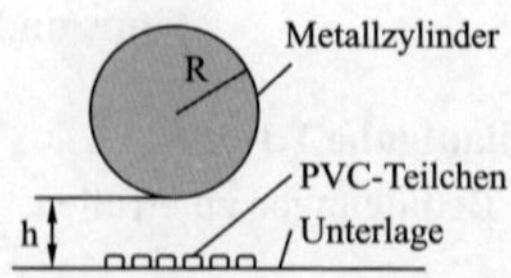

Ermitteln Sie mithilfe des Ergebnisses von 2.2.2, wie groß der Betrag der spezifischen Ladung $\frac{q}{m}$ eines negativ geladenen PVC-Teilchens mindestens sein muss, damit es vom elektrisch geladenen Metallzylinder angehoben und aufgenommen werden kann. (6 BE)

(50 BE)

Tipps und Hinweise zu Aufgabe III

Tipp zu Teilaufgabe 1.1

Es sind drei Bedingungen zu erfüllen.

Tipp zu Teilaufgabe 1.2

Welche Richtung hat die auf die Elektronen wirkende Kraft?
Ihre Finger dürfen Sie auch benützen.

Tipp zu Teilaufgabe 1.3

Im Fadenstrahlrohr herrscht kein vollständiges Vakuum. Was kommt also vor und mit welcher Wirkung?

Tipp zu Teilaufgabe 1.4

Die Elektronen werden im elektrischen Feld aus der Ruhe heraus beschleunigt.

Tipp zu Teilaufgabe 1.5

Stichwort Kreisbahn: Welche Kräfte treten in welcher Beziehung zueinander auf?
Welche zu begründende Aussage zum Betrag der Bahngeschwindigkeit ist notwendig?

Tipps zu Teilaufgabe 1.6

1.6.1: Formen Sie die in 1.5 gegebene Beziehung geeignet um.

1.6.2: Verwenden Sie dazu die Beziehung aus 1.5.

Tipp zu Teilaufgabe 2.1

Auf das Kügelchen wirken drei Kräfte. Das Kügelchen ist in Ruhe. Aus dem Kräfteplan ergeben sich zwei Winkelbeziehungen, mithilfe derer Sie zunächst F_{el} und daraus den Betrag der Feldstärke bestimmen können.

Tipps zu Teilaufgabe 2.2

2.2.1: Es ist ein $\frac{1}{r}$-E-Diagramm zu erstellen und zu interpretieren.

2.2.2: k ist der Steigungsfaktor.

2.2.3: Verwenden Sie die Ergebnisse aus 2.2.1 und 2.2.2.

Tipp zu Teilaufgabe 2.3

Das Teilchen wird nach oben gezogen, wenn F_{el} größer ist als F_G.
Beachten Sie: $r = R + h$!

Lösung zu Aufgabe III

1.1 Das Magnetfeld muss **drei Bedingungen** erfüllen:

- Es muss homogen sein.
- Es muss senkrecht zur Geschwindigkeit $\vec{v}_0$ gerichtet sein.
- Die Flussdichte $\vec{B}$ muss zeitlich konstant sein.

1.2 Auf die Elektronen wirkt im Magnetfeld des Helmholtzspulenpaares die Lorentzkraft $\vec{F}_L$. Sie ist die für die Bewegung auf einer Kreisbahn notwendige Zentralkraft und stets zum Mittelpunkt der Kreisbahn gerichtet.
Bezogen auf die Skizze ist die Geschwindigkeit $\vec{v}_0$ senkrecht nach oben gerichtet, die Lorentzkraft $\vec{F}_L$ wirkt nach rechts zum Mittelpunkt der Kreisbahn. Nach der UVW-Regel muss die Kraftflussdichte $\vec{B}$ deshalb in die Zeichenebene hinein gerichtet sein. Das ist der Fall, wenn der Strom in der Ringspule **im Uhrzeigersinn** fließt.

1.3 Im Glaskolben befindet sich Wasserstoff oder ein anderes geeignetes Gas unter geringem Druck der so bemessen ist, dass die Elektronen sich möglichst ungehindert bewegen können, andererseits aber Stöße mit Gasatomen möglich sind. Bei einem solchen Zusammenstoß gibt das Elektron einen Teil seiner kinetischen Energie an das Gasatom ab. Das Gasatom wird angeregt und gibt diese Energie in Form sichtbarer Strahlung ab.

1.4 Beim Durchlaufen der Spannung U_B werden die Elektronen beschleunigt und nehmen dabei die Energie $W_{el} = e \cdot U_B$ auf. Da ihre Anfangsgeschwindigkeit beim Verlassen der Kathode vernachlässigbar klein ist, haben sie nach der Beschleunigung die kinetische Energie $E_{kin} = \frac{1}{2} m \cdot v_0^2$. Es gilt daher für den Betrag der **Geschwindigkeit**, welche die Elektronen erreichen (e: Elementarladung; m: Masse des Elektrons):

$$\frac{1}{2} m \cdot v_0^2 = e \cdot U_B \quad \Rightarrow \quad v_0 = \underline{\underline{\sqrt{\frac{2e \cdot U_B}{m}}}}$$

1.5 Die Lorentzkraft $\vec{F}_L$ ist die für die Kreisbewegung notwendige Zentralkraft. Da stets $\vec{F}_L \perp \vec{v}$ gilt, ändert sich der Betrag der Bahngeschwindigkeit $\vec{v}$ nicht und es gilt:

$$|\vec{v}| = |\vec{v}_0| = v_0$$

Durch Gleichsetzen der Kraftbeträge und Umstellen nach r erhält man die gesuchte Beziehung für den **Radius**:

$$e \cdot v_0 \cdot B = m \cdot \frac{v_0^2}{r}$$

$$\Rightarrow \quad r = \frac{m}{e \cdot B} \cdot v_0 = \frac{m}{e \cdot B} \cdot \sqrt{\frac{2e \cdot U_B}{m}} = \frac{1}{B} \cdot \sqrt{\frac{2e \cdot U_B}{m} \cdot \frac{m^2}{e^2}} = \underline{\underline{\frac{1}{B} \cdot \sqrt{\frac{2m \cdot U_B}{e}}}}$$

1.6.1 Aus der in 1.5 gefundenen Beziehung erhält man durch Quadrieren und Umstellen die **spezifische Ladung**:

$$r^2 = \frac{1}{B^2} \cdot \frac{2m \cdot U_B}{e}$$

$$\Rightarrow \quad \frac{e}{m} = \frac{2U_B}{r^2 \cdot B^2} = \frac{2 \cdot 150\text{ V}}{(5{,}5 \cdot 10^{-2}\text{ m})^2 \cdot (0{,}75 \cdot 10^{-3}\text{ T})^2} = \underline{\underline{1{,}8 \cdot 10^{11}\,\frac{\text{As}}{\text{kg}}}}$$

Einheitenkontrolle:

$$1\frac{V}{m^2 \cdot T^2} = 1\frac{V}{m^2 \cdot \frac{V^2 \cdot s^2}{m^4}} = 1\frac{m^2}{V \cdot s^2} = 1\frac{kg \cdot \frac{m^2}{s^2}}{kg \cdot V} = 1\frac{J}{kg \cdot V} = 1\frac{VAs}{kg \cdot V} = 1\frac{As}{kg}$$

1.6.2 Nach 1.5 gilt für den Radius r:

$$r = \frac{1}{B} \cdot \sqrt{\frac{2m \cdot U_B}{e}}$$

Da die Elektronenmasse und die Elementarladung konstant sind, kann der Radius r nur durch Variieren der Beschleunigungsspannung U_B oder der Flussdichte B geändert werden. Der **Radius r wird größer**, wenn

- die Beschleunigungsspannung U_B größer wird ($r \sim \sqrt{U_B}$, wenn B = konstant);
- der Betrag B der Flussdichte kleiner wird ($r \sim \frac{1}{B}$, wenn U_B = konstant).

2.1 Auf das Kügelchen wirken drei Kräfte:

- die Gewichtskraft $\vec{F}_G = m \cdot \vec{g}$
- die Zugkraft des Fadens $\vec{F}_F$
- die elektrische Feldkraft $\vec{F}_{el}$

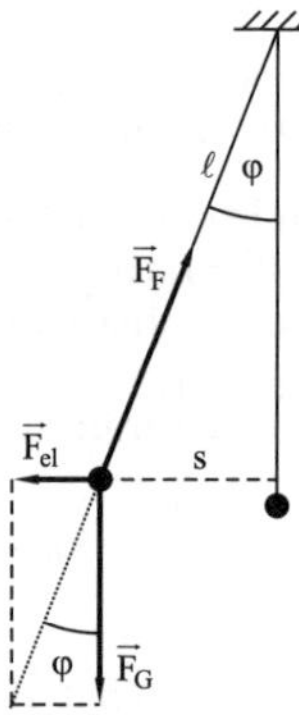

Das Kügelchen ist in Ruhe, damit muss für die Kräfte gelten:

$$\vec{F}_G + \vec{F}_F + \vec{F}_{el} = \vec{0}$$

Anhand der Skizze lassen sich zwei Bedingungen für den Auslenkwinkel φ aufstellen, die dieser im Gleichgewichtsfall erfüllen muss:

$$\tan\varphi = \frac{F_{el}}{F_G} \quad \text{und} \quad \sin\varphi = \frac{s}{\ell}$$

Durch Kombination beider Gleichungen erhält man für den **Betrag der elektrischen Feldkraft**:

$$F_{el} = m \cdot g \cdot \tan\left(\arcsin\left(\frac{s}{\ell}\right)\right)$$

$$= 0{,}50 \cdot 10^{-3}\,kg \cdot 9{,}81\,\frac{m}{s^2} \cdot \tan\left(\arcsin\left(\frac{1{,}0\,cm}{136\,cm}\right)\right) = \underline{\underline{3{,}6 \cdot 10^{-5}\,N}}$$

Für den **Betrag der elektrischen Feldstärke** am Ort des Kügelchens gilt dann:

$$E = \frac{F_{el}}{|q|} = \frac{3{,}6 \cdot 10^{-5}\,N}{4{,}0 \cdot 10^{-9}\,As} = \underline{\underline{9{,}0 \cdot 10^3\,\frac{V}{m}}}$$

Einheitenkontrolle:

$$1\frac{N}{As} = 1\frac{\frac{J}{m}}{As} = 1\frac{VAs}{As \cdot m} = 1\frac{V}{m}$$

2.2.1 In der Grafik muss E in Abhängigkeit von $\frac{1}{r}$ dargestellt werden, daher wird die Wertetabelle zunächst um eine entsprechende Zeile erweitert.

Messung Nr.	1	2	3	4
r in 10^{-2} m	7,0	8,0	10,0	14,0
$\frac{1}{r}$ in m^{-1}	14,3	12,5	10,0	7,14
E in $\frac{kV}{m}$	10,3	9,0	7,2	5,1

Im Rahmen der Mess- und Zeichengenauigkeit liegen die Messpunkte auf einer **Ursprungsgeraden** mit der Gleichung

$$E = k \cdot \frac{1}{r}$$

wobei k = konst. der Steigungsfaktor der Geraden ist.

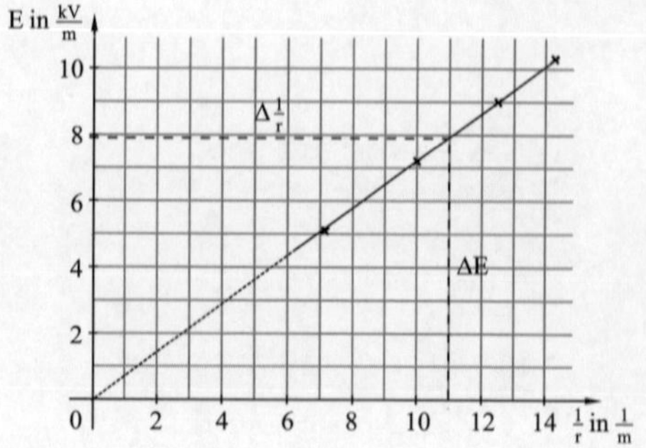

2.2.2 Für den **Steigungsfaktor k** gilt $k = \frac{\Delta E}{\Delta \frac{1}{r}}$ (vgl. Diagramm aus 2.2.1). Mit geeigneten Werten aus dem Diagramm erhält man:

$$k = \frac{7{,}9 \cdot 10^3 \, \frac{V}{m}}{11 \, \frac{1}{m}} = \underline{\underline{7{,}2 \cdot 10^2 \text{ V}}}$$

2.2.3 Mit r = R = 6,0 cm erhält man für den **Betrag der Feldstärke im Punkt P_0**:

$$E_{P_0} = k \cdot \frac{1}{R} = 7{,}2 \cdot 10^2 \text{ V} \cdot \frac{1}{6{,}0 \cdot 10^{-2} \text{ m}} = 12 \cdot 10^3 \, \frac{V}{m} = \underline{\underline{12 \, \frac{kV}{m}}}$$

2.3 Auf ein PVC-Teilchen wirken zwei Kräfte, die Gewichtskraft $\vec{F}_G$ nach unten und die elektrische Kraft $\vec{F}_{el}$ nach oben. Das Teilchen wird durch den Metallzylinder dann angehoben, wenn gilt:

$$|\vec{F}_{el}| > |\vec{F}_G| \;\Leftrightarrow\; E \cdot |q| > m \cdot g \;\Leftrightarrow\; \frac{k}{r} \cdot |q| > m \cdot g \;\Rightarrow\; \frac{|q|}{m} > \frac{g \cdot r}{k}$$

Mit $r = 6{,}0 \text{ cm} + 1{,}8 \text{ cm} = 7{,}8 \cdot 10^{-2}$ m ergibt sich für den erforderlichen **Mindestwert der spezifischen Ladung**:

$$\frac{|q|}{m} > \frac{9{,}81 \, \frac{m}{s^2} \cdot 7{,}8 \cdot 10^{-2} \text{ m}}{7{,}2 \cdot 10^2 \text{ V}} = \underline{\underline{1{,}1 \cdot 10^{-3} \, \frac{As}{kg}}}$$

Einheitenkontrolle:

$$1 \, \frac{\frac{m^2}{s^2}}{V} = 1 \, \frac{kg \cdot \frac{m^2}{s^2}}{kg \cdot V} = 1 \, \frac{J}{kg \cdot V} = 1 \, \frac{VAs}{kg \cdot V} = 1 \, \frac{As}{kg}$$

1.0

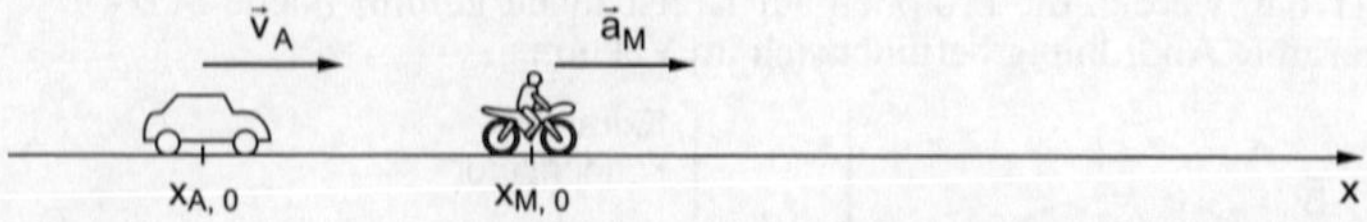

Ein Motorrad startet zum Zeitpunkt $t_0 = 0$ s aus dem Stillstand heraus. Der Schwerpunkt von Motorrad und Fahrer befindet sich zu diesem Zeitpunkt am Ort mit der x-Koordinate $x_{M,0} = 0$ m. Das Motorrad beschleunigt bis zum Zeitpunkt $t_1 = 8{,}0$ s und fährt dann mit konstanter Geschwindigkeit weiter. Zur Vereinfachung wird angenommen, die Beschleunigung $\vec{a}_M$ des Motorrads sei konstant und habe den Betrag $a_M = 3{,}50\,\frac{m}{s^2}$.
Ein Auto fährt mit der konstanten Geschwindigkeit $\vec{v}_A$, die den Betrag $v_A = 21\,\frac{m}{s}$ hat. Der Schwerpunkt des Autos befindet sich zum Zeitpunkt $t_0 = 0$ s am Ort mit der Koordinate $x_{A,0} = -100$ m.
Beide Fahrzeuge bewegen sich längs der x-Achse eines Koordinatensystems in die Richtung, in der die x-Werte zunehmen. Bei den folgenden Überlegungen ist eine Betrachtung der Schwerpunkte ausreichend.

1.1 Geben Sie für das Zeitintervall [0 s; 8,0 s] die Zeit-Ort-Gleichung für die beiden Fahrzeuge mit eingesetzten Werten an. (3 BE)

1.2 Begründen Sie rechnerisch, dass sich die beiden Fahrzeuge zu keinem Zeitpunkt t mit $0\,s \leq t \leq 8{,}0\,s$ „auf gleicher Höhe", d. h. an Orten mit gleicher x-Koordinate befinden. (4 BE)

1.3 Berechnen Sie den Zeitpunkt t^*, zu dem die Geschwindigkeit des Motorrads genau so groß ist wie die Geschwindigkeit des Autos, und begründen Sie, dass zu diesem Zeitpunkt t^* der Vorsprung des Motorrads gegenüber dem Auto am geringsten ist. (5 BE)

1.4.0 Das Motorrad und der Fahrer haben die Gesamtmasse $m = 250$ kg.
Für die folgenden Aufgaben wird zur Vereinfachung angenommen, dass bei allen im Zeitintervall]0 s; 5 s] auftretenden Geschwindigkeiten der auftretende Fahrwiderstand $\vec{F}_W$ des Motorrades denselben Betrag F_W hat. Dabei gilt:

$$F_W = 0{,}18 \cdot F_G,$$

wobei F_G der Betrag der Gewichtskraft $\vec{F}_G$ von Motorrad mit Fahrer ist.

1.4.1 Berechnen Sie den Betrag F_A der Antriebskraft $\vec{F}_A$, die der Motor im Zeitintervall]0 s; 5,0 s] ausübt.
[Ergebnis: $F_A = 1{,}3$ kN] (4 BE)

1.4.2 Zu einem Zeitpunkt t gibt der Motor die momentane Leistung P(t) ab.
Bestimmen Sie P(t) für den Zeitpunkt $t = 5{,}0$ s. (3 BE)

2.0 Ein Mikrotron ist ein Kreisbeschleuniger, in dem Protonen, die von der Ionenquelle Q emittiert werden, im elektrischen Feld eines Kondensators wiederholt beschleunigt werden.
An dem Kondensator liegt eine Wechselspannung U an. Durch ein homogenes Magnetfeld, dessen Flussdichte $\vec{B}$ zeitlich konstant ist und den Betrag $B = 170\ \text{mT}$ hat, werden die Protonen auf Kreisbahnen geführt (siehe Skizze). Die gesamte Anordnung befindet sich im Vakuum.

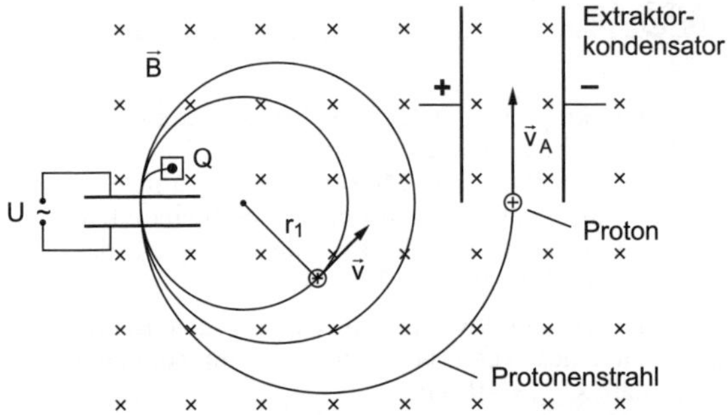

Betrachtet werden Protonen, die im elektrischen Feld zwischen den Kondensatorplatten immer genau dann beschleunigt werden, wenn die Wechselspannung U gerade ihren Scheitelwert $\hat{U} = 5{,}0\ \text{kV}$ erreicht. Dabei nimmt die kinetische Energie der Protonen um ΔE_{kin} zu. Die kinetische Energie der Protonen ist beim ersten Eintritt in das elektrische Feld zwischen den Kondensatorplatten vernachlässigbar klein. Das elektrische Feld ist auf den Bereich zwischen den Kondensatorplatten begrenzt.
Ein Proton besitzt die Masse $m_P = 1{,}67 \cdot 10^{-27}\ \text{kg}$ und trägt die Ladung $q_P = 1{,}60 \cdot 10^{-19}\ \text{As}$. Die Gewichtskraft der Protonen kann vernachlässigt werden.

2.1 Berechnen Sie ΔE_{kin}. Erläutern Sie dabei kurz Ihren Lösungsansatz. (3 BE)

2.2 Nach dem ersten Durchgang verlassen die Protonen das elektrische Feld des Kondensators mit einer Geschwindigkeit $\vec{v}_1$.
Berechnen Sie den Betrag v_1 der Geschwindigkeit $\vec{v}_1$.
[Ergebnis: $v_1 = 9{,}8 \cdot 10^5\ \frac{\text{m}}{\text{s}}$] (3 BE)

2.3.0 Außerhalb des zwischen den Kondensatorplatten herrschenden elektrischen Feldes wird die Bewegung der Protonen nur noch durch das Magnetfeld beeinflusst.

2.3.1 Die Geschwindigkeit $\vec{v}_1$ ist senkrecht zur magnetischen Flussdichte $\vec{B}$ gerichtet. Begründen Sie ausführlich, dass sich die Protonen bis zum nächsten Eintritt in den Raum zwischen den Kondensatorplatten auf einer Kreisbahn bewegen. (5 BE)

2.3.2 Nachdem die Protonen das elektrische Feld zwischen den Kondensatorplatten mit der Geschwindigkeit $\vec{v}_1$ verlassen haben, bewegen sie sich auf einer Kreisbahn mit dem Radius r_1.
Berechnen Sie r_1. Führen Sie dabei eine Einheitenumrechnung durch.
[Ergebnis: $r_1 = 6{,}0\ \text{cm}$] (5 BE)

2.3.3 Bei jedem Umlauf durchlaufen die Protonen einmal die Beschleunigungsspannung $\hat{U}$. Die Laufzeiten zwischen den Kondensatorplatten sind vernachlässigbar klein gegenüber den Umlaufzeiten auf den Kreisbahnen außerhalb des Kondensators.
Weisen Sie durch allgemeine Rechnung nach, dass die Umlaufzeiten T der Protonen auf den Kreisbahnen gleich groß sind, obwohl die Radien r der Kreisbahnen und die Bahngeschwindigkeiten $\vec{v}$ der Protonen auf diesen Kreisbahnen von Umlauf zu Umlauf größer werden. (4 BE)

2.3.4 Die Frequenz f der Spannung U wird auf einen Wert eingestellt, bei dem die Protonen nach dem Umlauf wieder die Beschleunigungsspannung $\hat{U} = 5{,}0\,\text{kV}$ durchlaufen.
Berechnen Sie einen möglichen Wert für die Frequenz f. (3 BE)

2.3.5 Berechnen Sie die Anzahl n der Umläufe, die ein Proton mindestens benötigt, damit es im Mikrotron auf eine Geschwindigkeit $\vec{v}_A$ mit dem Betrag $v_A = 4{,}75 \cdot 10^6\ \frac{\text{m}}{\text{s}}$ beschleunigt wird. (4 BE)

2.4 Mithilfe eines sogenannten Extraktorkondensators sollen die Protonen, die auf die Geschwindigkeit $\vec{v}_A$ beschleunigt wurden, nun aus dem Magnetfeld vertikal nach oben herausgeführt werden.
Berechnen Sie den dafür notwendigen Betrag der elektrischen Feldstärke $\vec{E}_A$ im Extraktorkondensator. (4 BE)

(50 BE)

Tipps und Hinweise zu Aufgabe I

Tipp zu Teilaufgabe 1.1

Analysieren Sie zunächst die Art der Bewegung der beiden Fahrzeuge. Stellen Sie dann die Zeit-Ort-Gleichungen auf. (Nutzen Sie ggf. die Formelsammlung.)

Tipp zu Teilaufgabe 1.2

Denken Sie an die Graphen, die hinter den Gleichungen aus Teilaufgabe 1.1 stehen. Woran würde man an den Graphen erkennen, dass beide Fahrzeuge auf gleicher Höhe wären. Wie würden Sie diese markanten Punkte berechnen?

Tipp zu Teilaufgabe 1.3

Hierzu benötigen Sie zunächst die Zeit-Geschwindigkeit-Gleichungen der beiden Fahrzeuge. Überlegen Sie sich für die Begründung, wie sich der Abstand zwischen Motorrad und Auto während des beschriebenen Vorgangs entwickelt und wovon er abhängig ist.

Tipps zu Teilaufgabe 1.4

1.4.1: Überlegen Sie sich, woraus sich die für diese Bewegung verantwortliche resultierende Kraft zusammensetzt.

1.4.2: Nutzen Sie Ihre Formelsammlung.

Tipp zu Teilaufgabe 2.1

Denken Sie an den Zusammenhang zwischen Arbeit und Energieänderung oder nutzen Sie den Energieerhaltungssatz sowie die Gesetze der gleichmäßig beschleunigten Bewegung (Formelsammlung).

Tipp zu Teilaufgabe 2.2

Nutzen Sie das Ergebnis aus Teilaufgabe 2.1.

Tipps zu Teilaufgabe 2.3

2.3.1: Überlegen Sie, was die Ursache einer Kreisbahn ist, und begründen Sie Schritt für Schritt, warum diese hier erfüllt ist.

2.3.2: Stellen Sie einen Ansatz der für die Kreisbewegung ursächlichen Kräfte auf.

2.3.3: Sie müssen zeigen: In der Formel für die Umlaufdauer kommen r und v nicht vor. Nutzen Sie den Zusammenhang zwischen Umlaufdauer, Bahngeschwindigkeit und Radius bei einer Kreisbewegung, bei der sich der Betrag der Bahngeschwindigkeit nicht ändert.

2.3.4: Verwenden Sie das Ergebnis aus Teilaufgabe 2.3.3.

2.3.5: Den Energiezuwachs pro Kondensatordurchlauf kennen sie aus Teilaufgabe 2.1, die nötige Gesamtenergie können Sie berechnen. Damit können Sie – wenn Sie richtig zählen – die Zahl der Umläufe ermitteln.

Tipp zu Teilaufgabe 2.4

Für eine geradlinige Bewegung mit konstanter Geschwindigkeit der Protonen ist ein Kräftegleichgewicht notwendig.

Lösung zu Aufgabe I

1.1 **Motorrad:** Das Motorrad bewegt sich im Zeitintervall [0 s; 8,0 s] mit konstanter Beschleunigung. Es startet aus der Ruhe ($v_{M,0} = 0\,\frac{m}{s}$). Mithilfe der zugehörigen Bewegungsgleichung

$$x_M(t) = x_{M,0} + v_{M,0} \cdot t + \frac{1}{2} \cdot a_M \cdot t^2$$

aus der Formelsammlung und den angegebenen Daten

$$x_{M,0} = 0\text{ m},\ \ v_{M,0} = 0\,\frac{m}{s}\ \text{ und }\ a_{M,0} = a_M = 3{,}50\,\frac{m}{s^2}$$

folgt für den Schwerpunkt des Motorrads für dieses Zeitintervall und der vorgegebenen x-Achse:

$$\underline{\underline{x_M(t) = 1{,}75\,\frac{m}{s^2} \cdot t^2}}$$

Auto: Das Auto fährt mit konstanter Geschwindigkeit während des gesamten betrachteten Vorgangs. Mithilfe der zugehörigen Bewegungsgleichung

$$x_A(t) = x_{A,0} + v_{A,0} \cdot t$$

aus der Formelsammlung und den angegebenen Daten

$$x_{A,0} = -100\text{ m}\ \text{ und }\ v_{A,0} = 21\,\frac{m}{s}$$

folgt für den Schwerpunkt des Autos für dieses Zeitintervall und der vorgegebenen x-Achse:

$$\underline{\underline{x_A(t) = -100\text{ m} + 21\,\frac{m}{s} \cdot t}}$$

1.2 Wenn sich die Schwerpunkte der beiden Fahrzeuge im Zeitintervall [0 s; 8,0 s] „auf gleicher Höhe" befinden würden, dann müssten die Graphen der beiden Zeit-Ort-Funktionen mindestens einen gemeinsamen Schnittpunkt besitzen. Dieses wird durch Gleichsetzen der beiden Zeit-Ort-Funktionen überprüft:

$$x_M(t) = x_A(t)$$

$$1{,}75\,\frac{m}{s^2} \cdot t^2 = -100\,m + 21\,\frac{m}{s} \cdot t$$

$$1{,}75\,\frac{m}{s^2} \cdot t^2 - 21\,\frac{m}{s} \cdot t + 100\,m = 0$$

Damit liegt eine quadratische Gleichung der Form $ax^2 + bx + c = 0$ vor. Über die Anzahl der Lösungen dieser Gleichung entscheidet die Diskriminante $D = b^2 - 4a \cdot c$:

$$D = \left(-21\,\frac{m}{s}\right)^2 - 4 \cdot 1{,}75\,\frac{m}{s^2} \cdot 100\,m = -259\,\frac{m^2}{s^2} < 0$$

Da die Diskriminante negativ ist, besitzt die quadratische Gleichung keine Lösung und die Graphen der beiden Zeit-Ort-Funktionen keinen gemeinsamen Schnittpunkt. Folglich können die Schwerpunkte der beiden Fahrzeuge **zu keinem Zeitpunkt** des Zeitintervalls [0 s; 8,0 s] **auf gleicher Höhe** sein.

1.3 Für die konstante Geschwindigkeit des Schwerpunkts des Autos gilt:

$$v_A(t) = v_{A,0} = 21\,\frac{m}{s}$$

Das Motorrad bewegt sich mit konstanter Beschleunigung. Folglich gilt für die Zeit-Geschwindigkeit-Funktion des zugehörigen Schwerpunkts (Formelsammlung)

$$v_M(t) = v_{M,0} + a_M \cdot t$$

und mit $v_{M,0} = 0\,\frac{m}{s}$ und $a_{M,0} = 3{,}50\,\frac{m}{s^2}$:

$$v_M(t) = 3{,}50\,\frac{m}{s^2} \cdot t$$

Alternativ erhält man $v_M(t)$ durch einmaliges Differenzieren von $x_M(t)$ nach der Zeit.

Zum **Zeitpunkt t*** sind beide Geschwindigkeiten gleich. Folglich gilt:

$$v_A(t^*) = v_M(t^*)$$

$$21\,\frac{m}{s} = 3{,}50\,\frac{m}{s^2} \cdot t^*$$

$$\underline{\underline{t^* = 6{,}0\,s}}$$

Begründung des minimalen Abstands: Bis zum Zeitpunkt $t^* = 6{,}0$ s ist die Geschwindigkeit des Motorrads geringer als die des Autos. Der Vorsprung des Motorrads verringert sich folglich im Zeitintervall [0 s; 6,0 s[, wobei das Auto das Motorrad nach Teilaufgabe 1.2 nicht überholt. Ab dem Zeitpunkt $t^* = 6{,}0$ s ist die Geschwindigkeit des Motorrads größer als die des Autos. Der Vorsprung vergrößert sich also im Zeitintervall]6,0 s; 8,0 s] wieder. Er muss daher zum Zeitpunkt $t^* = 6{,}0$ s am geringsten sein.

1.4.1 Die beschleunigende Kraft $\vec{F}$ des Motorrads samt Fahrer ergibt sich aus der Resultierenden der Antriebskraft des Motors $\vec{F}_A$ und der Fahrwiderstandskraft $\vec{F}_W$:

$$\vec{F} = \vec{F}_A + \vec{F}_W$$

Die Fahrwiderstandskraft setzt sich hierbei aus der Haftreibung zwischen Reifen und Straße, den inneren Reibungskräften im Motor und der der Luftwiderstandskraft von Motorrad samt Fahrer zusammen. Sie ist der Antriebskraft im Zeitintervall]0 s; 5,0 s] entgegen gerichtet und wird näherungsweise als zeitlich konstant angesehen.

Aus der Bilanz der Beträge dieser Kräfte lässt sich der **Betrag F_A der Antriebskraft** ermitteln:

$$F = F_A - F_W$$

$$m \cdot a_M = F_A - 0{,}18 \cdot F_G$$

$$m \cdot a_M = F_A - 0{,}18 \cdot m \cdot g$$

$$\Rightarrow \quad F_A = m \cdot a_M + 0{,}18 \cdot m \cdot g$$

$$= m \cdot (a_M + 0{,}18 \cdot g)$$

$$= 250\,\text{kg} \cdot \left(3{,}50\,\frac{\text{m}}{\text{s}^2} + 0{,}18 \cdot 9{,}81\,\frac{\text{m}}{\text{s}^2}\right) = \underline{\underline{1{,}3 \cdot 10^3\,\text{N}}}$$

1.4.2 Mit $P(t) = F_A \cdot v_M(t)$ (Formelsammlung) erhält man für die gesuchte **Leistung**:

$$P(t) = F_A \cdot 3{,}50\,\frac{\text{m}}{\text{s}^2} \cdot t$$

$$\Rightarrow \quad P(5{,}0\,\text{s}) = 1{,}3 \cdot 10^3\,\text{N} \cdot 3{,}50\,\frac{\text{m}}{\text{s}^2} \cdot 5{,}0\,\text{s} = \underline{\underline{2{,}3 \cdot 10^4\,\text{W} = 23\,\text{kW}}}$$

Alternativer Lösungsweg: Der Motor verrichtet bis zu einem Zeitpunkt t innerhalb der ersten 8,0 s nach dem Start die Beschleunigungsarbeit $W_B(t)$ und die Reibarbeit $W_R(t)$:

$$W(t) = W_B(t) + W_R(t)$$

$$= W_B(t) + F_W \cdot x_M(t)$$

$$= \frac{1}{2} m_M \cdot (v_M(t))^2 + 0{,}18 \cdot m_M \cdot g \cdot x_M(t)$$

$$= m_M \cdot \left(\frac{1}{2}(v_M(t))^2 + 0{,}18 \cdot g \cdot x_M(t)\right)$$

$$= 250\,\text{kg} \cdot \left(\frac{1}{2} \cdot \left(3{,}50\,\frac{\text{m}}{\text{s}^2} \cdot t\right)^2 + 0{,}18 \cdot 9{,}81\,\frac{\text{m}}{\text{s}^2} \cdot 1{,}75\,\frac{\text{m}}{\text{s}^2} \cdot t^2\right)$$

$$= 2{,}3 \cdot 10^3\,\frac{\text{J}}{\text{s}^2} \cdot t^2$$

Die Leistung erhält man daraus durch einmaliges Ableiten nach der Zeit:

$$P(t) = \frac{d}{dt} W(t) = \frac{d}{dt}\left(2{,}3 \cdot 10^3\,\frac{\text{J}}{\text{s}^2} \cdot t^2\right) = 4{,}6 \cdot 10^3\,\frac{\text{J}}{\text{s}^2} \cdot t$$

$$P(5{,}0\,\text{s}) = 4{,}6 \cdot 10^3\,\frac{\text{J}}{\text{s}^2} \cdot 5{,}0\,\text{s} = \underline{\underline{2{,}3 \cdot 10^4\,\text{W} = 23\,\text{kW}}}$$

2.1 Die **Zunahme ΔE_{kin}** der kinetischen Energie eines Protons zwischen den Kondensatorplatten entspricht der Arbeit W_{el}, welche die konstante elektrische Feldkraft $\vec{F}_{el}$ im homogenen Feld des Plattenkondensators am Proton verrichtet. Da Beschleunigungsweg und -kraft parallel sind, gilt $W_{el} = \vec{F}_{el} \circ \vec{d} = F_{el} \cdot d$ und damit:

$$\Delta E_{kin} = W_{el} = q_P \cdot E \cdot d = q_P \cdot \frac{\hat{U}}{d} \cdot d = q_P \cdot \hat{U}$$
$$= 1{,}60 \cdot 10^{-19}\,C \cdot 5{,}0 \cdot 10^3\,V = \underline{\underline{8{,}0 \cdot 10^{-16}\,J}}$$

Alternativer Lösungsweg: Die zwischen den Kondensatorplatten auf die Protonen wirkende konstante elektrische Kraft $\vec{F}_{el}$ ist die resultierende Kraft $\vec{F}$ auf die Protonen. Diese bewirkt eine konstante Beschleunigung $\vec{a}$ (Betrag a) der Protonen. Für die Beträge gilt:

$$F = F_{el} \Leftrightarrow m_P \cdot a = q_P \cdot E \Leftrightarrow m_P \cdot a = q_P \cdot \frac{\hat{U}}{d} \Rightarrow a = \frac{q_P}{m_P} \cdot \frac{\hat{U}}{d}$$

Besitzen die Elektronen an der ersten Kondensatorplatte die Geschwindigkeit $\vec{v}_1$ und an der zweiten Kondensatorplatte die größere Geschwindigkeit $\vec{v}_2$, so gilt für die gleichmäßig beschleunigte Bewegung der Protonen zwischen den Kondensatorplatten:

$$v_2^2 - v_1^2 = 2a \cdot d = 2 \cdot \frac{q_P}{m_P} \cdot \frac{\hat{U}}{d} \cdot d = \frac{2q_P}{m_P} \cdot \hat{U}$$

Mit $\Delta E_{kin} = E_{kin,\,Platte\,2} - E_{kin,\,Platte\,1}$ folgt:

$$\Delta E_{kin} = \frac{1}{2} m_P \cdot v_2^2 - \frac{1}{2} m_P \cdot v_1^2 = \frac{1}{2} m_P \cdot (v_2^2 - v_1^2) = \frac{1}{2} m_P \cdot \frac{2q_P}{m_P} \cdot \hat{U} = q_P \cdot \hat{U}$$
$$= 1{,}60 \cdot 10^{-19}\,C \cdot 5{,}0 \cdot 10^3\,V = \underline{\underline{8{,}0 \cdot 10^{-16}\,J}}$$

2.2 Der Zuwachs an kinetischer Energie nach dem ersten Beschleunigungsvorgang beträgt:

$$\Delta E_{kin} = E_{kin,\,Platte\,2} - E_{kin,\,Platte\,1}$$
$$= \frac{1}{2} m_P \cdot v_1^2 - \frac{1}{2} m_P \cdot v_0^2$$
$$= \frac{1}{2} m_P \cdot \left(v_1^2 - v_0^2\right)$$

Da die Geschwindigkeit laut Aufgabentext beim ersten Eintritt in den Kondensator vernachlässigbar klein ist, gilt für die **Geschwindigkeit nach dem ersten Durchgang**:

$$\Delta E_{kin} = \frac{1}{2} m_P \cdot v_1^2 \Rightarrow v_1 = \sqrt{\frac{2\Delta E_{kin}}{m_P}}$$
$$= \sqrt{\frac{2 \cdot 8{,}0 \cdot 10^{-16}\,J}{1{,}67 \cdot 10^{-27}\,kg}}$$
$$= \underline{\underline{9{,}8 \cdot 10^5\,\frac{m}{s}}}$$

2.3.1 Nachdem die Protonen den Kondensator mit der Geschwindigkeit $\vec{v}_1$ verlassen haben, beeinflusst nur noch die Lorentzkraft $\vec{F}_L = q_P \cdot \vec{v} \times \vec{B}$ ihre Bewegung. Sowohl $\vec{v}_1$ als auch $\vec{F}_L$ sind senkrecht zu $\vec{B}$ gerichtet. Daher können sich die Protonen nur in einer Ebene bewegen, die senkrecht zu $\vec{B}$ ist. Folglich muss während der gesamten Bewegung $\vec{v}$ senkrecht auf $\vec{B}$ stehen. Für den Betrag der Lorentzkraft gilt dann $F_L = q_P \cdot v \cdot B$.
Da die Lorentzkraft stets senkrecht zu $\vec{v}$ steht, verrichtet sie keine Arbeit am Proton. Die kinetische Energie der Protonen und damit auch der Betrag v der Geschwindigkeit $\vec{v}$ ändern sich also nicht. Folglich gilt $v = v_1$.
Die magnetische Flussdichte ist homogen und der Betrag B der magnetischen Flussdichte $\vec{B}$ sowie der Betrag v der Geschwindigkeit $\vec{v}$ bleiben konstant (die Ladung q_P ändert sich auch nicht). Aus diesem Grund ändert sich auch der Betrag $F_L = q_P \cdot v \cdot B$ der Lorentzkraft während der gesamten Bewegung nicht.
Die Lorentzkraft wirkt also als Zentripetalkraft mit konstantem Betrag auf die Bewegung der Protonen, wodurch sie sich nur auf einer **Kreisbahn** bewegen können.

2.3.2 Bei der Kreisbewegung wirkt die Lorentzkraft $\vec{F}_L$ als Zentripetalkraft $\vec{F}_Z$. Aus der Bilanz der Kraftbeträge für den ersten Umlauf folgt für den zugehörigen **Kreisradius**:

$$F_Z = F_L \iff m_P \cdot \frac{v_1^2}{r_1} = q_P \cdot v_1 \cdot B$$

$$\Rightarrow r_1 = \frac{m_P \cdot v_1}{q_P \cdot B} \qquad (*)$$

$$= \frac{1{,}67 \cdot 10^{-27}\,\text{kg} \cdot 9{,}8 \cdot 10^5\,\frac{\text{m}}{\text{s}}}{1{,}60 \cdot 10^{-19}\,\text{C} \cdot 0{,}170\,\text{T}} = \underline{\underline{0{,}060\,\text{m} = 6{,}0\,\text{cm}}}$$

Einheitenumrechnung:

$$1\,\frac{\text{kg} \cdot \frac{\text{m}}{\text{s}}}{\text{C} \cdot \text{T}} = 1\,\frac{\text{kg} \cdot \frac{\text{m}}{\text{s}}}{\text{A} \cdot \text{s} \cdot \frac{\text{V} \cdot \text{s}}{\text{m}^2}} = 1\,\frac{\text{kg} \cdot \text{m}^2 \cdot \text{m}}{\text{s}^2 \cdot \text{V} \cdot \text{A} \cdot \text{s}} = 1\,\frac{\text{J} \cdot \text{m}}{\text{J}} = 1\,\text{m}$$

2.3.3 Die Protonen bewegen sich während eines Umlaufs auf einer Kreisbahn mit dem Radius r und der Bahngeschwindigkeit $\vec{v}$ mit dem konstanten Betrag v. Sie legen dabei den Weg $U = 2\pi \cdot r$ zurück. Für die Zeitdauer T eines Umlaufs gilt dann mit Gleichung (*):

$$T = \frac{U}{v} = \frac{2\pi \cdot r}{v} \overset{(*)}{=} \frac{2\pi \cdot m_P \cdot v}{v \cdot q_P \cdot B} = \underline{\underline{\frac{2\pi \cdot m_P}{q_P \cdot B}}}$$

m_P, q_P und B sind Größen, die sich während der gesamten Umläufe nicht ändern. Sie sind also unabhängig von der Bahngeschwindigkeit $\vec{v}$ und dem Bahnradius r. Aus diesem Grund ist auch die **Umlaufdauer T von $\vec{v}$ und r unabhängig** und ändert sich nicht.

Alternativer Lösungsweg: Bei der Kreisbewegung wirkt die Lorentzkraft $\vec{F}_L$ als Zentripetalkraft $\vec{F}_Z$. Für die zugehörigen Beträge gilt dann bei allen Umläufen mit $v = \omega \cdot r$ und $\omega = \frac{2\pi}{T}$:

$$F_Z = F_L \iff m_P \cdot \omega^2 \cdot r = q_P \cdot \omega \cdot r \cdot B \Rightarrow m_P \cdot \frac{2\pi}{T} = q_P \cdot B \Rightarrow T = \underline{\underline{\frac{2\pi \cdot m_P}{q_P \cdot B}}}$$

(Interpretation wie oben.)

2.3.4 Damit die Protonen phasenrichtig beschleunigt werden, muss die Frequenz der Spannung ein ganzzahliges (k-faches) Vielfaches der Umlauffrequenz sein. Diese ist gleich dem Kehrwert der Umlaufdauer. Damit erhält man für die kleinstmögliche **Frequenz** (k = 1) mit dem Ergebnis aus Teilaufgabe 2.3.3:

$$f = \frac{1}{T} = \frac{q_P \cdot B}{2\pi \cdot m_P} = \frac{1{,}60 \cdot 10^{-19}\ \text{C} \cdot 0{,}170\ \text{T}}{2\pi \cdot 1{,}67 \cdot 10^{-27}\ \text{kg}} = \underline{\underline{2{,}59 \cdot 10^6\ \text{Hz}}}$$

Auch die Frequenzen $f_k = k \cdot f$ (k = 2, 3, ...) sind geeignete Spannungsfrequenzen; allerdings darf k nicht zu groß werden, da sonst die Annahme, dass die Laufzeiten zwischen den Kondensatorplatten vernachlässigt werden können, immer weniger gut zutrifft.

2.3.5 Das Proton durchfliegt vor dem ersten Umlauf den Beschleunigungskondensator (Energiezunahme auf $E_{kin,0} = \Delta E_{kin}$) und dann bei jedem Umlauf wiederum, sodass es nach n Umläufen die kinetische Energie

$$E_{kin,n} = (n+1) \cdot \Delta E_{kin}, \quad n = 0, 1, 2, \ldots$$

besitzt. Der Energiezuwachs ΔE_{kin} pro Kondensatordurchlauf wurde in Teilaufgabe 2.1 berechnet. Für die **Zahl n_{min} der nötigen Umläufe**, um auf die Geschwindigkeit v_A zu kommen, folgt dann:

$$\frac{1}{2} m_P \cdot v_A^2 = (n+1) \cdot \Delta E_{kin}$$

$$\Rightarrow \quad n = \frac{m_P \cdot v_A^2}{2\Delta E_{kin}} - 1$$

$$= \frac{1{,}67 \cdot 10^{-27}\ \text{kg} \cdot (4{,}75 \cdot 10^6\ \frac{\text{m}}{\text{s}})^2}{2 \cdot 8{,}0 \cdot 10^{-16}\ \text{J}} - 1 = 22{,}549\ldots \quad \Rightarrow \quad n_{min} = \underline{\underline{23}}$$

2.4 Damit die Elektronen durch den Extraktorkondensator vertikal (also geradlinig) nach oben mit der Geschwindigkeit $\vec{v}_A$ herausgeführt werden können, muss die elektrische Kraft $\vec{F}_{el}$ im Feld des Extraktorkondensators gegengleich der Lorentzkraft $\vec{F}_L$ bei dieser Geschwindigkeit sein:

$$\vec{F}_{el} = -\vec{F}_L$$

Aus der Betragsgleichheit folgt für die erforderliche **elektrische Feldstärke**:

$$F_{el} = F_L$$

$$q_P \cdot E_A = q_P \cdot v_A \cdot B$$

$$\Rightarrow \quad E_A = v_A \cdot B$$

$$= 4{,}75 \cdot 10^6\ \frac{\text{m}}{\text{s}} \cdot 0{,}170\ \text{T} = \underline{\underline{8{,}08 \cdot 10^5\ \frac{\text{V}}{\text{m}}}}$$

1.0 Ein Satellit soll von der Erdoberfläche aus in die geostationäre Umlaufbahn geführt werden.

Masse der Erde: $m_E = 5{,}974 \cdot 10^{24}$ kg

Erdradius: $r_E = 6{,}371 \cdot 10^6$ m

Gravitationskonstante: $G^* = 6{,}674 \cdot 10^{-11} \frac{m^3}{kg \cdot s^2}$.

1.1.0 Zunächst wird der Satellit mithilfe einer dreistufigen Trägerrakete auf eine Kreisbahn, die sogenannte Parkbahn, in der Höhe $h_1 = 430$ km über der Erdoberfläche gebracht. Beim Start haben die Trägerrakete und der Satellit die Gesamtmasse $m = 2{,}80 \cdot 10^3$ t. Durch Zünden der 1. Stufe hebt die Rakete mit dem Satelliten in vertikaler Richtung von der Erdoberfläche ab. Dabei werden Verbrennungsgase ausgestoßen, sodass die Trägerrakete eine Schubkraft $\vec{F}_S$ mit dem Betrag $F_S = 32{,}0 \cdot 10^6$ N erfährt.

1.1.1 Berechnen Sie den Betrag a_0 der Anfangsbeschleunigung $\vec{a}_0$, mit der die Rakete von der Erde abhebt. (3 BE)

1.1.2 Durch Zünden der 2. und 3. Stufe wird die Rakete mit dem Satelliten auf die Parkbahn gelenkt. Auf dieser Umlaufbahn bewegt sich der Satellit, nachdem er von der Trägerrakete abgekoppelt wurde, antriebslos mit der Bahngeschwindigkeit $\vec{v}_1$ und der Umlaufdauer T_1.
Berechnen Sie mithilfe des Gravitationsgesetzes den Betrag v_1 der Bahngeschwindigkeit $\vec{v}_1$ und die Umlaufdauer T_1.
[Teilergebnis: $T_1 = 1{,}55$ h] (5 BE)

1.2.0 Der Satellit wird in einem Punkt A der Parkbahn durch ein geeignetes, kurzzeitiges Steuermanöver auf eine elliptische Bahn gelenkt. Im erdfernsten Punkt B dieser elliptischen Bahn befindet sich der Satellit in der Höhe $h_2 = 35{,}79 \cdot 10^6$ m über der Erdoberfläche.

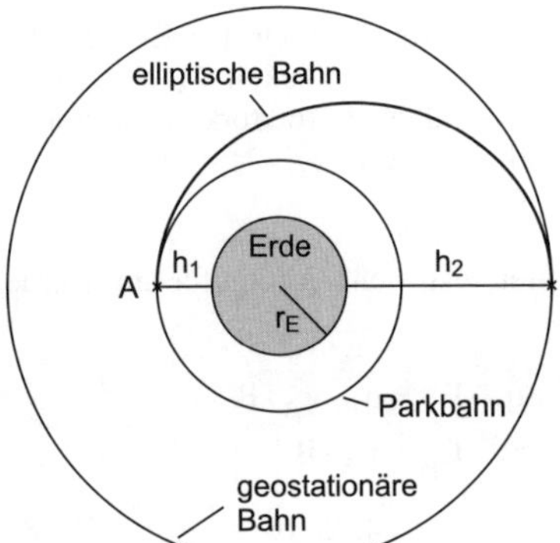

1.2.1 Der Satellit fliegt nach dem Steuermanöver antriebslos auf der elliptischen Bahn von A nach B.
Berechnen Sie die große Halbachse a der elliptischen Bahn und die Dauer t_{AB} des Fluges von A nach B.
[Teilergebnis: $a = 24{,}5 \cdot 10^3$ km] (5 BE)

1.2.2 Der Satellit verlässt die Parkbahn im Punkt A mit der Geschwindigkeit $\vec{v}_A$, die den Betrag $v_A = 10{,}05\,\frac{km}{s}$ hat. Die Geschwindigkeit $\vec{v}_B$, mit der der Satellit den Punkt B erreicht, hat den Betrag v_B.
Zeigen Sie durch eine allgemeine Herleitung, dass gilt:

$$(r_E + h_1) \cdot v_A = (r_E + h_2) \cdot v_B,$$

und berechnen Sie v_B mithilfe dieser Gleichung. (6 BE)

1.2.3 Im Punkt B wird der Satellit durch ein weiteres Steuermanöver von der elliptischen Bahn auf die geostationäre Kreisbahn in der Höhe h_2 über der Erdoberfläche gelenkt. Auf dieser Kreisbahn bewegt sich der Satellit mit der Bahngeschwindigkeit $\vec{v}_G$, deren Betrag v_G größer als v_B ist, um die Erde. Erläutern Sie dieses Steuermanöver und geben Sie an, wie dieses Steuermanöver bewerkstelligt werden kann. (3 BE)

2.0

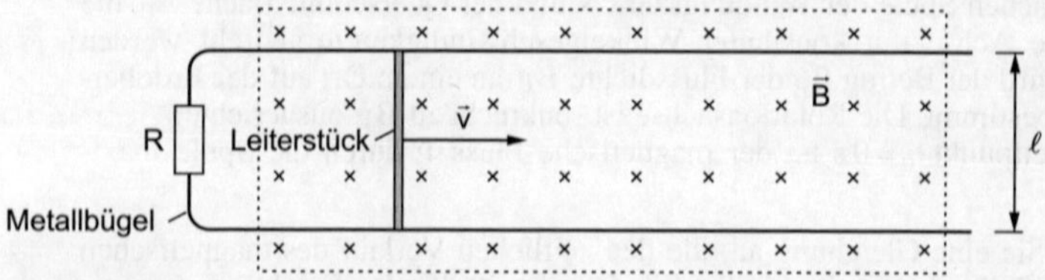

In obenstehender Skizze ist eine Versuchsanordnung in einer Draufsicht dargestellt. In einem homogenen Magnetfeld, dessen Flussdichte $\vec{B}$ zeitlich konstant ist und den Betrag $B = 900$ mT hat, befindet sich ein rechtsseitig offener Metallbügel. Der ohmsche Widerstand im linken Teil des Metallbügels hat den Wert $R = 0{,}80\ \Omega$. Auf dem Metallbügel wird ein Leiterstück der Länge $\ell = 25$ cm zunächst mit der konstanten Geschwindigkeit $\vec{v}_0$ nach rechts verschoben. Die Geschwindigkeit $\vec{v}_0$ ist senkrecht zur Flussdichte $\vec{B}$ gerichtet und hat den Betrag $v_0 = 16\,\frac{cm}{s}$.

Die Leitungswiderstände von Bügel und Leiterstück sowie die Kontaktwiderstände zwischen dem Leiterstück und dem Metallbügel sind gegenüber dem Widerstand $R = 0{,}80\ \Omega$ vernachlässigbar. Das Leiterstück befindet sich während der betrachteten Vorgänge stets im Magnetfeld.

2.1 Bei der Bewegung des Leiterstücks fließt durch den geschlossenen Kreis ein Induktionsstrom.
Berechnen Sie die Stärke I dieses Induktionsstroms. (4 BE)

2.2.0 Die bei der Verschiebung des Leiterstücks zwischen dem Leiterstück und dem Metallbügel auftretende Reibung ist vernachlässigbar. Dennoch muss zur Aufrechterhaltung der Geschwindigkeit $\vec{v}_0$ eine Zugkraft $\vec{F}_{Zug}$ auf das Leiterstück ausgeübt werden.

2.2.1 Erläutern Sie, warum diese Kraft $\vec{F}_{Zug}$ notwendig ist, und bestätigen Sie durch eine allgemeine Rechnung, dass für den Betrag F_{Zug} der Zugkraft $\vec{F}_{Zug}$ gilt:

$$F_{Zug} = \frac{B^2 \cdot \ell^2}{R} \cdot v_0$$ (5 BE)

2.2.2 In einem Zeitintervall mit der Länge $\Delta t = 5{,}0\,\text{s}$ wird am Leiterstück durch die Zugkraft $\vec{F}_{Zug}$ die mechanische Arbeit W_{mech} verrichtet.
Berechnen Sie W_{mech} und erläutern Sie, was mit der dem Leiterstück zugeführten Energie im Stromkreis geschieht. (5 BE)

2.3 Das mit der Geschwindigkeit $\vec{v}_0$ bewegte Leiterstück wird zum Zeitpunkt t_L losgelassen, d. h., die Zugkraft $\vec{F}_{Zug}$ wird nicht mehr ausgeübt. Das Leiterstück erfährt nun eine Verzögerung $\vec{a}$ mit dem Betrag a, sodass der Betrag v seiner Geschwindigkeit $\vec{v}$ abnimmt.
Begründen Sie mithilfe des Ergebnisses von Teilaufgabe 2.2.1, dass a für $t > t_L$ direkt proportional zu v ist, und skizzieren Sie für $t > t_L$ ein zugehöriges t-v-Diagramm. (6 BE)

3.0 Die Flussdichte $\vec{B}_E$ des Magnetfeldes der Erde ist ortsabhängig. Mithilfe einer flachen Spule der Windungszahl N und der Querschnittsfläche A_0, die um eine Achse mit konstanter Winkelgeschwindigkeit ω gedreht werden kann, wird der Betrag B_E der Flussdichte $\vec{B}_E$ an einem Ort auf der Erdoberfläche bestimmt. Die Rotationsachse ist senkrecht zu $\vec{B}_E$ ausgerichtet.
Zum Zeitpunkt $t_0 = 0\,\text{s}$ ist der magnetische Fluss Φ durch die Spule maximal.

3.1 Geben Sie eine Gleichung an, die den zeitlichen Verlauf des magnetischen Flusses Φ beschreibt, und leiten Sie daraus mithilfe des Induktionsgesetzes eine Gleichung für den zeitlichen Verlauf der an den Enden der Spule auftretenden Wechselspannung U her. (4 BE)

3.2 Bei 50 Umdrehungen pro Sekunde tritt zwischen den Enden der flachen Spule ($N = 2\,000$; $A_0 = 1{,}6\,\text{dm}^2$) eine Spannung U mit dem Scheitelwert $\hat{U} = 0{,}50\,\text{V}$ auf.
Berechnen Sie B_E. (4 BE)

(50 BE)

Tipps und Hinweise zu Aufgabe II

Tipps zu Teilaufgabe 1.1

1.1.1: Betrachten Sie die resultierende Kraft auf die Rakete.

1.1.2: Die für die Kreisbahn notwendige Zentripetalkraft ist gleich der von der Erde auf die Rakete wirkenden Gewichtskraft. Mit der aus diesem Ansatz bestimmten Geschwindigkeit und dem gegebenen Radius der Parkbahn können Sie die Umlaufdauer berechnen.

Tipps zu Teilaufgabe 1.2

1.2.1: Betrachten Sie den geometrischen Zusammenhang zwischen der großen Halbachse und dem Abstand der Punkte A und B. Für die Zeitdauer hilft das dritte Gesetz von Kepler weiter.

1.2.2: Verwenden sie das zweite Gesetz von Kepler. Überlegen Sie, wie man die überstrichene Fläche für eine sehr kurze Zeitdauer einfach berechnen kann.

1.2.3: Überlegen Sie, wie sich die beiden Geschwindigkeiten $\vec{v}_B$ und $\vec{v}_G$ unterscheiden (Betrag und Richtung). Durch welches Steuermanöver kann dieser Unterschied erreicht werden?

Tipp zu Teilaufgabe 2.1

Berücksichtigen Sie den Zusammenhang zwischen der erzeugten Induktionsspannung, der Stromstärke und der Größe des vorliegenden Widerstandes. Den Betrag der Induktionsspannung erhalten Sie z. B. aus dem Induktionsgesetz.

Tipps zu Teilaufgabe 2.2

2.2.1: Der Leiter soll sich mit einer konstanten Geschwindigkeit bewegen. Dafür ist ein Kräftegleichgewicht notwendig.

2.2.2: Die zu berechnende Arbeit beruht auf einer konstanten Zugkraft entlang eines Weges.

Tipp zu Teilaufgabe 2.3

Wenden Sie das Grundgesetzes der Mechanik an sowie das Ergebnis aus Teilaufgabe 2.2.1. Bedenken Sie für das Skizzieren des t-v-Diagramms, welche physikalische Bedeutung die Steigung des t-v-Graphen besitzt.

Tipp zu Teilaufgabe 3.1

Nutzen sie die Formelsammlung. Welche Größen ändern sich zeitlich, welche bleiben konstant?

Tipp zu Teilaufgabe 3.2

Den Scheitelwert der Spannung entnehmen Sie dem Ergebnis aus Teilaufgabe 3.1 (oder der Formelsammlung).

Lösung zu Aufgabe II

1.1.1 Die resultierende Kraft $\vec{F}$ auf die Rakete ist nach oben gerichtet. Sie setzt sich aus der nach oben gerichteten Schubkraft $\vec{F}_S$ und der nach unten gerichteten Gewichtskraft $\vec{F}_G$ zusammen. Für die Vektoren gilt folglich:

$$\vec{F} = \vec{F}_S + \vec{F}_G$$

Die resultierende Kraft wirkt als beschleunigende Kraft. Aus der Bilanz der Beträge F, F_S und F_G dieser Kräfte lässt sich die **Anfangsbeschleunigung** ermitteln:

$$F = F_S - F_G \Leftrightarrow m \cdot a_0 = F_S - m \cdot g \Rightarrow a_0 = \frac{F_S}{m} - g$$

$$= \frac{32{,}0 \cdot 10^6\,\text{N}}{2{,}80 \cdot 10^6\,\text{kg}} - 9{,}81\,\frac{\text{m}}{\text{s}^2} = \underline{\underline{1{,}62\,\frac{\text{m}}{\text{s}^2}}}$$

1.1.2 Die Rakete bewegt sich auf einer Kreisbahn mit dem Radius $r_1 = r_E + h_1$ um die Erde. Die Gravitationskraft $\vec{F}_{G,1}$, welche die Erde auf die Rakete ausübt, ist die für diese Bewegung mit der Geschwindigkeit $\vec{v}_1$ notwendige Zentripetalkraft $\vec{F}_{Z,1}$. Durch Gleichsetzen der Kraftbeträge erhält man für den **Betrag der Geschwindigkeit**:

$$F_{Z,1} = F_{G,1} \Leftrightarrow m \cdot \frac{v_1^2}{r_1} = G^* \cdot \frac{m \cdot m_E}{r_1^2}$$

$$v_1 = \sqrt{G^* \cdot \frac{m_E}{r_1}} = \sqrt{G^* \cdot \frac{m_E}{r_E + h_1}} \qquad (1)$$

$$= \sqrt{6{,}674 \cdot 10^{-11}\,\frac{\text{m}^3}{\text{kg} \cdot \text{s}^2} \cdot \frac{5{,}974 \cdot 10^{24}\,\text{kg}}{6{,}371 \cdot 10^6\,\text{m} + 430 \cdot 10^3\,\text{m}}}$$

$$= \underline{\underline{7{,}66 \cdot 10^3\,\frac{\text{m}}{\text{s}}}}$$

Hieraus folgt sofort für die zugehörige **Umlaufdauer**:

$$v_1 = \omega_1 \cdot r_1 = \frac{2\pi \cdot r_1}{T_1} \Rightarrow T_1 = \frac{2\pi \cdot (r_E + h_1)}{v_1} \qquad (2)$$

$$= \frac{2\pi \cdot (6{,}371 \cdot 10^6\,\text{m} + 430 \cdot 10^3\,\text{m})}{7{,}66 \cdot 10^3\,\frac{\text{m}}{\text{s}}}$$

$$= 5{,}58 \cdot 10^3\,\text{s} = \underline{\underline{1{,}55\,\text{h}}}$$

Alternativ lässt sich T_1 auch mithilfe des Kraftansatzes $F_{Z,1} = F_{G,1}$ berechnen:

$$m \cdot \omega_1^2 \cdot r_1 = G^* \cdot \frac{m \cdot m_E}{r_1^2} \Rightarrow \omega_1 = \sqrt{G^* \cdot \frac{m_E}{r_1^3}} \overset{T_1 = \frac{2\pi}{\omega_1}}{\Rightarrow} T_1 = \frac{2\pi}{\sqrt{G^* \cdot \frac{m_E}{r_1^3}}} \qquad (3)$$

Die Übereinstimmung der T_1-Terme (3) und (2) erkennt man, wenn man in (3) den Faktor r_1^2 aus der Wurzel zieht und diese gemäß (1) durch v_1 ersetzt.

1.2.1 Die **große Halbachse** der Ellipse entspricht dem halben Abstand d_{AB} der Punkte A und B. Es gilt also:

$$a = \frac{1}{2} d_{AB} = \frac{1}{2} \cdot (h_1 + 2r_E + h_2)$$

$$= \frac{1}{2} \cdot \left(430 \cdot 10^3 \text{ m} + 2 \cdot 6{,}371 \cdot 10^6 \text{ m} + 35{,}79 \cdot 10^6 \text{ m}\right)$$

$$= \underline{\underline{2{,}45 \cdot 10^7 \text{ m} = 24{,}5 \cdot 10^3 \text{ km}}}$$

Nach dem dritten Gesetz von Kepler gilt für Körper, die sich antriebslos um einen Zentralkörper bewegen:

$$\frac{T_2^2}{a_2^3} = \frac{T_1^2}{a_1^3}$$

T_1 bzw. T_2 sind die zu den elliptischen Bahnen mit den großen Halbachsen a_1 bzw. a_2 gehörenden Umlaufzeiten.
Im vorliegenden Fall verwendet man die Umlaufzeit $T_2 = 2\,t_{AB}$ auf der elliptischen Bahn mit der großen Halbachse $a_2 = a$, welche die Punkte A und B enthält, und die Umlaufzeit T_1 der kreisförmigen Parkbahn mit der großen Halbachse (= Radius) $a_1 = h_1 + r_E$. Eingesetzt in das dritte Kepler'sche Gesetz erhält man durch Umstellen die **Flugzeit t_{AB}**:

$$\frac{(2t_{AB})^2}{a^3} = \frac{T_1^2}{(h_1 + r_E)^3}$$

$$\Rightarrow\ t_{AB} = \frac{T_1}{2} \cdot \sqrt{\frac{a^3}{(h_1 + r_E)^3}}$$

$$= \frac{1{,}55 \text{ h}}{2} \cdot \sqrt{\frac{(24{,}5 \cdot 10^6 \text{ m})^3}{(430 \cdot 10^3 \text{ m} + 6{,}371 \cdot 10^6 \text{ m})^3}} = \underline{\underline{5{,}30 \text{ h}}}$$

1.2.2 Durch das Steuermanöver besitzt der Satellit im Punkt A die Geschwindigkeit $\vec{v}_A$. Betrachtet man ein (kurzes) Zeitintervall der Länge Δt, so überstreicht in dieser Zeit der vom Massenmittelpunkt der Erde zum Satelliten gezogene Ortsvektor die Fläche A_1. Im Punkt B, der deutlich weiter vom Massenmittelpunkt der Erde entfernt ist, hat der Satellit die Geschwindigkeit $\vec{v}_B$. Der Ortsvektor überstreicht hierbei im gleichen Zeitintervall der Länge Δt die Fläche A_2 (siehe Skizze). In der Nähe des Punkts A legt der Satellit während der Zeitdauer Δt eine Strecke der Länge Δs_1 zurück, in der Nähe des Punkts B während der gleichen Zeitdauer eine Strecke der Länge Δs_2. Ist nun die Länge der Zeitdauer sehr kurz, gelten die folgenden zwei Vereinfachungen:

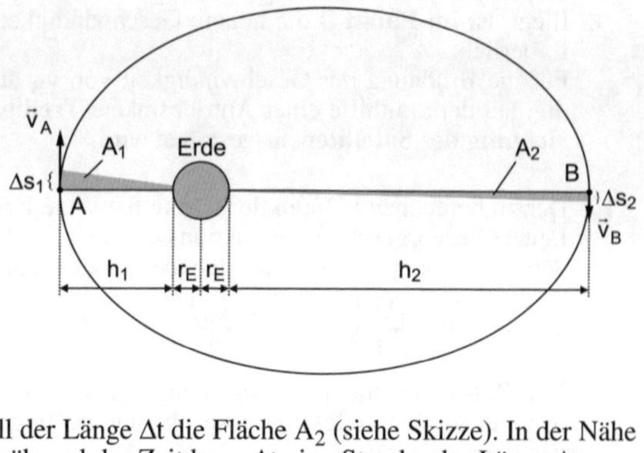

- Der Weg, auf dem sich der Satellit während der Zeitintervalle bewegt, kann näherungsweise als geradlinig angesehen werden. Damit entsprechen die Flächen A_1 und A_2 Dreiecksflächen. Wenn man als Grundseite des rechtwinkligen Dreiecks der Fläche A_1 die Seite der Länge Δs_1 betrachtet, ist die zugehörige Höhe $h_1 + r_E$. Es gilt dann:

  $$A_1 = \frac{1}{2}\Delta s_1 \cdot (h_1 + r_E) \qquad (4a)$$

  Ebenso ergibt sich:

  $$A_2 = \frac{1}{2}\Delta s_2 \cdot (h_2 + r_E) \qquad (4b)$$

- Die Geschwindigkeitsänderung während der Zeitintervalle der Länge Δt ist vernachlässigbar klein. Die Geschwindigkeit kann also innerhalb der Zeitintervalle als konstant angesehen werden. Deshalb gilt:

  $$\Delta s_1 = v_A \cdot \Delta t \quad \text{und} \quad \Delta s_2 = v_B \cdot \Delta t \qquad (5)$$

Das zweite Gesetz von Kepler (Flächensatz) besagt, dass die überstrichenen Flächen A_1 und A_2 gleich groß sind. Mithilfe der Beziehungen (4) und (5) kann daraus die **gesuchte Gleichung** hergeleitet werden:

$$A_1 = A_2$$

$$\frac{1}{2}\Delta s_1 \cdot (h_1 + r_E) = \frac{1}{2}\Delta s_2 \cdot (h_2 + r_E)$$

$$\frac{1}{2} v_A \cdot \Delta t \cdot (h_1 + r_E) = \frac{1}{2} v_B \cdot \Delta t \cdot (h_2 + r_E) \Rightarrow \underline{\underline{v_A \cdot (h_1 + r_E) = v_B \cdot (h_2 + r_E)}}$$

Daraus erhält man durch Umstellen den **Betrag der Geschwindigkeit v_B**:

$$v_B = \frac{h_1 + r_E}{h_2 + r_E} \cdot v_A = \frac{430 \cdot 10^3\,\text{m} + 6{,}371 \cdot 10^6\,\text{m}}{35{,}79 \cdot 10^6\,\text{m} + 6{,}371 \cdot 10^6\,\text{m}} \cdot 10{,}05\,\frac{\text{km}}{\text{s}} = \underline{\underline{1{,}62\,\frac{\text{km}}{\text{s}}}}$$

1.2.3 Ohne ein weiteres Steuermanöver im Punkt B würde sich der Satellit wieder auf der elliptischen Bahn Richtung A bewegen. Damit er jedoch nun auf der Kreisbahn weiter fliegt, ist **im Punkt B** die höhere Geschwindigkeit $\vec{v}_G$ **tangential in Flugrichtung** erforderlich.
Für die Erhöhung der Geschwindigkeit von $\vec{v}_B$ auf $\vec{v}_G$ ist ein Steuermanöver notwendig, bei dem mithilfe einer Antriebsrakete **Treibgas entgegengesetzt zur Bewegungsrichtung des Satelliten** ausgestoßen wird.

2.1 Der zu berechnende Induktionsstrom hat seine Ursache in der durch die Bewegung des Leiters hervorgerufenen Induktionsspannung U_i. Die Stromstärke I wird durch den Widerstand R begrenzt. Es gilt folgender Zusammenhang:

$$R = \frac{|U_i|}{I} \Rightarrow I = \frac{|U_i|}{R}$$

Den Betrag der Induktionsspannung erhält man aus der Formelsammlung oder, indem man ihn aus dem Induktionsgesetz herleitet (Windungszahl $N = 1$; s: zurückgelegter Weg des Leiterstücks):

$$|U_i| = |\dot{\Phi}| = B \cdot |\dot{A}| = B \cdot \ell \cdot |\dot{s}| = B \cdot \ell \cdot v_0$$

Damit ergibt sich für die **Stromstärke**:

$$I = \frac{B \cdot \ell \cdot v_0}{R} \qquad (6)$$

$$= \frac{0{,}900\ \text{T} \cdot 0{,}25\ \text{m} \cdot 0{,}16\ \frac{\text{m}}{\text{s}}}{0{,}80\ \Omega} = \underline{\underline{0{,}045\ \text{A} = 45\ \text{mA}}}$$

Alternativ können Sie die Induktionsspannung auch mithilfe der Lorentzkraft ermitteln, die während der Bewegung mit v_0 auf die Ladungen q im Leiterstück wirkt und dabei ein elektrisches Feld der Stärke E zwischen den Leiterenden erzeugt:

$$|U_i| = |E| \cdot \ell = \left|\frac{F_L}{q}\right| \cdot \ell = \left|\frac{q \cdot v_0 \cdot B}{q}\right| \cdot \ell = v_0 \cdot B \cdot \ell$$

2.2.1 Wird das Leiterstück im Magnetfeld nach rechts bewegt, so wirkt auf die Elektronen im Leiter die nach unten gerichtete Lorentzkraft $\vec{F}_L$. Aufgrund dieser Kraft fließen die Elektronen im Uhrzeigersinn durch den über den Widerstand geschlossenen Stromkreis. Im Leiterstück ist dann die technische Stromrichtung von unten nach oben gerichtet. Dieses Leiterstück erfährt deshalb eine nach links gerichtete magnetische Kraft $\vec{F}_m$. Soll nun die Geschwindigkeit $\vec{v}_0$ des Leiters gleich bleiben, ist eine gleichgroße, in die entgegengesetzte Richtung zeigende Zugkraft $\vec{F}_{Zug}$ für das nötige Kräftegleichgewicht (Resultierende vom Betrag null) erforderlich. Mit Gleichung (6) aus Teilaufgabe 2.1 folgt dann für den **Betrag der Zugkraft**:

$$F_{Zug} = F_m = B \cdot I \cdot \ell \overset{(6)}{=} B \cdot \frac{B \cdot \ell \cdot v_0}{R} \cdot \ell = \underline{\underline{\frac{B^2 \cdot \ell^2}{R} \cdot v_0}}$$

2.2.2 Für die **mechanische Arbeit W_{mech}** ist die konstante Zugkraft $\vec{F}_{Zug}$ entlang des Wegstücks $\Delta\vec{s}$ verantwortlich. $\vec{F}_{Zug}$ und $\Delta\vec{s}$ sind gleichgerichtet. Folglich gilt:

$$W_{mech} = F_{Zug} \cdot \Delta s = F_{Zug} \cdot v_0 \cdot \Delta t = \frac{B^2 \cdot \ell^2}{R} \cdot v_0^2 \cdot \Delta t$$

$$= \frac{(0{,}900\ \text{T})^2 \cdot (0{,}25\ \text{m})^2}{0{,}80\ \Omega} \cdot \left(0{,}16\ \frac{\text{m}}{\text{s}}\right)^2 \cdot 5{,}0\ \text{s} = \underline{\underline{8{,}1 \cdot 10^{-3}\ \text{J} = 8{,}1\ \text{mJ}}}$$

Die zugeführte mechanische Arbeit wird im Stromkreis in **elektrische Energie** umgewandelt. Diese wird im ohmschen Widerstand wiederum in **Wärme** umgeformt.

2.3 Nach dem Grundgesetz der Mechanik gilt für die Beschleunigung:

$$a = \frac{F}{m}$$

m entspricht hierbei der Masse des Leiterstücks. F ist der Betrag der resultierenden Kraft auf das Leiterstück. Da für $t > t_L$ nur noch die nach links gerichtete magnetische Kraft $\vec{F}_m$ auf das Leiterstück wirkt, ist diese Kraft zugleich auch die resultierende Kraft. Nach Teilaufgabe 2.2.1 gilt für den Betrag der magnetischen Kraft auf das stromdurchflossene Leiterstück, das sich nun mit der Geschwindigkeit $\vec{v}$ bewegt:

$$F_m = \frac{B^2 \cdot \ell^2}{R} \cdot v$$

Damit erhält man für den **Zusammenhang zwischen a und v**:

$$a = \frac{F_m}{m} = \frac{B^2 \cdot \ell^2}{m \cdot R} \cdot v \quad \Rightarrow \quad \underline{\underline{a \sim v}} \quad \text{wegen } \frac{B^2 \cdot \ell^2}{m \cdot R} = \text{konst.}$$

Im **t-v-Diagramm** entspricht der Betrag der Steigung des Graphen dem Betrag der vorliegenden Beschleunigung a. Da a abnimmt, heißt das, dass auch der Betrag der Steigung des Graphen abnimmt. Wegen $a \sim v$ und abnehmendem v für $t > t_L$ muss der zugehörige Graph streng monoton fallend sein. Wegen des abnehmenden Betrags der Steigung muss der Graph dabei eine Linkskrümmung aufweisen.

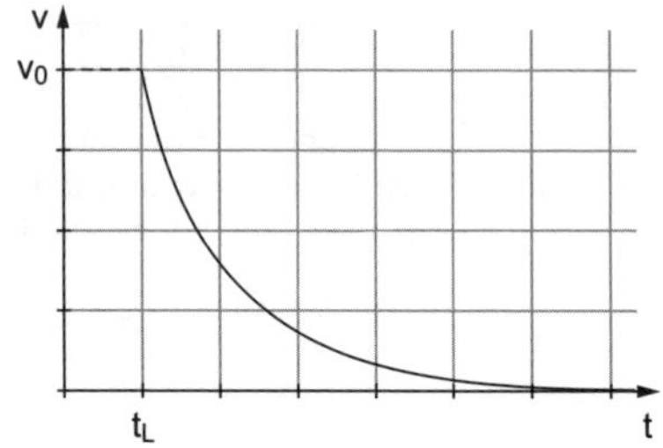

3.1 Die magnetische Flussdichte $\vec{B}_E$ der Erde kann an einem Ort als konstant angesehen werden. Die flache Induktionsspule führt eine Drehbewegung aus. Die vom Magnetfeld der Erde durchsetzte Fläche A ändert sich dabei periodisch in Abhängigkeit von der Zeit und daher auch der **magnetische Fluss** $\Phi(t) = A(t) \cdot B_E$. Da $\Phi(t)$ zum Zeitpunkt $t_0 = 0\,s$ maximal ist, gilt z. B.:

$$\Phi(t) = \Phi_{max} \cdot \cos(\omega \cdot t)$$

$$\underline{\underline{\Phi(t) = A_0 \cdot B_E \cdot \cos(\omega \cdot t)}}$$

Für die an den Enden der Spule **induzierte Wechselspannung** gilt dann:

$$\begin{aligned} U(t) &= -N \cdot \dot{\Phi}(t) \\ &= -N \cdot A_0 \cdot B_E \cdot (-\sin(\omega \cdot t)) \cdot \omega \\ &= \underline{\underline{N \cdot A_0 \cdot B_E \cdot \omega \cdot \sin(\omega \cdot t)}} \end{aligned}$$

3.2 Aus dem Ergebnis von Teilaufgabe 3.1 lässt sich der Scheitelwert der Spannung ablesen:

$$\hat{U} = N \cdot A_0 \cdot B_E \cdot \omega$$

Durch Umstellen erhält man daraus für die **Flussdichte des Erdmagnetfelds** an dem betreffenden Ort mit $\omega = 2\pi \cdot f$:

$$\hat{U} = N \cdot A_0 \cdot B_E \cdot 2\pi \cdot f$$

$$\Rightarrow \quad B_E = \frac{\hat{U}}{N \cdot A_0 \cdot 2\pi \cdot f}$$

$$= \frac{0{,}50\,V}{2000 \cdot 1{,}6 \cdot 10^{-2}\,m^2 \cdot 2\pi \cdot 50\,\frac{1}{s}} = \underline{\underline{50 \cdot 10^{-6}\,T = 50\,\mu T}}$$

Berufliche Oberschulen Bayern – Physik 12. Klasse
Fachabiturprüfung 2014 – Aufgabe III

1.0 Ein Faden und eine kleine Kugel mit der Masse $m = 120\,g$ als Pendelkörper bilden ein Fadenpendel mit der Pendellänge ℓ. Wird das Fadenpendel ausgelenkt und dann losgelassen, so schwingt die kleine Kugel in einer vertikalen Ebene um die Gleichgewichtslage O hin und her.
Die Masse des Fadens und die Dämpfung der Schwingung sind vernachlässigbar klein.
Das Bezugsniveau für die potenzielle Energie der Erdanziehung sei die Horizontalebene durch den Punkt O.

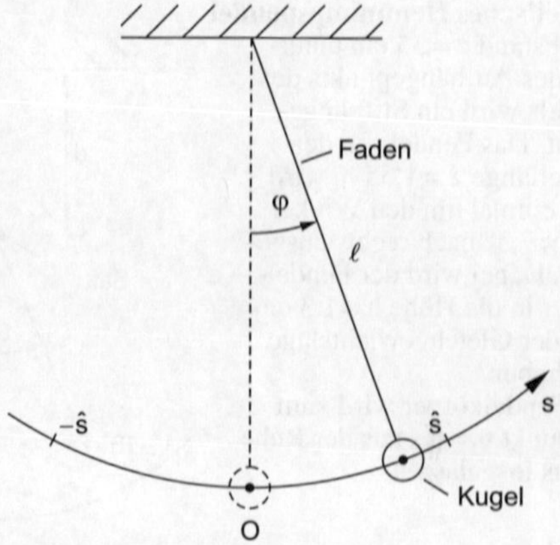

1.1.0 Die Abhängigkeit der Periodendauer T der Pendelschwingung von der Pendellänge ℓ wird für kleine Auslenkwinkel experimentell untersucht. Bei der Durchführung des Versuchs erhält man folgende Messergebnisse:

ℓ in m	0,30	0,60	0,90	1,20	1,55
T in s	1,10	1,58	1,87	2,20	2,50

1.1.1 Bestätigen Sie durch grafische Auswertung der Messreihe, dass gilt:

$$T \sim \sqrt{\ell}$$ (5 BE)

1.1.2 Geben Sie die Abhängigkeit der Periodendauer T von der Pendellänge ℓ in Form einer Gleichung an und bestimmen Sie die auftretende Konstante k aus dem Diagramm von Teilaufgabe 1.1.1. (3 BE)

1.2.0 Das Fadenpendel mit der Pendellänge $\ell = 1{,}55\,m$ wird um den Winkel $\varphi_{max} = 7{,}5°$ nach rechts ausgelenkt. Aus dieser Position wird der Pendelkörper zum Zeitpunkt $t_0 = 0\,s$ aus der Ruhe heraus losgelassen. Der Pendelkörper schwingt harmonisch mit der Periodendauer $T = 2{,}50\,s$ und der Amplitude $\hat{s}$.

1.2.1 Berechnen Sie $\hat{s}$ und geben Sie die Gleichung, die die Abhängigkeit der Elongation s des Pendelkörpers von der Zeit t beschreibt, mit eingesetzten Zahlenwerten an.
[Teilergebnis: $\hat{s} = 20\,cm$] (4 BE)

1.2.2 Berechnen Sie die maximale kinetische Energie des Pendelkörpers bei dieser harmonischen Schwingung des Fadenpendels. (3 BE)

1.2.3 Im rechten Umkehrpunkt übt der Faden auf den Pendelkörper die Kraft $\vec{F}_F$ aus.
Berechnen Sie mithilfe eines Kräfteplans, der alle auf den Pendelkörper wirkenden Kräfte enthält, den Betrag F_F der Kraft $\vec{F}_F$. (6 BE)

1.3.0 **Galilei'sches Hemmungspendel**
Im Abstand $d = 35$ cm unterhalb des Aufhängepunkts des Pendels wird ein Stift angebracht. Das Pendel mit der Pendellänge $\ell = 1{,}55$ m wird noch einmal um den Winkel $\varphi_{max} = 7{,}5°$ nach rechts ausgelenkt. Dabei wird der Pendelkörper in die Höhe $h = 1{,}3$ cm über der Gleichgewichtslage angehoben.
Der Pendelkörper wird zum Zeitpunkt $t_0 = 0$ s aus der Ruhe heraus losgelassen.

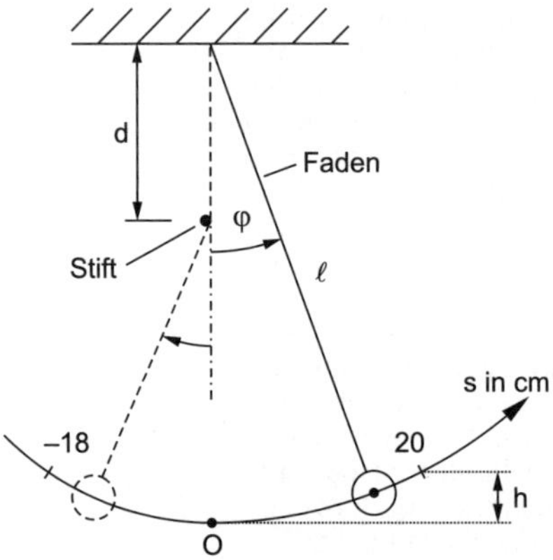

1.3.1 Bestätigen Sie durch Rechnung, dass bei der Schwingung des Galilei'schen Hemmungspendels der Pendelkörper im linken Umkehrpunkt nur um 18 cm aus der Gleichgewichtslage ausgelenkt ist. (5 BE)

1.3.2 Berechnen Sie mithilfe geeigneter Messergebnisse aus Teilaufgabe 1.1.0 die Periodendauer T_H der Schwingung des Galilei'schen Hemmungspendels. (3 BE)

1.3.3 Zeichnen Sie mithilfe geeigneter Punkte das t-s-Diagramm zur Schwingung des Galilei'schen Hemmungspendels für $0\,s \leq t \leq T_H$.
Verwenden Sie dabei den Maßstab: $0{,}25\,s \mathrel{\hat{=}} 1$ cm; $5{,}0\,cm \mathrel{\hat{=}} 1$ cm (4 BE)

2.0 Eine Hohlkugel K (Radius $r_K = 4{,}5$ cm) wird kurzzeitig leitend mit dem Pluspol einer Gleichspannungsquelle verbunden. Die Kugel K nimmt dabei die Ladung Q_K auf.
Jedem Punkt P im elektrischen Feld der geladenen Kugel ist ein elektrisches Potential φ zugeordnet. Das elektrische Potenzial in einem von der Kugel unendlich weit entfernten Punkt sei gleich null.
Die Abhängigkeit des elektrischen Potenzials φ vom Abstand r eines Punkts P vom Mittelpunkt der Hohlkugel wird mithilfe einer Flammensonde untersucht. Dabei ist $r \geq r_K$.

2.1 Fertigen Sie eine beschriftete Skizze des Versuchsaufbaus mit allen notwendigen Geräten an. (4 BE)

2.2 Erklären Sie die Funktionsweise einer Flammensonde. (6 BE)

2.3.0 Die Hohlkugel trägt die Ladung $Q_K = 35 \cdot 10^{-9}$ As.
Der Punkt B liegt auf der Oberfläche der Hohlkugel. Der Punkt P befindet sich in der Entfernung $r_P = 8{,}5$ cm vom Mittelpunkt der Hohlkugel.

2.3.1 Berechnen Sie das elektrische Potenzial φ_B des Punkts B und das elektrische Potenzial φ_P des Punkts P. (3 BE)

2.3.2 Ein Staubteilchen mit der Masse $m = 2{,}5 \cdot 10^{-8}$ kg und der Ladung $q = -4{,}0 \cdot 10^{-10}$ As befindet sich im Punkt P und besitzt eine vernachlässigbar kleine Geschwindigkeit.
Die Gewichtskraft des Staubteilchens ist im Vergleich zur elektrischen Kraft, durch die das Staubteilchen zur Hohlkugel hin beschleunigt wird, verschwindend klein.
Auftriebskräfte und Luftwiderstandskräfte sind zu vernachlässigen.
Berechnen Sie den Betrag v_K der Geschwindigkeit $\vec{v}_K$, mit der das Staubteilchen auf die Hohlkugel auftrifft. (4 BE)

(50 BE)

Tipps und Hinweise zu Aufgabe III

Tipps zu Teilaufgabe 1.1

1.1.1: Überlegen Sie, wie die Achsen des notwendigen Koordinatensystems gewählt werden sollten, und vergessen Sie nicht die logische Argumentation zur Bestätigung.

1.1.2: Die Konstante k tritt als charakteristische Kenngröße des Graphen auf.

Tipps zu Teilaufgabe 1.2

1.2.1: $\hat{s}$ ist die Länge des zugehörigen Kreisbogens. Mithilfe der Formelsammlung können Sie diese berechnen. Für die gesuchte Schwingungsgleichung sehen Sie sich genau die vorgegebene Startsituation an.

1.2.2: Die maximale kinetische Energie lässt sich in diesem Fall am einfachsten aus der maximalen Geschwindigkeit errechnen.

1.2.3: Für den Kräfteplan sollten Sie sich zunächst die Wirkungslinien überlegen, für die Berechnung von F_F anschließend eine geeignete Winkelbeziehung aus dem Kräfteplan ablesen.

Tipp zu Teilaufgabe 1.3

1.3.1: Denken Sie daran, dass der Vorgang reibungsfrei betrachtet wird, und überlegen Sie die Folgerung. Verdeutlichen Sie sich die Zusammenhänge an einer geeigneten Skizze.

1.3.2: Unterteilen Sie die volle Schwingungsperiode in vier geeignet gewählte Abschnitte und benutzen Sie die Tabelle aus Teilaufgabe 1.1.0.

1.3.3: Bevor Sie die Zeichnung beginnen, tragen Sie die bekannten Punkte des Graphen in einer Wertetabelle zusammen.

Tipp zu Teilaufgabe 2.1

Berücksichtigen Sie die Angaben in Teilaufgabe 2.0.

Tipp zu Teilaufgabe 2.2

Erläutern Sie den Vorgang der elektrischen Influenz im System Metallsonde–Voltmeter. Warum ist es wichtig, dass man die Sondenspitze mit einer Flamme umgibt?

Tipps zu Teilaufgabe 2.3

2.3.1: Beachten Sie, dass es sich um ein radialsymmetrisches elektrisches Feld handelt. Nutzen Sie auch die Formelsammlung.

2.3.2: Nutzen Sie den Energieerhaltungssatz sowie die berechneten Potenziale aus Teilaufgabe 2.3.1.

Lösung zu Aufgabe III

1.1.1 Zunächst ergänzt man die Wertetabelle um eine Zeile und trägt darin die Werte für $\sqrt{\ell}$ ein. Anschließend zeichnet man den $\sqrt{\ell}$-T-Graphen.

ℓ in m	0,30	0,60	0,90	1,20	1,55
T in s	1,10	1,58	1,87	2,20	2,50
$\sqrt{\ell}$ in $\sqrt{m}$	0,55	0,77	0,95	1,10	1,24

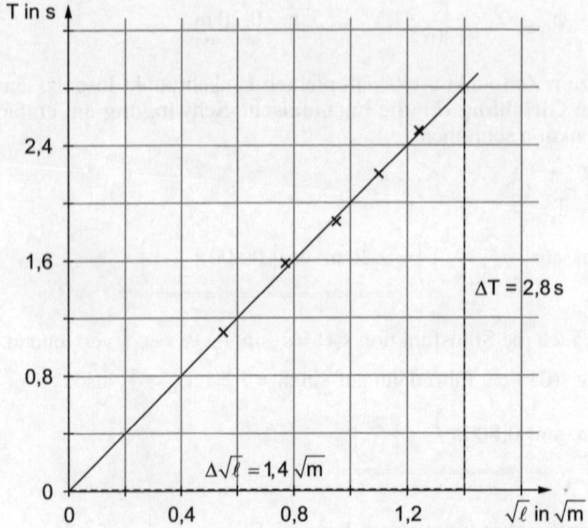

Im Rahmen der Mess- und Zeichengenauigkeit liegen die zu den Messwerten gehörenden Punkte im $\sqrt{\ell}$-T-Diagramm auf einer **Ursprungsgeraden**, d. h., T und $\sqrt{\ell}$ sind **direkt proportional** zueinander:

$$\underline{\underline{T \sim \sqrt{\ell}}}$$

1.1.2 Mit der **Proportionalitätskonstanten k** gilt für $T(\sqrt{\ell})$ die **Gleichung**:

$$\underline{\underline{T = k \cdot \sqrt{\ell}}}$$

In der Grafik entspricht k der Steigung der Ausgleichgeraden. Diese lässt sich mithilfe eines Steigungsdreiecks bestimmen, welches in das Diagramm von Teilaufgabe 1.1.1 einzuzeichnen ist:

$$k = \frac{\Delta T}{\Delta\sqrt{\ell}} = \frac{2{,}8\ \text{s}}{1{,}4\ \sqrt{\text{m}}} = \underline{\underline{2{,}0\ \frac{\text{s}}{\sqrt{\text{m}}}}}$$

Wählen Sie das Steigungsdreieck möglichst groß und verwenden Sie keine Messpunkte, da diese in der Regel nie genau auf der Ausgleichsgeraden liegen.

1.2.1 Wird das Pendel um den maximalen Winkel φ_{max} ausgelenkt, ist $\hat{s}$ die Länge des zugehörigen Kreisbogens mit dem Radius ℓ. Im Bogenmaß gilt:

$$\varphi_{max,\,B} = \frac{\hat{s}}{\ell}$$

Die Umrechnung des Auslenkwinkels vom Gradmaß (φ_{max}) ins Bogenmaß ($\varphi_{max,\,B}$) erfolgt z. B. über den Dreisatz $\varphi_{max,\,B} = \frac{\pi}{180°} \cdot \varphi_{max}$. Durch Kombination beider Beziehungen erhält man für die **Amplitude**:

$$\frac{\hat{s}}{\ell} = \frac{\pi}{180°} \cdot \varphi_{max}$$

$$\Rightarrow \quad \hat{s} = \frac{\pi}{180°} \cdot \varphi_{max} \cdot \ell = \frac{\pi}{180°} \cdot 7{,}5° \cdot 1{,}55\ \text{m} = \underline{\underline{0{,}20\ \text{m}}}$$

Da der Pendelkörper zum Zeitpunkt $t_0 = 0\ \text{s}$ im rechten Umkehrpunkt losgelassen wird, $s(0\ \text{s}) = \hat{s}$, lässt sich die **Gleichung für die harmonische Schwingung** am einfachsten mithilfe der Kosinusfunktion schreiben:

$$s(t) = \hat{s} \cdot \cos\left(\frac{2\pi}{T} \cdot t\right)$$

$$= 0{,}20\ \text{m} \cdot \cos\left(\frac{2\pi}{2{,}50\ \text{s}} \cdot t\right) = \underline{\underline{0{,}20\ \text{m} \cdot \cos\left(0{,}800\pi \frac{1}{\text{s}} \cdot t\right)}}$$

Alternativ können Sie auch die Sinusfunktion $s(t) = \hat{s} \cdot \sin\left(\frac{2\pi}{T} \cdot t + \varphi_0\right)$ verwenden.

Die Anfangsbedingung $s(0\ \text{s}) = \hat{s}$ führt dann auf $\sin \varphi_0 = 1 \Rightarrow \varphi_0 = \frac{\pi}{2}$, also:

$$s(t) = \underline{\underline{0{,}20\ \text{m} \cdot \sin\left(0{,}800\pi \frac{1}{\text{s}} \cdot t + \frac{\pi}{2}\right)}}$$

1.2.2 Zur Berechnung der **maximalen kinetischen Energie** $E_{kin,\,max} = \frac{1}{2} m \cdot \hat{v}^2$ benötigt man die maximale Geschwindigkeit $\hat{v}$. Man erhält sie aus der Zeit-Geschwindigkeit-Gleichung und diese wiederum durch einmaliges Ableiten von s(t) nach der Zeit:

$$v(t) = \dot{s}(t) = \hat{s} \cdot \left(-\sin\left(\frac{2\pi}{T} \cdot t\right)\right) \cdot \frac{2\pi}{T} = -\underbrace{\hat{s} \cdot \frac{2\pi}{T}}_{=\hat{v}} \cdot \sin\left(\frac{2\pi}{T} \cdot t\right) = -\hat{v} \cdot \sin\left(\frac{2\pi}{T} \cdot t\right)$$

Dann folgt:

$$E_{kin,\,max} = \frac{1}{2} m \cdot \left(\hat{s} \cdot \frac{2\pi}{T}\right)^2 = \frac{1}{2} \cdot 0{,}120\ \text{kg} \cdot \left(0{,}20\ \text{m} \cdot \frac{2\pi}{2{,}50\ \text{s}}\right)^2 = \underline{\underline{0{,}015\ \text{J} = 15\ \text{mJ}}}$$

Sie können alternativ auch die maximale potenzielle Energie $E_{pot,\,max}$ berechnen, denn sie ist aufgrund des Energieerhaltungssatzes gleich der maximalen kinetischen Energie. $E_{pot,\,max}$ ist die Lageenergie, die der Pendelkörper am Umkehrpunkt in der Höhe h bzgl. des Punkts O besitzt.

Mit $\cos \varphi_{max} = \frac{\ell - h}{\ell} = 1 - \frac{h}{\ell} \Rightarrow h = \ell \cdot (1 - \cos \varphi_{max})$ erhält man:

$$E_{kin,\,max} = E_{pot,\,max} = m \cdot g \cdot h = m \cdot g \cdot \ell \cdot (1 - \cos \varphi_{max}) =$$

$$= 0{,}120\ \text{kg} \cdot 9{,}81 \frac{\text{m}}{\text{s}^2} \cdot 1{,}55\ \text{m} \cdot (1 - \cos 7{,}5°) = \underline{\underline{15\ \text{mJ}}}$$

1.2.3 Auf den Pendelkörper wirken die Gewichtskraft $\vec{F}_G$ vertikal nach unten und die Kraft $\vec{F}_F$, die der Faden auf den Pendelkörper ausübt, entlang des Fadens. Aus beiden ergibt sich die resultierende Kraft $\vec{F}$, die nur in die einzig mögliche Bewegungsrichtung des Pendelkörpers zeigen kann, nämlich tangential zum Kreisbogen.
Aus dem **Kräfteplan** ergibt sich die Winkelbeziehung

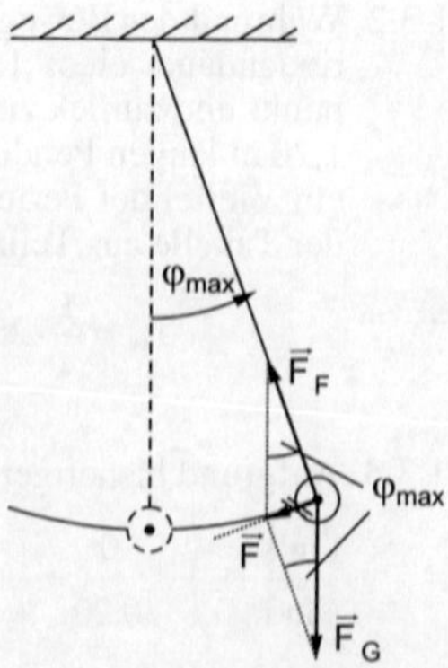

$$\cos\varphi_{max} = \frac{F_F}{F_G}$$

und daraus für den **Betrag der Fadenkraft**:

$$F_F = F_G \cdot \cos\varphi_{max} = m \cdot g \cdot \cos\varphi_{max}$$

$$= 0{,}120\ \text{kg} \cdot 9{,}81\ \frac{\text{m}}{\text{s}^2} \cdot \cos 7{,}5° = \underline{\underline{1{,}2\ \text{N}}}$$

Mögliche Vorgehensweise zum Zeichnen des Kräfteplans:

1. Die Kraft $\vec{F}_G$ vertikal nach unten einzeichnen (sinnvolle Länge!).
2. Die Wirkungslinie der resultierenden Kraft rechtwinklig zum Faden durch den Schwerpunkt der Kugel dünn einzeichnen. (Die Wirkungslinie der Fadenkraft ist durch den Faden selbst vorgegeben.)
3. Parallelverschiebung der Wirkungslinie von $\vec{F}_F$ in die Spitze von $\vec{F}_G$.
4. Parallelverschiebung der Wirkungslinie von $\vec{F}_G$ in den entstandenen Schnittpunkt der Wirkungslinie von $\vec{F}$ und der gerade verschobenen Wirkungslinie von $\vec{F}_F$.
5. Die Längen von $\vec{F}_F$ und $\vec{F}$ können nun eingezeichnet werden.

1.3.1 Da die Dämpfung vernachlässigbar klein ist, gilt der Energieerhaltungssatz der Mechanik, nach dem die Gesamtenergie des Pendelkörpers erhalten bleibt. Die potenzielle Energie und somit auch die Höhe des Pendelkörpers sind also in beiden Umkehrpunkten gleich.
$s_{H,\,max}$ ist die Amplitude auf der linken Seite des Hemmungspendels; $\varphi_{H,\,max}$ der zugehörige Auslenkwinkel. Über

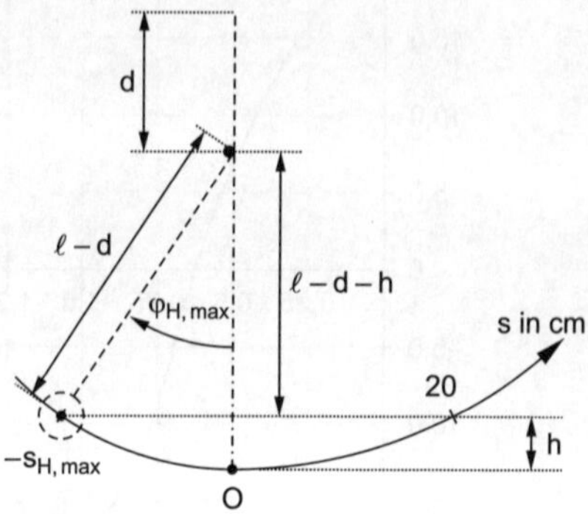

$$\varphi_{H,\,max} = \frac{s_{H,\,max}}{\ell - d}$$

$$\Rightarrow\quad s_{H,\,max} = \varphi_{H,\,max} \cdot (\ell - d)$$

hängen beide zusammen ($\varphi_{H,\,max}$ im Bogenmaß). Da außerdem

$$\cos\varphi_{H,\,max} = \frac{\ell - d - h}{\ell - d} = 1 - \frac{h}{\ell - d} = 1 - \frac{0{,}013\ \text{m}}{1{,}55\ \text{m} - 0{,}35\ \text{m}} = 0{,}989$$

$$\Rightarrow\quad \varphi_{H,\,max} = 0{,}147$$

gilt, folgt für die **linksseitige Amplitude des Hemmungspendels**:

$$s_{H,\,max} = 0{,}147 \cdot (1{,}55\ \text{m} - 0{,}35\ \text{m}) = \underline{\underline{0{,}18\ \text{m} = 18\ \text{cm}}}$$

1.3.2 Während der Bewegung bis zur Ruhelage benötigt der Pendelkörper ein Viertel der Periodendauer eines 1,55 m langen Pendels. Von der Ruhelage bis zum linken Umkehrpunkt und zurück zur Ruhelage braucht der Pendelkörper die halbe Periodendauer eines 1,20 m langen Pendels. Von der Ruhelage zum rechten Umkehrpunkt vergeht wiederum ein Viertel der Periodendauer eines 1,55 m langen Pendels. Folglich gilt unter Nutzung der Tabelle aus Teilaufgabe 1.1.0 für die **Periodendauer des Hemmungspendels**:

$$T_H = \frac{1}{4} \cdot 2{,}50\,\text{s} + \frac{1}{2} \cdot 2{,}20\,\text{s} + \frac{1}{4} \cdot 2{,}50\,\text{s} = \underline{\underline{2{,}35\,\text{s}}}$$

1.3.3 Aufgrund bisheriger Überlegungen sind die folgenden Punkte bekannt:

t in s	0	0,625	1,175	1,725	2,35
s in m	0,20	0	−0,18	0	0,20

Mithilfe der in Teilaufgabe 1.2.1 berechneten Schwingungsgleichung

$$s(t) = 0{,}20\,\text{m} \cdot \cos\left(0{,}800\pi \frac{1}{\text{s}} \cdot t\right)$$

(gültig für die erste und letzte Viertelperiode) sowie der entsprechenden Gleichung bei verkürzter Pendellänge

$$s_H(t) = 0{,}18\,\text{m} \cdot \cos\left(0{,}91\pi \frac{1}{\text{s}} \cdot t\right)$$

(gültig für die zweite und dritte Viertelperiode) können weitere Punkte des **t-s-Graphen** berechnet werden.

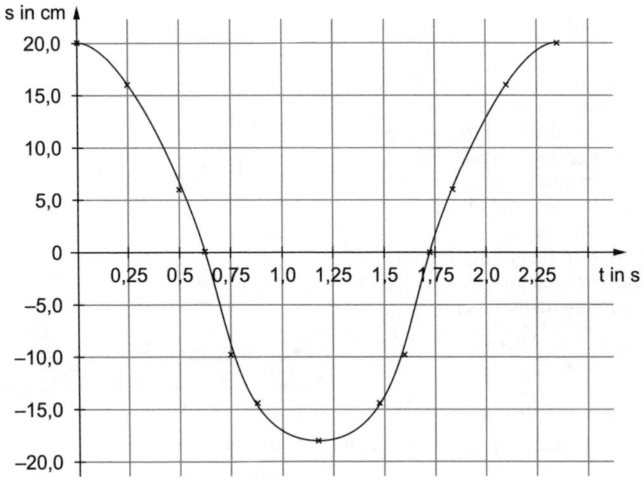

2.1 **Versuchsaufbau** (Messung des elektrischen Potenzials mit der Flammensonde)

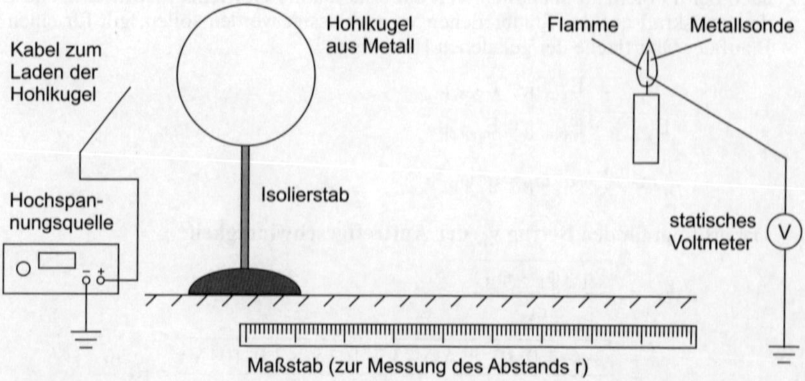

2.2 **Funktionsweise einer Flammensonde:** Befindet sich die Spitze der Metallsonde innerhalb eines elektrischen Feldes, so bewirkt die elektrische Influenz eine Elektronenverschiebung von der Sondenspitze zum Zeigersystem des statischen Voltmeters oder Elektrometers oder umgekehrt (ein dynamisches Voltmeter ist für den Versuch ungeeignet, da die Influenzladungen abfließen würden und dann kein Ausschlag mehr zu sehen wäre). In der Skizze aus Teilaufgabe 2.1 fließen Elektronen vom Zeigersystem zur Sondenspitze. Diese nun negativ geladene Sondenspitze verändert das ursprünglich vorhandene elektrische Feld. Deshalb zeigt das statische Voltmeter nicht das Potenzial der geladenen Hohlkugel an, dass ohne Sonde an diesem Punkt vorhanden wäre.
Umgibt man die Sondenspitze jedoch mit einer Flamme, so können die sich an der Spitze befindenden Influenzladungen (Elektronen) von den Ionen im Flammengas aufgenommen werden und mit den heißen, aufsteigenden Verbrennungsgasen wegtransportiert werden. Dadurch wird die Sondenspitze neutral, das Zeigersystem des statischen Voltmeters wird im vorliegenden Fall positiv geladen. Die Ladungsverschiebung durch Influenz dauert solange an, bis alle Teile der Sonde und des mit der Sonde leitend verbundenen Zeigersystems das gleiche Potenzial haben. Also zeigt das statische Voltmeter das Potenzial des ungestörten elektrischen Feldes für den Punkt an, an dem sich die Sondenspitze (innerhalb der Flamme) befindet.

2.3.1 Für das **elektrische Potenzial** im Abstand r vom Kugelmittelpunkt in Bezug auf einen unendlich fernen Punkt mit dem Potenzial null gilt (Formelsammlung):

$$\varphi(r) = \frac{1}{4\pi \cdot \varepsilon_0} \cdot \frac{Q}{r}$$

Damit erhält man für

- $\boldsymbol{\varphi_B}$: $\varphi(r_B) = \frac{1}{4\pi \cdot \varepsilon_0} \cdot \frac{Q}{r_B} = \frac{1}{4\pi \cdot 8{,}854 \cdot 10^{-12} \frac{C}{V \cdot m}} \cdot \frac{35 \cdot 10^{-9}\,As}{0{,}045\,m} = \underline{\underline{7{,}0 \cdot 10^3\,V}}$

- $\boldsymbol{\varphi_P}$: $\varphi(r_P) = \frac{1}{4\pi \cdot \varepsilon_0} \cdot \frac{Q}{r_P} = \frac{1}{4\pi \cdot 8{,}854 \cdot 10^{-12} \frac{C}{V \cdot m}} \cdot \frac{35 \cdot 10^{-9}\,As}{0{,}085\,m} = \underline{\underline{3{,}7 \cdot 10^3\,V}}$

Alternative Rechnung: Wegen $\frac{\varphi_P}{\varphi_B} = \frac{r_B}{r_P}$ folgt $\varphi_P = \frac{r_B}{r_P} \cdot \varphi_B = \frac{0{,}045\,m}{0{,}085\,m} \cdot 7{,}0\,kV = 3{,}7\,kV$.

2.3.2 Es gilt der Energieerhaltungssatz. Der Bezugspunkt der potenziellen Energie sei wie auch beim Potenzial unendlich weit entfernt. Da die Gewichts-, Auftriebs- und Luftwiderstandskraft auf das Staubteilchen vernachlässigt werden sollen, gilt für einen Punkt B auf der Oberfläche der geladenen Hohlkugel:

$$E_{ges,\,B} = E_{ges,\,P}$$

$$E_{kin,\,B} + E_{pot,\,B} = E_{pot,\,P}$$

$$\frac{1}{2} m \cdot v_K^2 + q \cdot \varphi_B = q \cdot \varphi_P$$

Daraus folgt für den **Betrag v_K der Auftreffgeschwindigkeit**:

$$v_K = \sqrt{\frac{2q \cdot (\varphi_P - \varphi_B)}{m}}$$

$$= \sqrt{\frac{2 \cdot (-4{,}0 \cdot 10^{-10}\,\text{As}) \cdot (3{,}7 \cdot 10^3\,\text{V} - 7{,}0 \cdot 10^3\,\text{V})}{2{,}5 \cdot 10^{-8}\,\text{kg}}} = \underline{\underline{10\,\frac{\text{m}}{\text{s}}}}$$

Mit den Bewegungsgleichungen einer gleichmäßig beschleunigten Bewegung kann man hier nicht rechnen, weil die im radialsymmetrischen elektrischen Feld vorliegende Beschleunigung nicht konstant ist.